Georg Hutarew

Einführung in die Technische Hydraulik

Kurzfassung einer Vorlesung

Zweite neubearbeitete Auflage

Springer-Verlag Berlin Heidelberg New York 1973

Professor Dr. Ing. Georg Hutarew
Universität Stuttgart
Institut für Wasserkraftmaschinen und Pumpen

Mit 154 Abbildungen

ISBN 978-3-540-05979-0   ISBN 978-3-642-52450-9
DOI 10.1007/978-3-642-52450-9

Vorwort

Die Zielsetzung des Buches, die im Vorwort zur ersten Auflage ausführlich erläutert wurde, hat sich nicht geändert: Der Leser soll mit Hilfe von zwei Grundbeziehungen, dem *Newtonschen Gesetz* und der *Kontinuitätsgleichung*, mit den für einen Ingenieur wichtigen Gebieten der technischen Hydraulik vertraut gemacht werden. Den zahlreichen Buchbesprechungen in inländischen und ausländischen Fachzeitschriften, Zuschriften und Unterhaltungen glaube ich entnehmen zu dürfen, daß der von mir gewählte Weg die Zustimmung nicht nur von Studierenden, sondern auch von im Beruf stehenden Ingenieuren fand. Ich habe daher bei der Überarbeitung des Manuskriptes für die zweite Auflage den Aufbau des Buches beibehalten und mich bemüht, alle Anregungen und Ergänzungen, die ich nicht zuletzt in Unterhaltungen mit meinen Hörern erhielt, zu berücksichtigen.

Im Abschnitt 1 wurde das Newtonsche Gesetz ausführlicher erläutert; aus seiner Originalfassung wurde nicht nur die Beziehung zwischen einer Kraft und der Beschleunigung einer Masse, sondern auch der Zusammenhang zwischen der Kraft und dem Impuls einer stationären Strömung im betrachteten Kontrollquerschnitt erläutert.

Abschnitt 3 wurde durch eine neue, einigen Fragen der Hydrostatik gewidmete Ziffer ergänzt.

Im Abschnitt 4 wurde die Ziffer 4.3.5 über energieändernde Leitungsteile wesentlich erweitert: Es wurde die Eulersche Turbinengleichung abgeleitet, es wurden die Modellgesetze und die Bestimmung der Hauptabmessungen von Turbinen und Kreiselpumpen sowie ihr Verhalten im Betrieb erläutert, die Verdrängerpumpen besprochen und die Vorausberechnung der zulässigen Saughöhe dieser Maschinen physikalisch erklärt.

Abschnitt 7 wurde durch die Behandlung des für die Praxis so wichtigen Falls, der Schwingung einer Abflußabsperrung, ergänzt.

Abschnitt 8 konnte durch Beschränken der Betrachtung auf jene Schwingungsvorgänge im Wasserschloß, die sich bei Änderung eines stationären Betriebszustandes ergeben, vereinfacht und gekürzt werden. Der Rechengang wurde auch hier in Tabellenform zusammengefaßt.

Im Abschnitt 9 wurde an einigen Beispielen die Ermittlung der Spiegelschwankungen in einem rechteckigen Kanal mit Hilfe der Stoßgeraden erläutert.

Das Ableiten und das Schreiben aller Gleichungen im Internationalen Einheitensystem, im Technischen Einheitensystem und mit dimensionslosen, bezogenen Größen wurde auch für die zweite Auflage beibehalten. Diesmal wurden die Gleichungen mit Einheiten des Internationalen Systems an die erste Stelle gesetzt. Der bereits in der ersten Auflage unternommene Versuch, alle Bezeichnungen systematisch festzulegen, wurde beibehalten und weiter ausgebaut. Es werden, auch in Übereinstimmung mit der 3. Auflage meines Buches über die Regelungstechnik[1], bezeichnet:

— absolute Größen mit großen, im internationalen Fachschrifttum gebräuchlichen Buchstaben und dabei alle Größen im Technischen System, die eine andere Dimension haben als die entsprechenden Größen des Internationalen Systems, mit einem „*" versehen;
— die bezogenen, dimensionslosen Größen mit einem kleinen Buchstaben.

Die einzigen Ausnahmen bilden

— einige kleine Buchstaben des griechischen Alphabets, die auch für absolute Größen benutzt wurden; für bezogene Größen wurden dann in der Regel die gleichen Buchstaben mit einem „b" als Fußzeichen verwendet. Es wurden bezeichnet:
  — die *Dichte* in kg m^{-3} mit ϱ (als bezogene Größe mit ε);
  — die *Wichte* in kp m^{-3} mit γ;
  — die *Viskosität* in m^2 s^{-1} mit ν, (als bezogene Größe mit ν_b);
  — die *Schubspannung* in kg m^{-1} s^{-2} mit τ, in kp m^{-2} mit τ^*, (als bezogene Größe mit τ_b);
  — die *Winkel* im Bogenmaß oder im Gradmaß mit α, β, δ und φ;
— die *Fallbeschleunigung* g in m s^{-2} (als bezogene Größe mit g_b).

Die Differenz zweier Größen wurde wiederum, um das Zeichen „Δ" zu vermeiden, durch zwei im Fußzeichen des Symbols stehende, durch einen Beistrich voneinander getrennte Ziffern oder Buchstaben bezeichnet.

Auch an dieser Stelle möchte ich hervorheben, daß das vorliegende Buch sich an Anfänger, an Studierende und an in der Praxis stehende Ingenieure, die keine Gelegenheit hatten, sich mit allen Gebieten der technischen Hydraulik zu befassen, wendet. Es versucht einen Überblick über die wichtigsten Strömungsprobleme in geschlossenen und in offenen Leitungen zu vermitteln, ohne dabei den Anspruch auf Vollständigkeit zu erheben; es will auch weder ein Handbuch noch ein Nachschlagewerk sein. Die im Buch wiedergegebenen, aus Versuchen er-

---

[1] Hutarew, G.: Regelungstechnik. Kurze Einführung am Beispiel der Drehzahlregelung von Wasserturbinen. Berlin Heidelberg New York: Springer 1969.

mittelten Werte sind daher als Beispiele aufzufassen. Um physikalische Vorgänge besser erkennen zu können, wurde an einigen Stellen auf die Wiedergabe exakter, aber komplizierter Ableitungen und Rechnungen zugunsten der einfacheren, leichter überblickbaren Näherungslösungen verzichtet. Allen, die an der Neubearbeitung der zweiten Auflage dieses Buches mitgeholfen haben, möchte ich auch an dieser Stelle herzlich danken. Mein Dank gilt vor allem:

— den Firmen, die mir freundlicherweise ihre Unterlagen zur Verfügung gestellt haben;
— allen meinen Mitarbeitern, den Herren A. Schmid, H. Roth, G. Griesinger, K. Haggenmüller und H. Kaus für ihre wertvolle Hilfe und für viele Anregungen;
— dem Verlag für das große Verständnis meinen Wünschen gegenüber und für die vorbildliche Ausstattung des Buches.

Ich möchte auch allen jenen danken, darunter auch vielen Hörern meiner Vorlesungen, die mir unmittelbar in Zuschriften und in Unterhaltungen, oder mittelbar, in Buchbesprechungen, wertvolle Anregungen gegeben haben.

Möge auch die zweite Auflage dieses Buches bei den Lesern eine freundliche Aufnahme finden und ihnen das Eindringen in ein Gebiet der Technik, mit dem die meisten in der Praxis stehenden Ingenieure einmal in Berührung kommen, in die technische Hydraulik, erleichtern.

Stuttgart, im Oktober 1972

Georg Hutarew

Inhaltsverzeichnis

1. Grundgleichungen der Hydraulik

Im vorliegenden Buch, in der *Einführung in die Technische Hydraulik*, werden Flüssigkeitsbewegungen in künstlichen Leitungen behandelt.

1.1 Einleitung

Bei zahlreichen technischen Einrichtungen und Anlagen liegt die Aufgabe vor, eine bestimmte Flüssigkeitsmenge je Zeiteinheit, einen *Flüssigkeitsstrom* oder *Durchfluß Q*, über eine gegebene Entfernung kontinuierlich und regelbar zu transportieren.

Bei *Versorgungsanlagen*, zu denen Wasserversorgungs-Anlagen, Bewässerungs-Anlagen, verschiedene Einrichtungen der Verfahrenstechnik usw. gehören, wird die Flüssigkeit aus einem Vorratsbehälter oder einem Vorratsraum an jene Stellen der Anlage geleitet, an denen sie entweder verbraucht oder verarbeitet wird. Bei *Entleerungsanlagen*, zu denen Entwässerungs-Anlagen, Wasserhaltungs-Anlagen, Lenzeinrichtungen, aber auch verschiedene Einrichtungen der Verfahrenstechnik zählen, muß die in einem Behälter oder einem Raum anfallende Flüssigkeit weggeschafft werden. Außer diesen beiden Anlagenarten mit echtem Flüssigkeitstransport gibt es viele Anlagen, bei denen die Flüssigkeit nur als Trägerin für den Transport von mechanischer Energie oder von Wärme benutzt wird, bei denen es sich eigentlich um einen Energietransport oder um einen Wärmetransport handelt.

Ein Energietransport findet z. B. bei Wasserkraftanlagen und bei hydraulischen Verstärkern, ein Wärmetransport z. B. bei Warmwasserheizungen und bei Kühlwassereinrichtungen statt. Die mit mechanischer Energie oder mit Wärme beladene Flüssigkeit wird durch einen Energieaustauscher (z. B. durch eine Wasserturbine) oder durch einen Wärmeaustauscher (z. B. durch einen Heizkörper) geleitet, an den sie die transportierte Energie oder Wärme abgibt; die aus dem Austauscher kommende Flüssigkeit muß wegtransportiert werden. Bei manchen Anlagen wird die Flüssigkeit in entsprechenden Einrichtungen wieder mit mechanischer Energie oder mit Wärme aufgeladen, um nochmals durch den Austauscher geleitet zu werden; die Flüssigkeit wird also *umgewälzt*.

Eine Flüssigkeit kann kontinuierlich und regelbar entweder in einer *geschlossenen* Leitung oder in einer *offenen* Leitung transportiert werden.

1   Hutarew, Technische Hydraulik, 2. Aufl.

Bei *geschlossenen Leitungen*, das sind: Druckrohrleitungen, Druck-
schächte, Druckstollen, ist der Leitungsquerschnitt vollkommen mit der
Flüssigkeit ausgefüllt, der *Durchflußquerschnitt ist somit gleich dem
Leitungsquerschnitt.* Der Flüssigkeitsdruck entlang des Querschnitt-
umfanges ändert sich mit der Lage der Meßstelle und mit den Strömungsverhältnissen in der Leitung.

Bei *offenen Leitungen*, das sind: Kanäle, Freispiegelstollen, ist der
Leitungsquerschnitt nur zum Teil von der Flüssigkeit ausgefüllt, der
Durchflußquerschnitt ist somit kleiner als der Leitungsquerschnitt. Die untere
und die seitlichen Querschnittsbegrenzungen werden von der formsteifen
Leitungswand, die obere Querschnittsbegrenzung wird vom freien
Flüssigkeitsspiegel, von der Trennfläche zwischen der Flüssigkeit und dem
auf ihr ruhenden Luft-, Gas- oder Dampfpolster gebildet; die Lage des
Flüssigkeitsspiegels und somit die Größe des Durchflußquerschnittes
hängt von den Strömungsverhältnissen in der Leitung ab, der Druck auf
den Flüssigkeitsspiegel ist dagegen meistens konstant; er ist gleich dem
Druck des darüberliegenden Luft-, Gas- oder Dampfpolsters.

Die Strömung in einer Leitung ist

a) *stationär* während eines Beharrungszustandes,

b) *nichtstationär* während des Überganges von einem Beharrungszustand
   in einen neuen Beharrungszustand, z. B. während eines Regelvorgan-
   ges.

Die stationäre Strömung kann als ein Sonderfall einer nichtstationären Strömung angesehen werden, bei der die Regelzeit, die Übergangs-
zeit in den neuen Beharrungszustand, unendlich lang ist. Der Strömungszustand in Leitungen wird durch zwei Gleichungen beschrieben, und zwar
durch die *Bewegungs-Gleichung* (aus dem Newtonschen Gesetz) und
durch die *Kontinuitätsgleichung* (aus der Gestalt der Strömung).

1.2 Das Newtonsche Gesetz

Die Originalfassung des Newtonschen Gesetzes lautet in deutscher
Übersetzung[1]:

*Die Änderung der Bewegung ist der Einwirkung der bewegenden Kraft
proportional.*

Als *Bewegungsgröße* wurde das Produkt von *Masse* × *Geschwindigkeit*,
der *Impuls*, definiert.

---

[1] Vgl. Szabó, I.: Einführung in die Technische Mechanik, 7. Auflage, S. 240.
Berlin/Heidelberg/New York: Springer 1966.

Es ist also:

$$F_S = \frac{d(M V_S)}{dT} = M \frac{d V_S}{dT} + V_S \frac{dM}{dT} \quad \text{kg m s}^{-2} \tag{1.1}$$

Es bedeuten:

F_S die äußere Kraft in der S-Richtung in kg m s^{-2},
M die Masse des betrachteten Körpers oder Flüssigkeitsteilchens in kg,
V_S seine Geschwindigkeit in der S-Richtung in m s^{-1},
T die Zeit in s.

Wird *ein abgegrenztes Flüssigkeitsteilchen mit der Masse* $M = \text{const}$ betrachtet, so nimmt Gl. (1.1) die vereinfachte Form an:

$$F_S = M \frac{d V_S}{dT} \quad \text{kg m s}^{-2} \tag{1.2}$$

oder in Worten ausgedrückt: *Das Produkt von Masse* $\times$ *Beschleunigung ist proportional der äußeren Kraft.*

Wird *eine stationäre, von der Zeit unabhängige Strömung in einem Durchflußquerschnitt* betrachtet, so nimmt Gl. (1.1) die vereinfachte Form an:

$$F_S = V_S \frac{dM}{dT} = V_S \varrho Q \quad \text{kg m s}^{-2}, \tag{1.3}$$

wenn mit ϱ die *Dichte* der Flüssigkeit in kg m^{-3} und mit Q der *Durchfluß* in m^3 s^{-1} bezeichnet werden.

In Worten ausgedrückt lautet Gl. (1.3): *Das Produkt von Massestrom* $\times$ *Geschwindigkeit ist proportional der äußeren Kraft.* Aus einer auf die Flüssigkeit zwischen dem *Eintrittsquerschnitt* 1 und dem *Austrittsquerschnitt* 2 eines Leitungsteiles wirkenden Kraft F_S kann, da bei einer stationären Strömung durch jeden Leitungsquerschnitt der gleiche Massestrom $\varrho Q = \text{const}$ fließt, die Änderung der Geschwindigkeit aus der Beziehung berechnet werden:

$$\varrho Q (V_{S2} - V_{S1}) = F_{S2} + F_{S1} \quad \text{kg m s}^{-2}. \tag{1.4}$$

Nach dem ebenfalls von Newton aufgestellten *Reaktionsprinzip* kann aus der Änderung der Geschwindigkeit einer stationären Strömung zwischen dem Eintrittsquerschnitt 1 und dem Austrittsquerschnitt 2 die auf den betrachteten Leitungsteil von der strömenden Flüssigkeit ausgeübte Kraft ermittelt werden:

$$F_{K1} + F_{K2} = -(F_{S1} + F_{S2}) = \varrho Q (V_{S1} - V_{S2}) \quad \text{kg m s}^{-2}. \tag{1.5}$$

Die im Eintrittsquerschnitt 1 in Richtung von V_{S1} wirkende Kraft F_{K1} wird *Aktionskraft*, die im Austrittsquerschnitt 2 entgegengesetzt von V_{S2}

wirkende Kraft F_{K2} wird *Reaktionskraft* der strömenden Flüssigkeit bezeichnet.

Wie bereits erwähnt wurde, besagt das Newtonsche Gesetz, daß sich der Beharrungszustand einer Masse nur unter der Wirkung einer äußeren Kraft ändern kann, daß jede Masse gegenüber einer solchen Änderung einen Widerstand entgegensetzt. Jede Masse ist *träge*.

1.3 Die Bewegungsgleichung

Die allgemeine Eulersche Bewegungsgleichung von Flüssigkeiten wurde aus dem Newtonschen Grundgesetz, Gl. (1.2), abgeleitet. Auf ein durch die beiden Stirnflächen 1 und 2 abgegrenzt gedachtes Flüssigkeits-Element von der Länge dX in m und vom Querschnitt dA in m², wirken in einem beliebigen Zeitpunkt in der Strömungsrichtung X folgende Kräfte:

1. die Gewichtskomponente,
2. die Druckkraft,
3. die Reibungskraft.

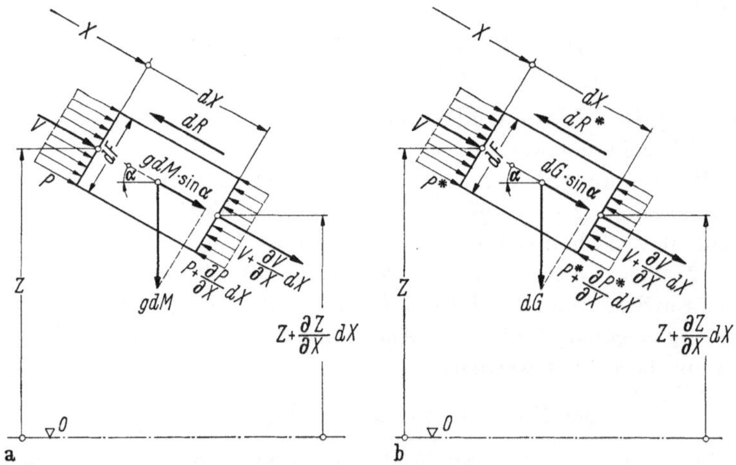

Abb. 1.1. Kräfte auf ein Flüssigkeitselement. a) in Einheiten des Internationalen Systems; b) in Einheiten des Technischen Systems.

Diese Kräfte sind in

Abb. 1.1a mit Einheiten des *Internationalen Systems* (kurz mit SI bezeichnet) mit den drei Grundgrößen: *Länge* in m, *Masse* in kg, *Zeit* in s,

Abb. 1.1b mit Einheiten des *Technischen Systems* (kurz mit TS bezeichnet) mit den drei Grundgrößen: *Länge* in m, *Kraft* in kp, *Zeit* in s, definiert.

Es ergeben sich:

1. die Gewichtskomponente

im SI mit der Dichte der Flüssigkeit, ϱ in kg m^{-3} und der Fallbeschleunigung g in m s^{-2} aus:

$$g\,dM \sin\alpha = g\,dM\left(-\frac{\partial Z}{\partial X}\right)\quad \text{kg m s}^{-2}, \tag{1.6a}$$

im TS mit der Wichte der Flüssigkeit, γ in kp m^{-3} aus:

$$dG \sin\alpha = dG\left(-\frac{\partial Z}{\partial X}\right)\quad \text{kp}; \tag{1.6b}$$

2. die Druckkraft

im SI mit dem Flüssigkeitsdruck P in kg m^{-1} s^{-2} aus:

$$dA\,(P_1 - P_2) = -dA\,\frac{\partial P}{\partial X}\,dX = -dM\,\frac{1}{\varrho}\,\frac{\partial P}{\partial X}\quad \text{kg m s}^{-2}, \tag{1.7a}$$

im TS mit dem Flüssigkeitsdruck P^* in kp m^{-2} aus:

$$dA\,(P_1^* - P_2^*) = -dA\,\frac{\partial P^*}{\partial X}\,dX = -dG\,\frac{1}{\gamma}\,\frac{\partial P^*}{\partial X}\quad \text{kp}; \tag{1.7b}$$

3. die Reibungskraft

im SI mit der *spezifischen Verlustenergie*, H_R in kg m^2 s^{-2}/kg $=$ m^2 s^{-2}, d. h. mit der auf die Masseeinheit bezogenen, in Wärmeenergie umgewandelten mechanischen Energie der Flüssigkeit, aus:

$$dR = -\varrho\,dA\,dX\,\frac{\partial H_R}{\partial X} = -dM\,\frac{\partial H_R}{\partial X}\quad \text{kg m s}^{-2}, \tag{1.8a}$$

im TS mit der *Verlusthöhe* H_R^* in kp m/kp $=$ m, d. h. mit der auf die Krafteinheit bezogenen, in Wärmeenergie umgewandelten mechanischen Energie der Flüssigkeit, aus:

$$dR^* = -\gamma\,dA\,dX\,\frac{\partial H_R^*}{\partial X} = -dG\,\frac{\partial H_R^*}{\partial X}\quad \text{kp}. \tag{1.8b}$$

Für das betrachtete Flüssigkeitselement mit der konstanten Masse dM in kg (der konstanten Gewichtskraft dG in kp) lautet die Newtonsche Beziehung, Gl. (1.2) mit den Gl. (1.6) bis (1.8) unter Berücksichtigung, daß

$$\frac{dV}{dT} = \frac{\partial V}{\partial T} + V\,\frac{\partial V}{\partial X}\quad \text{m s}^{-2}, \tag{1.9}$$

im SI:

$$dM\left[\frac{\partial V}{\partial T} + V\frac{\partial V}{\partial X} + g\frac{\partial Z}{\partial X} + \frac{1}{\varrho}\frac{\partial P}{\partial X} + \frac{\partial H_R}{\partial X}\right] = 0 \quad \text{kg m s}^{-2} \quad (1.10\,\text{a})$$

$$dM\left[\frac{\partial V}{\partial T} + \frac{\partial}{\partial X}\left(\frac{1}{2}V^2 + gZ + \frac{1}{\varrho}P\right) + \frac{\partial H_R}{\partial X}\right] = 0 \quad \text{kg m s}^{-2}, \quad (1.11\,\text{a})$$

im TS:

$$dG\left[\frac{1}{g}\frac{\partial V}{\partial T} + \frac{1}{g}V\frac{\partial V}{\partial X} + \frac{\partial Z}{\partial X} + \frac{1}{\gamma}\frac{\partial P^*}{\partial X} + \frac{\partial H_R^*}{\partial X}\right] = 0 \quad \text{kp,} \quad (1.10\,\text{b})$$

$$dG\left[\frac{1}{g}\frac{\partial V}{\partial T} + \frac{\partial}{\partial X}\left(\frac{1}{2g}V^2 + Z + \frac{1}{\gamma}P^*\right) + \frac{\partial H_R^*}{\partial X}\right] = 0 \quad \text{kp.} \quad (1.11\,\text{b})$$

Die *Eulersche Bewegungsgleichung* bezieht sich auf den Klammerausdruck der Gl. (1.11), also auf jene Größe, mit der

im SI die konstante Masse dM in kg,

im TS die konstante Gewichtskraft dG in kp,

multipliziert wird um nach Gl. (1.2) die Kraft auf das betrachtete Flüssigkeitselement zu erhalten. Sie lautet:

a) im SI:

$$\frac{\partial V}{\partial T} + \frac{\partial}{\partial X}\left(\frac{1}{2}V^2 + gZ + \frac{1}{\varrho}P\right) + \frac{\partial H_R}{\partial X} = 0 \quad \text{m s}^{-2} \quad (1.12\,\text{a})$$

oder

$$\frac{\partial V}{\partial T} + \frac{\partial H}{\partial X} + \frac{\partial H_R}{\partial X} = 0 \quad \text{m s}^{-2} \quad (1.13\,\text{a})$$

oder

$$\frac{\partial V}{\partial T} + \frac{\partial H_G}{\partial X} = 0 \quad \text{m s}^{-2}. \quad (1.14\,\text{a})$$

Die Gl. (1.12a) bis (1.14a) stellen Beschleunigungen in m s^{-2} dar; alle nach X zu differenzierenden Größen haben die Dimension m^2 s^{-2}; sie stellen das Quadrat der Geschwindigkeit dar, das bei der Berechnung der kinetischen Energie als zweites Glied im Produkt

$$\textit{Masse} \times \frac{1}{2}\ \textit{(Quadrat der Geschwindigkeit)} \quad \text{kg m}^2 \text{ s}^{-2}$$

erscheint. Sie werden oft als eine auf die Einheit der Masse bezogene Energie in kg m^2 s^{-2}/kg = m^2 s^{-2} gedeutet und *spezifische Energie* genannt; sie sollen mit H bezeichnet werden.

Die spezifische Energie H in $\mathrm{m^2\,s^{-2}}$ ist nicht zu verwechseln mit der Energie MH in $\mathrm{kg\,m^2\,s^{-2}}$ eines Flüssigkeitsteilchens von der Masse $M = 1\,\mathrm{kg}$ und auch nicht mit der hydraulischen Leistung ϱQH in $\mathrm{kg\,m^2\,s^{-3}}$ eines Massestromes $\varrho Q = 1\,\mathrm{kg\,s^{-1}}$, obwohl alle drei Größen den gleichen Zahlenwert haben.

Es bedeuten in den genannten Gleichungen:

V die Geschwindigkeit in $\mathrm{m\,s^{-1}}$,

$\dfrac{1}{2}\,V^2 = H_V$ die *spezifische Geschwindigkeitsenergie* in $\mathrm{m^2\,s^{-2}}$,

Z die *geodätische Höhe* in m, die lotrechte Entfernung des betrachteten Flüssigkeitselements von einem angenommenen Bezugshorizont, z. B. vom Normal-Meeresspiegel,

$gZ = H_Z$ die *spezifische Lageenergie* in $\mathrm{m^2\,s^{-2}}$,

P den Überdruck in $\mathrm{kg\,m^{-1}\,s^{-2}}$ über einem gewählten Bezugsdruck, z. B. über dem Luftdruck oder über dem absoluten Nullpunkt,

$\dfrac{1}{\varrho}\,P = H_P$ die *spezifische Druckenergie* in $\mathrm{m^2\,s^{-2}}$,

$H = H_V + H_Z + H_P$ die *spezifische Energie* in $\mathrm{m^2\,s^{-2}}$,

H_R die *spezifische Verlustenergie* in $\mathrm{m^2\,s^{-2}}$, das ist die spezifische, in Wärmeenergie umgewandelte mechanische Energie der Flüssigkeit in $\mathrm{m^2\,s^{-2}}$,

$H_G = H + H_R$ die *spezifische Gesamtenergie* der Flüssigkeit in $\mathrm{m^2\,s^{-2}}$.

b) im TS:

$$\frac{1}{g}\frac{\partial V}{\partial T} + \frac{\partial}{\partial X}\left(\frac{1}{2g}\,V^2 + Z + \frac{1}{\gamma}\,P^*\right) + \frac{\partial H_R^*}{\partial X} = 0 \qquad (1.12\,\mathrm{b})$$

oder

$$\frac{1}{g}\frac{\partial V}{\partial T} + \frac{\partial H^*}{\partial X} + \frac{\partial H_R^*}{\partial X} = 0, \qquad (1.13\,\mathrm{b})$$

oder

$$\frac{1}{g}\frac{\partial V}{\partial T} + \frac{\partial H_G^*}{\partial X} = 0. \qquad (1.14\,\mathrm{b})$$

Die Gln. (1.12 b) bis (1.14 b) enthalten nur dimensionslose Glieder; alle nach X zu differenzierenden Größen haben die Dimension m; sie stellen eine Länge dar, die bei der Berechnung der Energie als zweites Glied im Produkt

$$Kraft \times Weg$$

erscheint. Sie werden oft als eine auf die Einheit der Kraft bezogene Energie in kp m/kp = m gedeutet und *Energiehöhe* (oder kurz: Höhe) genannt; sie sollen mit H^* bezeichnet werden.

Die Energiehöhe H^* in m ist nicht zu verwechseln mit der Energie GH^* in kp m eines Flüssigkeitsteilchens von der Gewichtskraft $G = 1$ kp und auch nicht mit der hydraulischen Leistung $\gamma Q H^*$ in kp m s^{-1} eines Gewichtsstromes $\gamma Q = 1$ kp s^{-1}, obwohl alle drei Größen den gleichen Zahlenwert haben.

Es bedeuten in den genannten Gleichungen:

V die Geschwindigkeit in m s^{-1},

$\dfrac{1}{2g} V^2 = H_V^*$ die *Geschwindigkeitshöhe* in m,

$Z = H_Z^*$ die *geodätische Höhe* in m, die lotrechte Entfernung des betrachteten Flüssigkeitselements von einem angenommenen Bezugshorizont, z. B. vom Normal-Meeresspiegel

P^* den Überdruck in kp m^{-2} über einem gewählten Bezugsdruck, z. B. über dem Luftdruck oder über dem absoluten Nullpunkt,

$\dfrac{1}{\gamma} P^* = H_P^*$ die *Druckhöhe* in m,

$H^* = H_V^* + H_Z^* + H_P^*$ die *Energiehöhe* in m,

H_R^* die *Verlusthöhe* in m, das ist die in Wärmeenergie umgewandelte mechanische Energiehöhe der Flüssigkeit in m,

$H_G^* = H^* + H_R^*$ die *Gesamtenergiehöhe* der Flüssigkeit in m.

Bei einer stationären Strömung ist $\dfrac{\partial V}{\partial T} = 0$. Alle Größen sind von der Zeit unabhängig, sie sind nur Funktionen von X, von ihrer Lage in der Leitung. Die Flüssigkeitsteilchen bewegen sich auf unveränderlichen Bahnen, auf *Stromlinien*.

Die Eulersche Bewegungsgleichung kann dann geschrieben werden:

a) im SI

$$\frac{\partial}{\partial X}\left(\frac{1}{2} V^2 + gZ + \frac{1}{\varrho} P\right) + \frac{\partial H_R}{\partial X} = 0 \quad \text{m s}^{-2} \qquad (1.15\,\text{a})$$

oder

$$\frac{\partial H}{\partial X} + \frac{\partial H_R}{\partial X} = 0 \quad \text{m s}^{-2} \qquad (1.16\,\text{a})$$

oder

$$\frac{\partial H_G}{\partial X} = 0 \quad \text{m s}^{-2}; \tag{1.17a}$$

b) im TS:

$$\frac{\partial}{\partial X}\left(\frac{1}{2g}\,V^2 + Z + \frac{1}{\gamma}\,P^*\right) + \frac{\partial H_R^*}{\partial X} = 0, \tag{1.15b}$$

oder

$$\frac{\partial H^*}{\partial X} + \frac{\partial H_R^*}{\partial X} = 0 \tag{1.16b}$$

oder

$$\frac{\partial H_G^*}{\partial X} = 0. \tag{1.17b}$$

Eine ruhende Flüssigkeit kann als *Grenzfall einer stationären Strömung mit $V = 0$* aufgefaßt werden. Gl. (1.15) stellt dann — da bei einer sich nicht bewegenden Flüssigkeit keine Verluste auftreten — den Zusammenhang dar zwischen der spezifischen Lageenergie H_Z in m² s⁻² (der geodätischen Höhe Z in m) und der spezifischen Druckenergie H_P in m² s⁻² (der Druckhöhe H_P^* in m). Sie lautet:

a) im SI:

$$\frac{\partial}{\partial X}\left(gZ + \frac{1}{\varrho}\,P\right) = 0 \quad \text{m s}^{-2}, \tag{1.18a}$$

b) im TS:

$$\frac{\partial}{\partial X}\left(Z + \frac{1}{\gamma}\,P^*\right) = 0. \tag{1.18b}$$

Aus der Formel für die Berechnung der kinetischen Energie folgt, daß eine Masse durch Änderung ihrer Geschwindigkeit mechanische Energie aufnehmen oder abgeben kann. Aus dieser Fähigkeit mechanische Energie zu speichern kann die Trägheit der Masse erklärt werden.

1.4 Die Kontinuitätsgleichung

Für einen durch die beiden Kontrollflächen 1 und 2 abgegrenzten Leitungsteil von der Länge dX lautet die Kontinuitätsbedingung:

Die zeitliche Änderung der im betrachteten Leitungsteil befindlichen Flüssigkeitsmenge in einem gewählten Zeitabschnitt dT ist gleich der Differenz zwischen der in diesem Zeitabschnitt durch die Kontrollfläche 1 eingeströmten Flüssigkeitsmenge und der durch die Kontrollfläche 2 ausgeströmten Flüssigkeitsmenge.

Es ist somit:

a) im SI mit den in Abb. 1.2a eingetragenen Bezeichnungen:

$$\varrho A V \, dT - \left(\varrho + \frac{\partial \varrho}{\partial X} \, dX\right)\left(A + \frac{\partial A}{\partial X} \, dX\right)\left(V + \frac{\partial V}{\partial X} \, dX\right) dT$$

$$= \frac{\partial(\varrho A \, dX)}{\partial T} \, dT \quad \text{kg} \tag{1.19a}$$

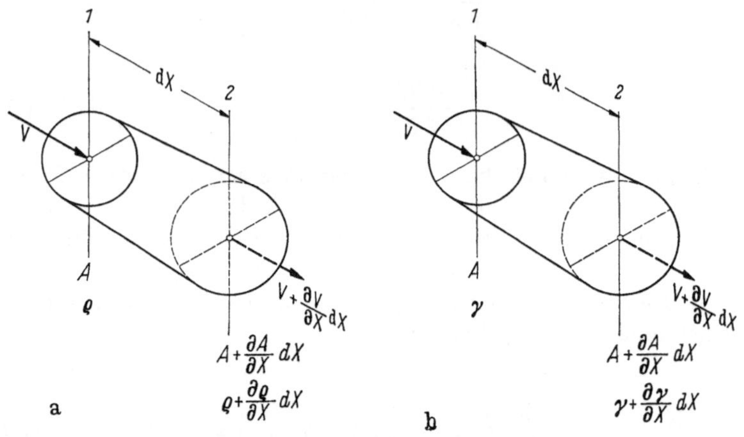

Abb. 1.2. Kontinuitätsbedingung für einen Leitungsabschnitt zwischen den beiden Kontrollflächen 1 und 2. a) in Einheiten des Internationalen Systems; b) in Einheiten des Technischen Systems.

b) im TS mit den in Abb. 1.2b eingetragenen Bezeichnungen:

$$\gamma A V \, dT - \left(\gamma + \frac{\partial \gamma}{\partial X} \, dX\right)\left(A + \frac{\partial A}{\partial X} \, dX\right)\left(V + \frac{\partial V}{\partial X} \, dX\right) dT$$

$$= \frac{\partial(\gamma A \, dX)}{\partial T} \, dT \quad \text{kp.} \tag{1.19b}$$

Aus Gl. (1.19) folgt, bei Vernachlässigung Glieder höherer Ordnung und unter Berücksichtigung, daß bei dieser Betrachtung dX eine konstante Größe ist, die Kontinuitätsgleichung. Sie lautet:

a) im SI:

$$\frac{\partial(\varrho A)}{\partial T} + \frac{\partial(\varrho A V)}{\partial X} = 0 \quad \text{kg m}^{-1}\,\text{s}^{-1}, \tag{1.20a}$$

b) im TS:

$$\frac{\partial(\gamma A)}{\partial T} + \frac{\partial(\gamma A V)}{\partial X} = 0 \, \text{kp m}^{-1}\,\text{s}^{-1}. \tag{1.20b}$$

Bei einer stationären Strömung sind alle Größen unabhängig von der Zeit, sie sind nur Funktionen von X, von ihrer Lage in der Leitung; es sind also $\dfrac{\partial(\varrho A)}{\partial T} = 0$ und $\dfrac{\partial(\gamma A)}{\partial T} = 0$. Die Kontinuitätsgleichung kann dann geschrieben werden:

a) im SI: $$d(\varrho A V) = 0 \quad \text{kg s}^{-1} \tag{1.21a}$$

b) im TS: $$d(\gamma A V) = 0 \quad \text{kp s}^{-1}. \tag{1.21b}$$

Bei einer inkompressiblen Flüssigkeit sind $\varrho = \text{const}$ und $\gamma = \text{const}$; die Kontinuitätsgleichung lautet dann in beiden Einheitensystemen:

$$d(A V) = dQ = 0 \quad \text{m}^3\,\text{s}^{-1}. \tag{1.22a, b}$$

1.5 Gleichungen mit bezogenen Größen

Jede Gleichung kann mit dimensionslosen, bezogenen Größen abgeleitet und geschrieben werden. Diese Art der Darstellung hat den Vorteil, daß sie unabhängig vom gewählten Maßsystem und von den gewählten Maßeinheiten ist.

Grundsätzlich kann für jede Größe ein beliebiger, unabhängig von anderen Bezugsgrößen gewählter Wert, ein *frei gewählter Bezugswert*, verwendet werden; der Bezugswert muß nur die Dimension der umzuwandelnden Größe haben. Er wird aber zweckmäßigerweise so gewählt, daß die bezogene Größe eine technisch sinnvolle Verhältniszahl ergibt.

In vielen Fällen werden nur einige wenige Bezugsgrößen frei gewählt und mit ihnen die Bezugswerte der übrigen Größen abgeleitet, wodurch die Zahl der Koeffizienten der umzuformenden Gleichung stark reduziert werden kann, ja es können sogar alle Koeffizienten eliminiert werden.

Als Bezugswerte werden in der Regel verwendet:

a) die Einheiten der betreffenden Größen,
b) die Nennwerte der Anlage,
c) die charakteristischen Werte der Anlage.

1.5.1 Dimensionslose Gleichungen mit Zahlenkoeffizienten

Für die Umwandlung der Bewegungsgleichung (1.11) und der Kontinuitätsgleichung (1.20) in Gleichungen mit dimensionslosen Größen werden zweckmäßigerweise folgende Bezugswerte gewählt:

a) die Einheiten für:
die Zeit $T_N = 1$ s,
die Dichte des SI $\varrho_N = 1$ kg m^{-3}, die Wichte des TS $\gamma_N = 1$ kp m^{-3};

b) die Nennwerte für:

den Durchfluß Q_N in $\mathrm{m^3\,s^{-1}}$,
den Druck im SI P_N in $\mathrm{kg\,m^{-1}\,s^{-2}}$, den Druck im TS P_N^* in $\mathrm{kp\,m^{-2}}$,
die spezifische Energie im SI H_N in $\mathrm{m^2\,s^{-2}}$, die Energiehöhe im TS H_N^* in m,
den Leitungsquerschnitt A_N in $\mathrm{m^2}$;

c) die charakteristischen Werte für:

die Länge $X_N = L =$ Länge der Leitung in m,

die Höhe $Z_N = \dfrac{1}{g}\, H_N = H_N^*$ in m,

die Geschwindigkeit $V_N = Q_N/A_N$ in $\mathrm{m\,s^{-1}}$,

die spezifische Verlustenergie im SI $H_{RN} = H_N$ in $\mathrm{m^2\,s^{-2}}$, die Verlusthöhe im TS $H_{RN}^* = H_N^*$ in m.

Alle mit diesen Bezugswerten gebildeten bezogenen Größen sollen mit kleinen Buchstaben bezeichnet und die Nummern der mit ihnen abgeleiteten Gleichungen sollen mit einem „c" versehen werden. In Fällen, in denen Verwechslungen mit anderen Größen und somit Unklarheiten zu befürchten sind, kann an das Zeichen für die bezogene Größe ein Index angefügt werden, z. B. ein „N" oder ein „n", wenn als Bezugswert der Nennwert der Größe verwendet wurde. Es ist also zu schreiben:

$$T/T_N = t\,,$$

$$\varrho/\varrho_N = \gamma/\gamma_N = \varepsilon\,,$$

$$Q/Q_N = q\,,$$

$$P/P_N = P^*/P_N^* = p\,,$$

$$H/H_N = H^*/H_N^* = h\,,$$

$$A/A_N = a\,,$$

$$X/X_N = x\,,$$

$$Z/Z_N = z\,,$$

$$V/V_N = v\,,$$

$$H_R/H_{RN} = H_R^*/H_{RN}^* = h_R\,.$$

Die Bewegungsgleichung mit den oben gewählten bezogenen Größen ergibt sich

a) im SI aus Gl. (1.11 a):

$$\frac{V_N}{T_N}\frac{\partial v}{\partial t} + \frac{1}{X_N}\frac{\partial}{\partial x}\left(V_N^2\frac{1}{2}v^2 + gZ_N z + \frac{P_N}{\varrho_N}\frac{1}{\varepsilon}p\right)$$

$$+\frac{H_{RN}}{X_N}\frac{\partial h_R}{\partial x} = 0 \quad \text{m s}^{-2}, \qquad (1.23\,\text{a/c})$$

oder, wenn diese Gleichung, unter Berücksichtigung der zwischen den gewählten Bezugsgrößen bestehenden Zusammenhänge durch $\dfrac{gZ_N}{X_N} = \dfrac{H_N}{X_N}$ dividiert wird:

$$\frac{V_N}{T_N}\frac{X_N}{H_N}\frac{\partial v}{\partial t} + \frac{\partial}{\partial x}\left(\frac{V_N^2}{H_N}\frac{1}{2}v^2 + z + \frac{P_N}{\varrho_N}\frac{1}{H_N}\frac{1}{\varepsilon}p\right) + \frac{\partial h_R}{\partial x} = 0; \quad (1.11\,\text{c})$$

b) im TS aus Gl. (1.11 b):

$$\frac{V_N}{T_N}\frac{1}{g}\frac{\partial v}{\partial t} + \frac{1}{X_N}\frac{\partial}{\partial x}\left(V_N^2\frac{1}{2g}v^2 + Z_N z + \frac{P_N^*}{\gamma_N}\frac{1}{\varepsilon}p\right)$$

$$+\frac{H_{RN}^*}{X_N}\frac{\partial h_R}{\partial x} = 0 \qquad (1.23\,\text{b/c})$$

oder, wenn diese Gleichung unter Berücksichtigung der zwischen den gewählten Bezugsgrößen bestehenden Zusammenhänge durch $\dfrac{Z_N}{X_N} = \dfrac{H_N^*}{X_N}$ dividiert wird:

$$\frac{V_N}{T_N}\frac{X_N}{gH_N^*}\frac{\partial v}{\partial t} + \frac{\partial}{\partial x}\left(\frac{V_N^2}{gH_N^*}\frac{1}{2}v^2 + z + \frac{P_N^*}{\gamma_N}\frac{1}{H_N^*}\frac{1}{\varepsilon}p\right)$$

$$+\frac{\partial h_R}{\partial x} = 0. \qquad (1.11\,\text{c})$$

Da $gH_N^* = H_N$ und $\dfrac{P_N^*}{\gamma_N H_N^*} = \dfrac{P_N}{\varrho_N H_N}$, ist die aus Gl. (1.11 b) gewonnene Gleichung mit der aus Gl. (1.11 a) erhaltenen identisch. Die Koeffizienten der Gl. (1.11 c) sind dimensionslos.

Die Kontinuitätsgleichung mit den oben gewählten bezogenen Größen ergibt sich

a) im SI aus Gl. (1.20 a):

$$\frac{\varrho_N A_N}{T_N}\frac{\partial(\varepsilon a)}{\partial t} + \frac{\varrho_N A_N V_N}{X_N}\frac{\partial(\varepsilon a v)}{\partial x} = 0 \quad \text{kg m}^{-1}\,\text{s}^{-1} \qquad (1.24\,\text{a/c})$$

oder mit $\dfrac{\varrho_N A_N V_N}{X_N}$ dividiert:

$$\frac{X_N}{V_N T_N}\frac{\partial(\varepsilon a)}{\partial t}+\frac{\partial(\varepsilon a v)}{\partial x}=0;\qquad\qquad(1.20\,\mathrm{c})$$

b) im TS aus Gl. (1.20 b)

$$\frac{\gamma_N A_N}{T_N}\frac{\partial(\varepsilon a)}{\partial t}+\frac{\gamma_N A_N V_N}{X_N}\frac{\partial(\varepsilon a v)}{\partial x}=0\quad\mathrm{kp\ m^{-1}\,s^{-1}}\qquad(1.24\,\mathrm{b/c})$$

oder mit $\dfrac{\gamma_N A_N V_N}{X_N}$ dividiert:

$$\frac{X_N}{V_N T_N}\frac{\partial(\varepsilon a)}{\partial t}+\frac{\partial(\varepsilon a v)}{\partial x}=0.\qquad\qquad(1.20\,\mathrm{c})$$

Auch die aus Gl. (1.20 b) gewonnene Gleichung ist identisch mit der aus Gl. (1.20 a) erhaltenen Gleichung. Die Koeffizienten der Gl. (1.20 c) sind dimensionslos.

1.5.2 Dimensionslose Gleichungen ohne Zahlenkoeffizienten

Alle Zahlenkoeffizienten der Gln. (1.11 c) und (1.20 c) nehmen den Wert 1 an, wenn nur 3 Bezugswerte frei gewählt und mit ihnen die Bezugswerte der übrigen Größen abgeleitet werden. Es werden zweckmäßigerweise verwendet:

die frei gewählten Bezugswerte für:

die Länge X_B in m,

die Dichte ϱ_B in kg m^{-3} oder die Wichte γ_B in kp m^{-3},

die Zeit $\ T_B=\sqrt{\dfrac{X_B}{g}}\approx\sqrt{\dfrac{X_B}{9,81}}\approx 0,32\,X_B^{1/2}\ $ in s; die Wahl dieses

Bezugswertes kann als Einführung einer *neuen Zeiteinheit* aufgefaßt werden, die einem Zeitabschnitt von rd. $0,32\ X_B^{0,5}$ Sekunden entspricht und mit der die Fallbeschleunigung den Wert $g_b=1$ m *(neue Zeiteinheit)*$^{-2}$ annimmt.

Die damit abgeleiteten Bezugswerte für:

die geodätische Höhe $Z_B=X_B$ in m,

die spezifische Energie $H_B=g\,X_B=9{,}81\,X_B$ in m^2 s^{-2}

oder die Energiehöhe $H_B^*=X_B$ in m,

die spezifische Verlustenergie $H_{RB} = g\,X_B = 9{,}81\,X_B$ in m² s⁻²

oder die Verlusthöhe $H_{RB}^* = X_B$ in m,

den Druck im SI $P_B = g\varrho_B X_B = 9{,}81\,\varrho_B X_B$ in kg m⁻¹ s⁻²

oder den Druck im TS $P_B^* = \gamma_B X_B$ in kp m⁻²,

einen Leitungsquerschnitt $A_B = X_B^2$ in m²,

den Durchfluß $Q_B = g^{1/2} X_B^{5/2} = 3{,}13\,X_B^{5/2}$ in m³ s⁻¹,

die Geschwindigkeit $V_B = g^{1/2} X_B^{1/2} = 3{,}13\,X_B^{1/2}$ in m s⁻¹.

Das Berechnen der bezogenen Größen wird wesentlich einfacher, wenn gewählt werden:

$$X_B = 1\,\text{m},$$

$$\varrho_B = 1\,\text{kg m}^{-3}\ \text{oder}\ \gamma_B = 1\,\text{kp m}^{-3},$$

$$T_B = \sqrt{\frac{1}{g}} \approx 0{,}32\,\text{s}.$$

Es haben dann die Bezugswerte

a) des SI: Z_B und A_B den Wert 1,

$\quad Q_B$ und V_B den Wert 3,13,

$\quad H_B$, H_{RB} und P_B den Wert 9,81;

b) des TS: Z_B, H_B^*, H_{RB}^*, P_B^* und A_B den Wert 1,

$\quad\quad Q_B$ und V_B den Wert 3,13.

Auch alle mit diesen Bezugswerten gebildeten bezogenen Größen sollen mit kleinen Buchstaben bezeichnet werden und die Nummern der mit ihnen abgeleiteten Gleichungen sollen mit einem „d" versehen werden. In Fällen, in denen Verwechslungen mit anderen Größen und somit Unklarheiten zu befürchten sind, kann an das Zeichen für die bezogene Größe ein Index angefügt werden, z. B. ein „B" oder ein „b".

Die in den Ziffern 1.3 und 1.4 mit Einheiten des SI und des TS abgeleiteten Gleichungen lassen sich mit den vorstehend erläuterten bezogenen Größen wie folgt schreiben:

Die allgemeine Bewegungsgleichung,

$$\frac{\partial v}{\partial t} + \frac{\partial}{\partial x}\left(\frac{1}{2}\,v^2 + z + \frac{1}{\varepsilon}\,p\right) + \frac{\partial h_R}{\partial x} = 0, \qquad (1.11\,\text{d})$$

die Bewegungsgleichung für die stationäre Strömung:

$$\frac{\partial}{\partial x}\left(\frac{1}{2}\,v^2 + z + \frac{1}{\varepsilon}\,p\right) + \frac{\partial h_R}{\partial x} = 0, \qquad (1.15\,\text{d})$$

die Gleichung für eine ruhende Flüssigkeit:

$$\frac{\partial}{\partial x}\left(z + \frac{1}{\varepsilon}\,p\right) = 0, \qquad (1.18\,\mathrm{d})$$

die allgemeine Kontinuitätsgleichung:

$$\frac{\partial(\varepsilon a)}{\partial t} + \frac{\partial(\varepsilon a v)}{\partial x} = 0, \qquad (1.20\,\mathrm{d})$$

die Kontinuitätsgleichung für die stationäre Strömung:

$$d(\varepsilon a v) = 0; \qquad (1.21\,\mathrm{d})$$

die Kontinuitätsgleichung für die stationäre Strömung einer inkompressiblen Flüssigkeit:

$$d(a v) = dq = 0. \qquad (1.22\,\mathrm{d})$$

1.5.3 Dimensionslose Gleichungen mit Zeitkoeffizienten

Grundsätzlich können auch solche Gleichungen aufgestellt werden, bei denen neben bezogenen Größen auch dimensionsbehaftete Größen verwendet werden. In vielen technischen Fachgebieten, wie z. B. in der Regelungstechnik, ist es die Zeit T, die als nicht bezogene Größe in die Gleichungen eingeführt wird. Koeffizienten von Gliedern mit der 1. Ableitung nach der Zeit sind dann Zeitkonstanten 1. Grades, Koeffizienten von Gliedern mit der 2. Ableitung nach der Zeit sind Koeffizienten 2. Grades, usw.

1.6 Gegenüberstellung verschiedener Darstellungsarten

In den nachfolgenden Ausführungen werden 3 Darstellungsarten nebeneinander, unter Benutzung kohärenter Einheiten, verwendet, und zwar:

1) das dimensionsbehaftete, auf den 3 Grundeinheiten: Länge in m, Masse in kg und Zeit in s beruhende Internationale System,

2) das dimensionsbehaftete, auf den 3 Grundeinheiten: Länge in m, Kraft in kp und Zeit in s beruhende Technische System, und

3) die Schreibweise mit dimensionslosen, bezogenen Größen, abgeleitet mit den Bezugsgrößen des SI.

In der nachstehenden Tabelle ist der Zusammenhang zwischen den einzelnen Werten der 3 genannten Darstellungsarten angegeben.

SI	TS	bezogene Größen
Länge: $L = 1\ \text{m}$	$L = 1\ \text{m}$	**bezogene Länge:** $l = 1$
Dichte: $\varrho = 1\ \text{kg m}^{-3}$	**Wichte:** $\gamma = 1\ g/g_n\ \text{kp m}^{-3}$ $g = $ örtlicher Wert $g_n = 9{,}806\,65\ \text{m s}^{-2}$	**bezogene Dichte** $\varepsilon = 1$
Zeit $T = 1\ \text{s}$ $T = 0{,}32\ \text{s}$	$T = 1\ \text{s}$ $T = 0{,}32\ \text{s}$	**bezogene Zeit** $t = 3{,}13$ $t = 1$
Fläche $A = 1\ \text{m}^2$	$A = 1\ \text{m}^2$	**bezogene Fläche** $a = 1$
Drehzahl $N = 1\ \text{s}^{-1}$ $N = 3{,}13\ \text{s}^{-1}$	$N = 1\ \text{s}^{-1}$ $N = 3{,}13\ \text{s}^{-1}$	$n = 0{,}32$ $n = 1$
Kreisfrequenz $2\pi N = 1\ \text{s}^{-1}$ $2\pi N = 3{,}13\ \text{s}^{-1}$	$2\pi N = 1\ \text{s}^{-1}$ $2\pi N = 3{,}13\ \text{s}^{-1}$	**bezogene Kreisfrequenz** $\omega = 0{,}32$ $\omega = 1$
Geschwindigkeit $V = 1\ \text{m s}^{-1}$ $V = 3{,}13\ \text{m s}^{-1}$	$V = 1\ \text{m s}^{-1}$ $V = 3{,}13\ \text{m s}^{-1}$	**bezogene Geschwindigkeit** $v = 0{,}32$ $v = 1$
Durchfluß $Q = 1\ \text{m}^3\ \text{s}^{-1}$ $Q = 3{,}13\ \text{m}^3\ \text{s}^{-1}$	$Q = 1\ \text{m}^3\ \text{s}^{-1}$ $Q = 3{,}13\ \text{m}^3\ \text{s}^{-1}$	**bezogener Durchfluß** $q = 0{,}32$ $q = 1$
Druck $P = 1\ \text{kg m}^{-1}\,\text{s}^{-2}$ $P = 9{,}81\ \text{kg m}^{-1}\,\text{s}^{-2}$	$P^* = 0{,}102\ \text{kp m}^{-2}$ $P^* = 1\ \text{kp m}^{-2}$	**bezogener Druck** $p = 0{,}102$ $p = 1$
Spezifische Energie $H = 1\ \text{m}^2\,\text{s}^{-2}$ $H = 9{,}81\ \text{m}^2\,\text{s}^{-2}$	**Energiehöhe** $H^* = 0{,}102\ \text{m}$ $H^* = 1\ \text{m}$	**bezogene spezifische Energie** $h = 0{,}102$ $h = 1$
Drehmoment $M = 1\ \text{kg m}^2\,\text{s}^{-2}$ $M = 9{,}81\ \text{kg m}^2\,\text{s}^{-2}$	$M^* = 0{,}102\ \text{kp m}$ $M^* = 1\ \text{kp m}$	**bezogenes Drehmoment** $m = 0{,}102$ $m = 1$
Leistung $P = 1\quad \text{kg m}^2\,\text{s}^{-3}$ $P = 9{,}81\ \text{kg m}^2\,\text{s}^{-3}$ $P = 30{,}8\ \text{kg m}^2\,\text{s}^{-3}$	$P^* = 0{,}102\ \text{kp m s}^{-1}$ $P^* = 1\ \text{kp m s}^{-1}$ $P^* = 3{,}13\ \text{kp m s}^{-1}$	**bezogene Leistung** $p = 0{,}032\,6$ $p = 0{,}32$ $p = 1$
Kinematische Viskosität $\nu = 1\ \text{m}^2\,\text{s}^{-1}$ $\nu = 3{,}13\ \text{m}^2\,\text{s}^{-1}$	$\nu = 1\ \text{m}^2\,\text{s}^{-1}$ $\nu = 3{,}13\ \text{m}^2\,\text{s}^{-1}$	**bezog. kinematische Viskosität** $\nu_b = 0{,}32$ $\nu_b = 1$
Kompressibilitätswert $1/E = 1\ \text{kg}^{-1}\,\text{m s}^2$ $1/E = 0{,}102\ \text{kg}^{-1}\text{m s}^2$	$1/E^* = 9{,}81\ \text{kp}^{-1}\,\text{m}^2$ $1/E^* = 1\ \text{kp}^{-1}\,\text{m}^2$	**bezog. Kompressibilitätswert** $1/e = 9{,}81$ $1/e = 1$
Fallbeschleunigung $g = 9{,}81\ \text{m s}^{-2}$	$g = 9{,}81\ \text{m s}^{-2}$	**bezogene Fallbeschleunigung** $g_b = 1$

2. Eigenschaften einer Flüssigkeit

Die Strömung in einer Leitung wird von der Art der Flüssigkeit beeinflußt. Die wichtigsten, für die meisten Untersuchungen benötigten Eigenschaften einer Flüssigkeit sind:

1. die Dichte ϱ in kg m^{-3} (die Wichte γ in kp m^{-3}),
2. die Kompressibilität $1/E$ in kg^{-1} m s^2 ($1/E^*$ in kp^{-1} m^2),
3. der Verdampfungsdruck[1] P_D in kg m^{-1} s^{-2} (P_D^* in kp m^{-2}),
4. die Viskosität ν in m^2 s^{-1}.

2.1 Dichte ϱ

Im SI wird die Masse je Raumeinheit mit *Dichte* ϱ bezeichnet und gewöhnlich in kg m^{-3} angegeben. Da sich die Masse mit der Fallbeschleunigung g nicht ändert, hängt sie weder von der geographischen Breite, noch von der Höhe über dem Normal-Meeresspiegel ab. Reines Wasser von $+4\,°C = 277\,°K$ hat, bei normalem Atmosphärendruck, ein $\varrho = 1000$ kg m^{-3}.

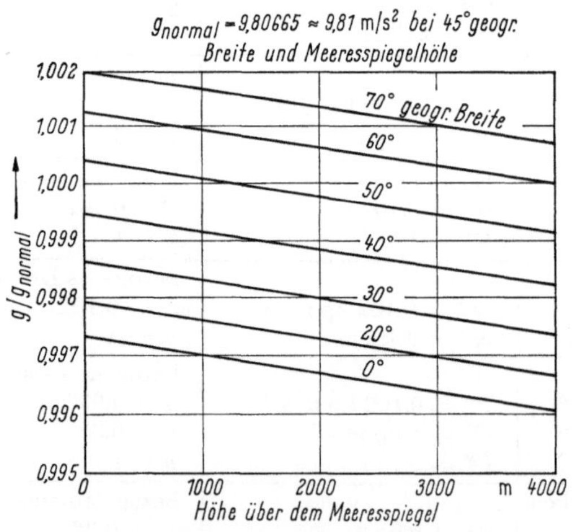

Abb. 2.1. Änderung der Fallbeschleunigung g mit der geographischen Breite und mit der Höhe über dem Meeresspiegel.

Im TS wird mit der *Wichte* γ die Gewichtskraft je Raumeinheit bezeichnet. Da sich die Gewichtskraft mit der Fallbeschleunigung g

---

[1] auch Sättigungsdruck genannt.

ändert, Abb. 2.1, ist γ eine Funktion der geographischen Breite und der Höhe über dem Normal-Meeresspiegel. Reines Wasser von $+4\,°\mathrm{C}$ $= 277\,°\mathrm{K}$ hat, bei normalem Atmosphärendruck und bei einer Normal-Fallbeschleunigung von $g_n = 9{,}80665\,\mathrm{m\,s^{-2}}$, ein $\gamma = 1000\,\mathrm{kp\,m^{-3}}$.

Bei der Normal-Fallbeschleunigung $g_n = 9{,}80665\,\mathrm{m\,s^{-2}}$ *entspricht der Zahlenwert von γ in* kp m^{-3} *dem Zahlenwert ϱ in* kg m^{-3}. Mit der in Ziffer 1.5 gewählten Bezugsgröße $\varrho_N = 1\,\mathrm{kg\,m^{-3}}$ ist für reines Wasser von $+4\,°\mathrm{C}$ bei normalem Atmosphärendruck die *bezogene spezifische Dichte* $\varepsilon = 1000$. Die Zahl $(\varepsilon \cdot 10^{-3})$ einer Flüssigkeit von einer beliebigen Temperatur und einem beliebigen Druck gibt an, um wieviel die betrachtete Flüssigkeit dichter ist als Wasser von $+4\,°\mathrm{C}$ bei normalem Atmosphärendruck. Wird im TS als Bezugswert nach Ziff. 1.5 $\gamma_N = 1\,\mathrm{kp\,m^{-3}}$ gewählt, so hat für reines Wasser von $+4\,°\mathrm{C}$ bei normalem Atmosphärendruck die *bezogene spezifische Wichte ε* nur bei der Normal-Fallbeschleunigung den Wert 1000. Die Zahl $(\varepsilon \cdot 10^{-3})$ einer Flüssigkeit von einer beliebigen Temperatur, einem beliebigen Druck und einer Fallbeschleunigung $g \neq g_n$ gibt an, um wieviel die betrachtete Flüssigkeit spezifisch schwerer ist als Wasser von $+4\,°\mathrm{C}$ bei normalem Atmosphärendruck und Normal-Fallbeschleunigung g_n.

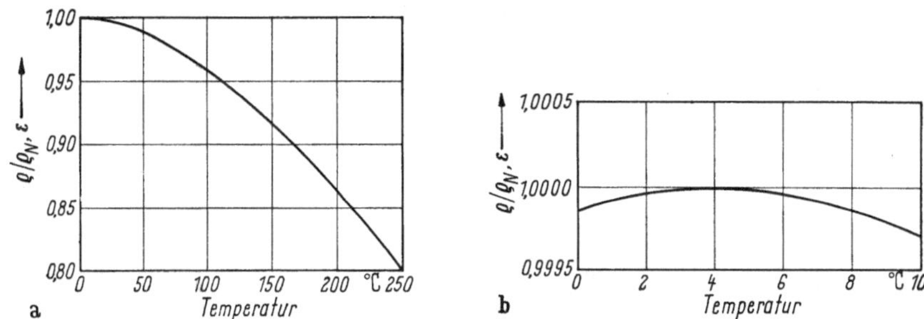

Abb. 2.2. Änderung der Dichte des Wassers mit der Temperatur. a) im Bereich von 0° bis 250 °C; b) im Bereich von 0° bis 10 °C.

ϱ, γ und ε sind Funktionen der Temperatur und des Druckes. Während aber der Einfluß des Druckes auf die genannten Werte sehr klein ist und in den meisten Fällen, z. B. bei allen stationären Strömungsvorgängen vernachlässigt werden kann, können sich ϱ, γ und ε mit der Temperatur stark ändern, Abb. 2.2. Die Werte nehmen in der Regel mit der Temperatur ab; eine Ausnahme bildet nur Wasser unterhalb von $+4\,°\mathrm{C}$. Das Eis hat eine kleinere Dichte als Wasser, es schwimmt und schützt das unterhalb der mehr oder weniger starken Eisdecke befindliche Wasser vor dem Einfrieren.

2*

2.2 Kompressibilität 1/E

Mit der Kompressibilität einer Flüssigkeit wird ihre Eigenschaft bezeichnet, mit zunehmendem Druck das Volumen zu verkleinern. Diese Eigenschaft wird durch den *Kompressibilitätswert*, durch die relative Volumenabnahme je Druckeinheit definiert; sie kann als reziproker Wert des Elastizitätsmoduls der Flüssigkeit aufgefaßt werden.

Der Kompressibilitätswert wird angegeben:

im SI als $1/E$ in kg^{-1} m s^2,
im TS als $1/E^*$ in kp^{-1} m^2,
mit bezogenen Größen als $1/e$.

$1/E$, $1/E^*$ und $1/e$ sind Funktionen des Druckes und der Temperatur. Der Einfluß des Druckes auf die genannten Werte ist vernachlässigbar klein. Wesentlich stärker ändert sich der Kompressibilitätswert mit der Temperatur. Zum Beispiel nimmt bei Wasser der Wert $1/E_W$ von $5{,}2 \cdot 10^{-10}$ kg^{-1} m s^2 $(1/E_W^* = 51 \cdot 10^{-10}$ kp^{-1} $m^2)$ bei $0\,°C$ um rd. $13{,}5\%$ auf $4{,}57 \cdot 10^{-10}$ kg^{-1} m s^2 $(1/E_W^* \approx 44{,}8 \cdot 10^{-10}$ kp^{-1} $m^2)$ bei $46\,°C$ ab, um bei einer weiteren Temperaturzunahme wieder anzusteigen, Abb. 2.3.

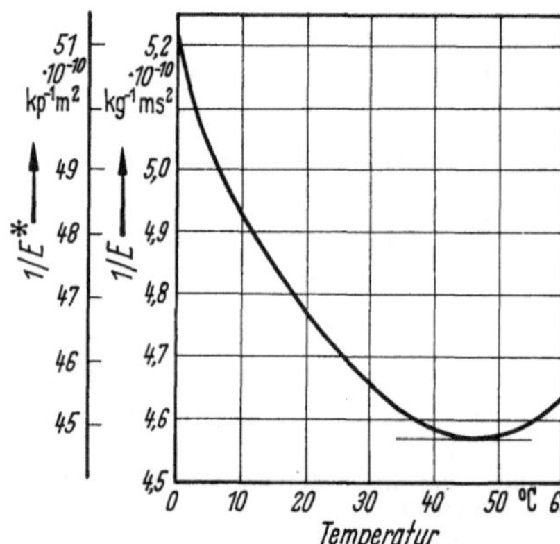

Abb. 2.3.
Änderung der Kompressibilität
von Wasser mit der Temperatur.

Bei allen Untersuchungen stationärer Strömungen wird die Flüssigkeit inkompressibel angenommen, also $1/E_W = 0$ in die Rechnung eingeführt. Bei den meisten nichtstationären Strömungen in technischen Anlagen kann mit ausreichender Genauigkeit die Änderung der Kompressibilität mit dem Druck und der Temperatur vernachlässigt und mit mittleren Werten gerechnet werden. Es wird meistens angenommen:

bei Wasser: $1/E_W = 4{,}9 \cdot 10^{-10}$ kg^{-1} m s^2 $(1/E_W^* = 48 \cdot 10^{-10}$ kp^{-1} $m^2)$,
bei Rohöl: $1/E_{Öl} = 6{,}4 \cdot 10^{-10}$ kg^{-1} m s^2 $(1/E_{Öl}^* = 63 \cdot 10^{-10}$ kp^{-1} $m^2)$,
bei Benzin: $1/E_{Be} = 11{,}3 \cdot 10^{-10}$ kg^{-1} m s^2 $(1/E_{Be}^* = 110 \cdot 10^{-10}$ kp^{-1} $m^2)$.

2.3 Verdampfungsdruck P_D, Kavitation

In technischen Anlagen können in einer Flüssigkeit praktisch keine
negativen Drücke, keine Zugspannungen auftreten. Sinkt der Druck an
irgend einer Stelle auf den Verdampfungsdruck (Sättigungsdruck) ab,
so verdampft die Flüssigkeit an dieser Stelle und verhindert eine weitere
Druckabnahme. Es bilden sich zunächst kleine Dampfblasen, die sich
zu größeren, mit Dampf aufgefüllten Hohlräumen zusammenschließen
können. Eine solche Erscheinung kann den Flüssigkeitsstrom in der
Leitung unterbrechen, die *Strömung kann abreißen*. Gelangen die in der
Flüssigkeit örtlich entstandenen Dampfbläschen mit der Strömung in
Gebiete höheren Druckes, so kondensieren sie schlagartig, die Hohlräume
fallen plötzlich zusammen. Diese Erscheinung wird *Kavitation* genannt;
sie wird von einem mehr oder weniger starken Geräusch und von Drucksteigerungen — es wurden Drucksteigerungen bis zu $10^8 \, \mathrm{kg \, m^{-1} \, s^{-2}}$
(rd. $1\,000 \cdot 10^4 \, \mathrm{kp \, m^{-2}}$) ermittelt — begleitet. Ein längerer Betrieb der
Anlage bei Kavitation kann zu erheblichen *Kavitationsschäden* führen.
Druckabsenkungen, auch örtlicher Art, die zu Kavitationserscheinungen führen können, sollten unbedingt vermieden werden.

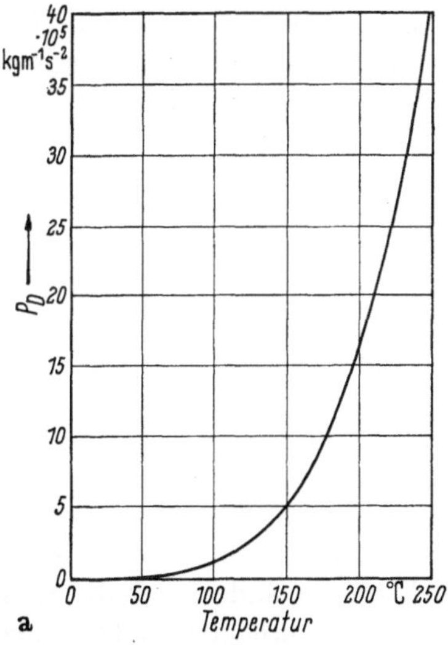

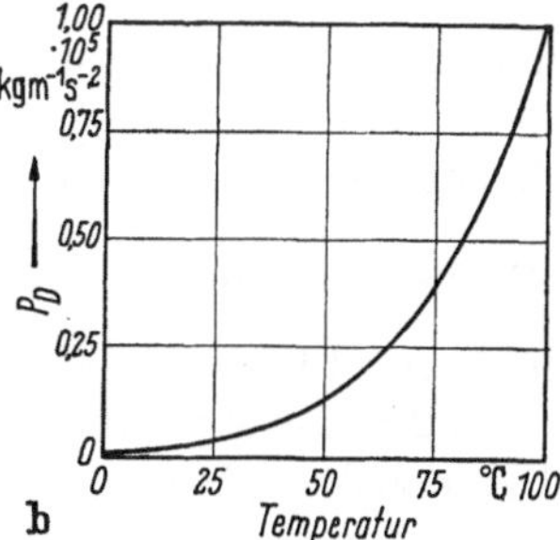

Abb. 2.4. Änderung des Verdampfungs-
druckes (Sättigungsdruckes) von Wasser
mit der Temperatur. a) im Bereich von 0°
bis 250 °C; b) im Bereich von 0° bis 100 °C.

Der Verdampfungsdruck hängt von der Flüssigkeitstemperatur ab;
er wird in der Regel als absoluter Druck angegeben, Abb. 2.4. Es kann
in jeder Flüssigkeit sowohl ein Verdampfungsverzug wie auch ein Kon-
densationsverzug auftreten. Durch feinste, feste Körper und kleinste

Bläschen der sich aus der Flüssigkeit ausscheidenden gelösten Gase wird die Kavitationsbildung mehr oder weniger stark begünstigt. Das Auftreten größerer Kavitation muß, besonders bei hydraulischen Maschinen, vermieden werden; Kavitationen können nicht nur zu den bereits erwähnten Kavitationsschäden führen, sondern auch einen Rückgang der Leistung und des Wirkungsgrades verursachen. Betriebsbedingungen, unter denen unzulässige Kavitationen auftreten, werden in der Regel in einem Modellversuch ermittelt. (Vgl. Ziffer 4.3.5.7). Harte Kavitationsschläge und die durch sie verursachten Druckschwankungen und Vibrationen können durch entsprechende Belüftung der mit Dampf gefüllten Hohlräume wirksam gemildert werden.

2.4 Viskosität v

Beim Gleiten von zwei Flüssigkeitsschichten aufeinander entstehen in der Gleitfläche Schubspannungen, die die Flüssigkeitsbewegung abbremsen und einen Teil der in der Flüssigkeit enthaltenen mechanischen Energie in Wärmeenergie umwandeln. Nach dem *Newtonschen Ansatz* ist diese Schubspannung gleich dem Produkt aus dem Geschwindigkeitsgradient und einem von der Art der Flüssigkeit abhängigen Wert, von der *dynamischen Viskosität*. Die Viskosität ist also die Eigenschaft einer Flüssigkeit, in gleitenden Flüssigkeitsflächen Schubspannungen zu erzeugen. Sie wird in der Regel als *kinematische Viskosität v* in $m^2\,s^{-1}$, als Quotient aus der dynamischen Viskosität und der Dichte der Flüssigkeit angegeben. Danach kann die dynamische Viskosität

im SI als (ϱv) in $kg\,m^{-1}\,s^{-1}$,

im TS als $\left(\dfrac{\gamma}{g}\,v\right)$ in $kp\,m^{-2}\,s$,

mit bezogenen Größen als (εv_b)

geschrieben werden.

v und v_b sind Funktionen des Druckes und der Temperatur der Flüssigkeit, Abb. 2.5. Der Einfluß des Druckes auf die genannten Werte ist in der Regel vernachlässigbar klein. Wesentlich stärker ändert sich die Viskosität mit der Temperatur. Bei jeder Viskositätsangabe muß daher auch die dazugehörige Temperatur mit angegeben werden.

Die Viskosität einer Flüssigkeit wird oft auch in relativen Werten ausgedrückt, und zwar:

entweder als Zeit in Sekunden für den Ausfluß einer bestimmten Menge der zu untersuchenden Flüssigkeit aus einem genau festgelegten

Gefäß durch eine kalibrierte Ausflußöffnung: *Saybolt (USA)*, *Redwood (UK)*,

oder als Verhältnis der Ausflußdauer einer bestimmten Menge der zu untersuchenden Flüssigkeit aus einem genau festgelegten Gefäß durch eine kalibrierte Ausflußöffnung zu der Ausflußdauer der gleichen Menge reinen Wassers aus demselben Gefäß, *Engler-Grade (D)*, Abb. 2.6.

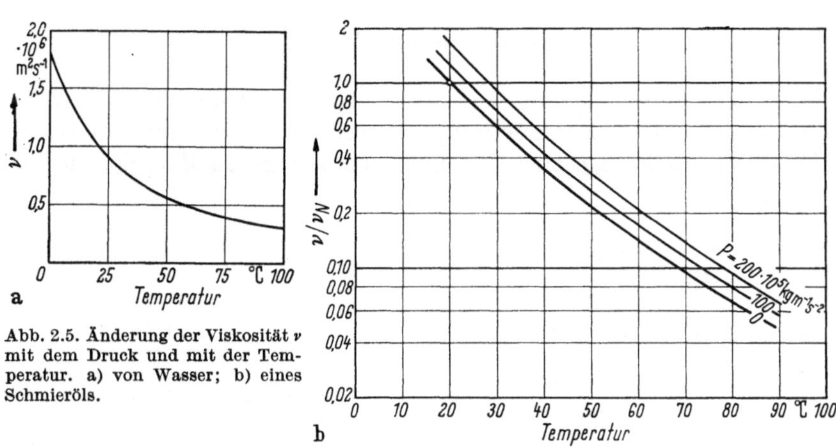

Abb. 2.5. Änderung der Viskosität v mit dem Druck und mit der Temperatur. a) von Wasser; b) eines Schmieröls.

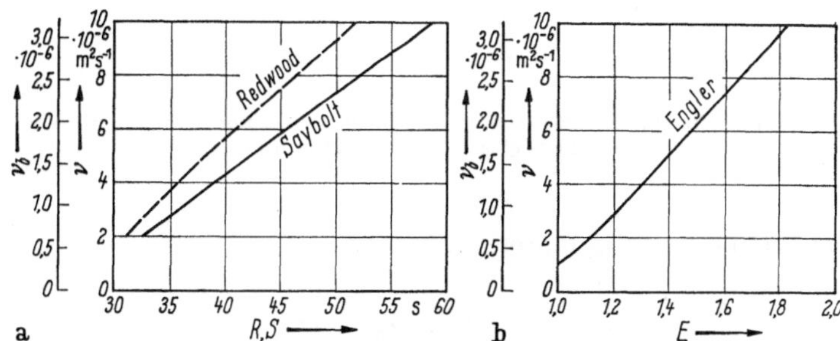

Abb. 2.6. Zusammenhang zwischen den relativen Viskositäten R, S und E und der absoluten Viskosität. a) $v(R)$-Kurve und $v(S)$-Kurve; b) $v(E)$-Kurve.

3. Stationäre Strömungen

Eine stationäre Strömung ändert sich nicht mit der Zeit. Der Durchfluß ist konstant, die Flüssigkeitsteilchen bewegen sich auf gleichbleibenden Bahnen, auf ihren *Stromlinien*.

3.1 Bernoullische Gleichung

Die Bewegungsgleichung für eine stationäre Strömung, Gl. (1.15), kann entlang einer Stromlinie integriert werden. Ihr Integral liefert die *Bernoullische Gleichung*, eine Gleichung der bezogenen Energie, die für

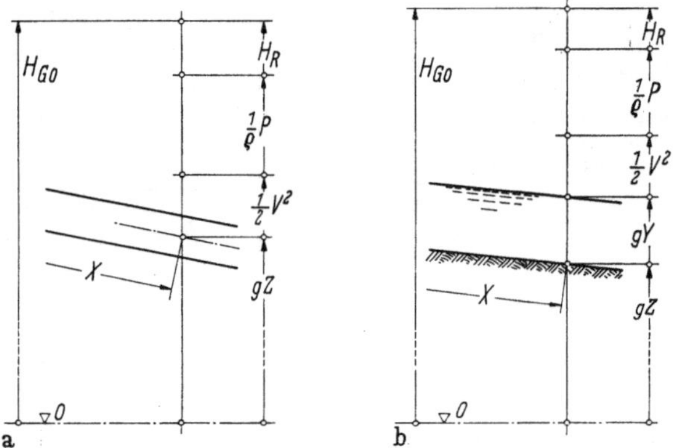

Abb. 3.1. Bernoullische Gleichung. a) für die mittlere Stromlinie einer Rohrleitung; b) für eine Stromlinie des Flüssigkeitsspiegels in einem Kanal.

eine geschlossene Leitung lautet, Abb. 3.1 a:

$$\frac{1}{2}\,V^2 + gZ + \frac{1}{\varrho}\,P + H_R = H_{GO} \quad \text{m}^2\,\text{s}^{-2}, \tag{3.1a}$$

$$\frac{1}{2g}\,V^2 + Z + \frac{1}{\gamma}\,P^* + H_R^* = H_{GO}^* \quad \text{m}, \tag{3.1b}$$

$$\frac{1}{2}\,v^2 + z + \frac{1}{\varepsilon}\,p + h_R = h_{GO}. \tag{3.1d}$$

Für eine Stromlinie des Flüssigkeitsspiegels einer stationären Strömung in einem Kanal kann sie, mit den Bezeichnungen der Abb. 3.1 b, geschrieben werden:

$$\frac{1}{2}\,V^2 + gZ + gY + \frac{1}{\varrho}\,P + H_R = H_{GO} \quad \mathrm{m^2\,s^{-2}}, \qquad (3.2\,\mathrm{a})$$

$$\frac{1}{2g}\,V^2 + Z + Y + \frac{1}{\gamma}\,P^* + H_R^* = H_{GO}^* \quad \mathrm{m}, \qquad (3.2\,\mathrm{b})$$

$$\frac{1}{2}\,v^2 + z + y + \frac{1}{\varepsilon}\,p + h_R = h_{GO}. \qquad (3.2\,\mathrm{d})$$

H_{GO} in $\mathrm{m^2\ s^{-2}}$ (H_{GO}^* in m, h_{GO}) ist eine Integrationskonstante, die aus den Randbedingungen bestimmt wird. Sie stellt die *auf eine Masseeinheit* (auf eine Krafteinheit) *bezogene Gesamtenergie* in einem Endquerschnitt der Leitung dar. Die 3 ersten Glieder der Gl. (3.1) und die 4 ersten Glieder der Gl. (3.2) stellen den Anteil der mechanischen Energie dar, das letzte Glied in beiden Gleichungen stellt das mechanische Äquivalent des Anteiles der Wärmeenergie dar, der durch Reibungsverluste in der Flüssigkeit entstanden ist.

Der *Gesamtenergiestrom* einer stationären Strömung in einem Leitungsquerschnitt A in $\mathrm{m^2}$ (in einem bezogenen Leitungsquerschnitt a), die Summe aus der *hydraulischen Leistung* und der *Verlustleistung*, ergibt sich zu:

$$\int\limits_0^A H_G \varrho\,V\,dA = \int\limits_0^A \left(\frac{1}{2}\,V^2 + gZ + \frac{1}{\varrho}\,P\right)\varrho\,V\,dA + \int\limits_0^A H_R \varrho\,V\,dA$$

$$\mathrm{kg\ m^2\,s^{-3}} \quad (3.3\,\mathrm{a})$$

$$\int\limits_0^A H_G^*\gamma\,V\,dA = \int\limits_0^A \left(\frac{1}{2g}\,V^2 + Z + \frac{1}{\gamma}\,P^*\right)\gamma\,V\,dA + \int\limits_0^A H_R^*\gamma\,V\,dA$$

$$\mathrm{kp\ m\ s^{-1}}, \quad (3.3\,\mathrm{b})$$

$$\int\limits_0^a h_G \varepsilon v\,da = \int\limits_0^a \left(\frac{1}{2}\,v^2 + z + \frac{1}{\varepsilon}\,p\right)\varepsilon v\,da + \int\limits_0^a h_R \varepsilon v\,da. \quad (3.3\,\mathrm{d})$$

Kann in jedem Leitungsquerschnitt eine gleichförmige Energieverteilung, die eine gleichförmige Geschwindigkeitsverteilung voraussetzt, angenommen werden, kann also die Bernoullische Gleichung auf den ganzen Durchflußquerschnitt ausgedehnt werden, so läßt sich Gl. (3.3) leicht integrieren. Für inkompressible Flüssigkeiten lautet ihr Integral:

$$H_G \varrho\, V A = \left(\frac{1}{2}\, V^2 + g Z + \frac{1}{\varrho}\, P\right) \varrho\, Q + H_R \varrho\, Q \quad \text{kg m}^2\,\text{s}^{-3}, \qquad (3.4\,\text{a})$$

$$H_G^* \gamma\, V A = \left(\frac{1}{2g}\, V^2 + Z + \frac{1}{\gamma}\, P^*\right) \gamma\, Q + H_R^* \gamma\, Q \quad \text{kp m s}^{-1} \qquad (3.4\,\text{b})$$

$$h_G\, \varepsilon\, v a = \left(\frac{1}{2}\, v^2 + z + \frac{1}{\varepsilon}\, p\right) \varepsilon\, q + h_R\, \varepsilon\, q. \qquad (3.4\,\text{d})$$

Auch bei Strömungen mit einer Geschwindigkeitsverteilung die nur wenig von der gleichförmigen Geschwindigkeitsverteilung abweicht, kann Gl. (3.3) oft mit ausreichender Genauigkeit integriert werden. Das erste Glied der Gl. (3.3) wird mit der mittleren Geschwindigkeit V_m in m s^{-1} (mit der mittleren bezogenen Geschwindigkeit v_m) und einem Berichtigungsfaktor α berechnet, der sich aus der Beziehung ergibt:

$$\alpha = \frac{\int\limits_{o}^{A} V^3\, dA}{V_m{}^3\, A} \qquad (3.5\,\text{a, b})$$

$$= \frac{\int\limits_{o}^{a} v^3\, da}{v_m{}^3\, a}. \qquad (3.5\,\text{d})$$

3.2 Energiegefälle, Energieverlust

Findet entlang der Leitung zwischen der Flüssigkeit und der Leitungswand weder ein Energieaustausch noch ein Wärmeaustausch statt, so bleibt die Gesamtenergie unverändert. Der Idealfall, daß jeder Energieanteil, der Anteil an mechanischer Energie und der Anteil an Wärmeenergie für sich konstant bleibt, setzt eine reibungsfreie, *ideale Flüssigkeit* voraus. Bei allen reibungsbehafteten, in der Natur wirklich vorkommenden Flüssigkeiten wird bei jeder Flüssigkeitsbewegung ein Teil der mechanischen Energie in Wärmeenergie umgewandelt. Die mechanische Energie nimmt in einer von einer Flüssigkeit durchströmten Leitung in der Fließrichtung von Querschnitt zu Querschnitt ab. Daraus folgt:

Das Fließen in einer Leitung, ein Flüssigkeitstransport, setzt ein bestimmtes *Energiegefälle* in der Fließrichtung voraus:

$$i_H = -\frac{\partial H}{\partial X} = +\frac{\partial H_R}{\partial X} \quad \text{m s}^{-2}, \qquad (3.6\,\text{a})$$

$$i_H^* = -\frac{\partial H^*}{\partial X} = + \frac{\partial H_R^*}{\partial X}, \qquad (3.6\,\mathrm{b})$$

$$i_h = -\frac{\partial h}{\partial x} = + \frac{\partial h_R}{\partial x}. \qquad (3.6\,\mathrm{d})$$

Da laut Ziffer 1.5. der spezifischen Energie $H = 1\ \mathrm{m^2\,s^{-2}}$ des SI im TS eine Energiehöhe von $H^* = 0{,}102\ \mathrm{m}$ oder rd. 0,1 m entspricht, ist das Energiegefälle i_H zahlenmäßig rd. 10 mal so groß wie i_H^*. Das Ergebnis hängt ab:

von der Leitung (Leitungsführung, Abmessungen und Form der Leitungsquerschnitte, Beschaffenheit der benetzten Flächen),

vom Durchfluß,

von der Art der Flüssigkeit.

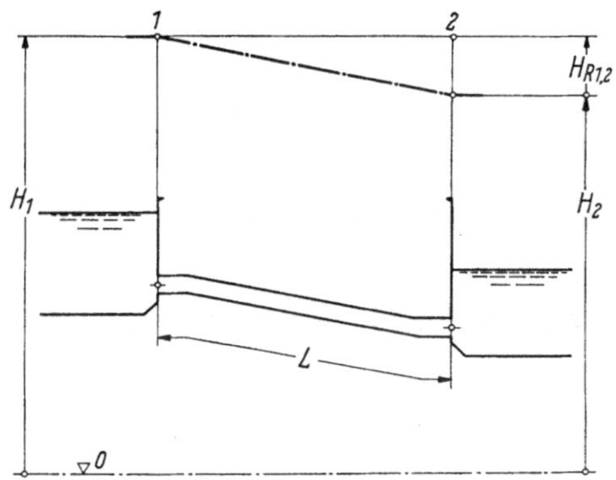

Abb. 3.2. Verluste an mechanischer Energie in einer Rohrleitung.

Der Verlust an mechanischer Energie in einer Leitungsstrecke von der Länge L in m (von der bezogenen Länge l) zwischen ihren beiden Endquerschnitten 1 und 2, Abb. 3.2, berechnet sich aus:

$$H_{R1,2}(Q) = H_{R2}(Q) - H_{R1}(Q) = \int_0^L \frac{\partial H_R(Q)}{\partial X}\,dX \quad \mathrm{m^2\,s^{-2}}, \qquad (3.7\,\mathrm{a})$$

$$H_{R1,2}^*(Q) = H_{R2}^*(Q) - H_{R1}^*(Q) = \int_0^L \frac{\partial H_R^*(Q)}{\partial X}\,dX \quad \mathrm{m}, \qquad (3.7\,\mathrm{b})$$

$$h_{R1,2}(q) = h_{R2}(q) - h_{R1}(q) = \int_0^l \frac{\partial h_R(q)}{\partial x}\,dx. \qquad (3.7\,\mathrm{d})$$

Zwecks Vereinfachung der Rechnung wurde das mechanische Äquivalent der Wärmeenergie im Eintrittsquerschnitt 1 mit Null angenommen. Bei der Ermittlung der Verluste im gesamten Leitungssystem müssen zu den mit Gl. (3.7) berechneten Werten der *Eintrittsverlust* und der *Austrittsverlust* addiert werden, d. h. die Verluste an mechanischer Energie der Flüssigkeit beim Übergang vom Zulaufbehälter in die Leitung und beim Übergang von der Leitung in den Abflußbehälter. In einem Beharrungszustand, also bei jeder stationären Strömung, muß der Verlust des gesamten Leitungssystems gleich sein dem Unterschied der spezifischen Energien in m² s⁻² (der Energiehöhen in m) am Eintritt und am Austritt des Leitungssystems.

$$H_{R1,2}(Q) = H_1 - H_2 \quad \mathrm{m^2\,s^{-2}}, \tag{3.8a}$$

$$H_{R1,2}^*(Q) = H_1^* - H_2^* \quad \mathrm{m}, \tag{3.8b}$$

$$h_{R1,2}(q) = h_1 - h_2. \tag{3.8d}$$

Eine überschüssige Energie,

die *spezifische Fallenergie*

$$H_{d,s}(Q) = H_1 - H_2 - H_{R1,2}(Q) \quad \mathrm{m^2\,s^{-2}}, \tag{3.9a}$$

die *Fallhöhe*

$$H_{d,s}^*(Q) = H_1^* - H_2^* - H_{R1,2}^*(Q) \quad \mathrm{m}, \tag{3.9b}$$

die *bezogene Fallenergie*

$$h_{d,s}(q) = h_1 - h_2 - h_{R1,2}(q), \tag{3.9d}$$

muß zur Aufrechterhaltung des gewünschten stationären Durchflusses entweder in einer *Kraftmaschine der Flüssigkeit entzogen* oder durch *zusätzliches Drosseln in Wärmeenergie umgewandelt* werden.
Ein Energiemangel,

die *spezifische Förderenergie*

$$H_{s,d}(Q) = H_2 - H_1 + H_{R1,2}(Q) \quad \mathrm{m^2\,s^{-2}}, \tag{3.10a}$$

die *Förderhöhe*

$$H_{s,d}^*(Q) = H_2^* - H_1^* + H_{R1,2}^*(Q) \quad \mathrm{m}, \tag{3.10b}$$

die *bezogene Förderenergie*

$$h_{s,d}(q) = h_2 - h_1 + h_{R1,2}(q), \tag{3.10d}$$

muß in einer *Pumpe an die Förderflüssigkeit übertragen* werden.

Die Energieverluste wirken sich aus:

bei einer geschlossenen Leitung in einem Druckabfall,
bei einer offenen Leitung entweder in einem Spiegelgefälle oder in einer
Spiegelsteigerung.

Diese Erscheinungen lassen sich am deutlichsten an einer horizontalen
Leitung mit konstantem Querschnitt erklären, an einer Rohrleitung mit
konstantem Durchmesser und an einem Kanal mit rechteckigem Querschnitt.

Aus der Bewegungsgleichung (1.15) und der Kontinuitätsgleichung
(1.21) ergibt sich, durch Eliminieren der Geschwindigkeit:

a) für eine horizontale Rohrleitung mit konstantem Querschnitt bei
konstantem Durchfluß:

$$\frac{\partial H}{\partial X} = \frac{1}{\varrho}\frac{\partial P}{\partial X} = -\frac{\partial H_R}{\partial X} \quad \text{m s}^{-2}, \tag{3.11a}$$

$$\frac{\partial H^*}{\partial X} = \frac{1}{\gamma}\frac{\partial P^*}{\partial X} = -\frac{\partial H_R^*}{\partial X}, \tag{3.11b}$$

$$\frac{\partial h}{\partial x} = \frac{1}{\varepsilon}\frac{\partial p}{\partial x} = -\frac{\partial h_R}{\partial x}. \tag{3.11d}$$

Die Reibungsverluste in Rohrleitungen verursachen also einen Druckabfall in der Fließrichtung; der tiefste Druck, der dabei erreicht werden
kann, ist der Verdampfungsdruck.

b) für einen horizontalen Kanal mit rechteckigem Querschnitt von der
Breite B in m (der bezogenen Breite b), bei einem konstanten Durchfluß
und einem konstanten Druck auf den Flüssigkeitsspiegel:

$$\frac{\partial H}{\partial X} = \frac{\partial}{\partial X}\left(\frac{1}{2}\frac{Q^2}{B^2}\frac{1}{Y^2} + g\,Y\right) = \left(-\frac{Q^2}{B^2}\frac{1}{Y^3} + g\right)\frac{\partial Y}{\partial X}$$

$$= -\frac{\partial H_R}{\partial X} \quad \text{m s}^{-2}, \tag{3.12a}$$

$$\frac{\partial H^*}{\partial X} = \frac{\partial}{\partial X}\left(\frac{1}{2g}\frac{Q^2}{B^2}\frac{1}{Y^2} + Y\right) = \left(-\frac{1}{g}\frac{Q^2}{B^2}\frac{1}{Y^3} + 1\right)\frac{\partial Y}{\partial X}$$

$$= -\frac{\partial H_R^*}{\partial X}, \tag{3.12b}$$

$$\frac{\partial h}{\partial x} = \frac{\partial}{\partial x}\left(\frac{1}{2}\frac{q^2}{b^2}\frac{1}{y^2} + y\right) = \left(-\frac{q^2}{b^2}\frac{1}{y^3} + 1\right)\frac{\partial y}{\partial x} = -\frac{\partial h_R}{\partial x}. \tag{3.12d}$$

Die Reibungsverluste in Kanälen verursachen:

entweder eine Spiegelabsenkung in der Fließrichtung, wenn die Tiefe $Y > \sqrt[3]{\dfrac{Q^2}{g B^2}}$ in m $\left(\text{die bezogene Tiefe } y > \sqrt[3]{\dfrac{q^2}{b^2}}\right)$ ist, bei einem stabilen Strömungszustand, der mit *Fließen* bezeichnet wird;

oder einen Spiegelanstieg in der Fließrichtung, wenn die Tiefe $Y < \sqrt[3]{\dfrac{Q^2}{g B^2}}$ in m $\left(\text{die bezogene Tiefe } y < \sqrt[3]{\dfrac{q^2}{b^2}}\right)$ ist, bei einem labilen Strömungszustand, der mit *Schießen* der Flüssigkeit bezeichnet wird.

Die Grenztiefe, die kleinste Tiefe für das Fließen und die größte Tiefe für das Schießen, wird *kritische Tiefe* genannt. Sie ergibt sich aus Gl. (3.12) zu:

$$Y_{\text{krit}} = \sqrt[3]{\frac{Q^2}{g B^2}} \quad \text{m}, \qquad\qquad (3.13\,\text{a, b})$$

$$y_{\text{krit}} = \sqrt[3]{\frac{q^2}{b^2}}. \qquad\qquad (3.13\,\text{d})$$

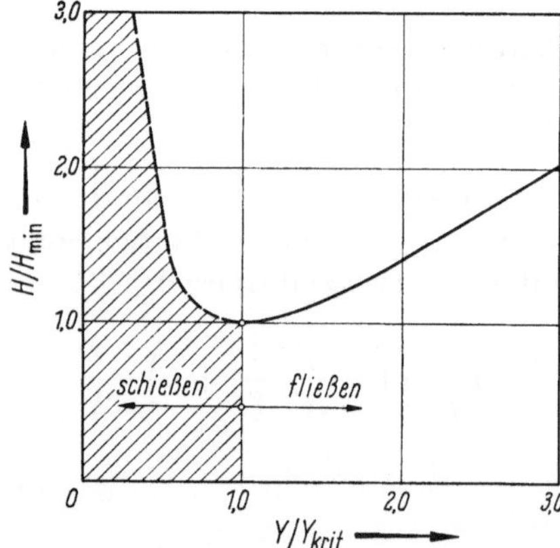

Abb. 3.3. Mechanische Energie der Flüssigkeit beim Fließen und beim Schießen.

Bei einem Kanal mit rechteckigem Querschnitt und horizontaler Sohle ist die kritische Tiefe nur eine Funktion des Durchflusses je Einheit der Kanalbreite und der Fallbeschleunigung. Das Energiegefälle ist bei diesem Strömungszustand Null, die von der Flüssigkeit mitgeführte mechanische Energie je Masseeinheit (je Einheit der Gewichtskraft) ein Kleinstwert, Abb. 3.3. Jede Abweichung von der kritischen Tiefe, jede Vergrößerung oder Verkleinerung der Flüssigkeitstiefe, setzt eine Energieerhöhung voraus. Aus Gln. (3.2) und (3.13) ergibt sich der auf die horizontale Kanalsohle bezogene kleinste, spezifische Energiewert eines Teilchens des Flüssigkeitsspiegels zu:

$$H_{\min} = \frac{1}{2}\frac{Q^2}{B^2}\frac{1}{Y_{\mathrm{krit}}^2} + g\,Y_{\mathrm{krit}} + \frac{1}{\varrho}P = \frac{3}{2}g\,Y_{\mathrm{krit}} + \frac{1}{\varrho}P \quad \mathrm{m^2\,s^{-2}},$$

(3.14a)

$$H_{\min}^* = \frac{1}{2g}\frac{Q^2}{B^2}\frac{1}{Y_{\mathrm{krit}}^2} + Y_{\mathrm{krit}} + \frac{1}{\gamma}P^* = \frac{3}{2}Y_{\mathrm{krit}} + \frac{1}{\gamma}P^* \quad \mathrm{m}, \quad (3.14\,\mathrm{b})$$

$$h_{\min} = \frac{1}{2}\frac{q^2}{b^2}\frac{1}{y_{\mathrm{krit}}^2} + y_{\mathrm{krit}} + \frac{1}{\varepsilon}p = \frac{3}{2}y_{\mathrm{krit}} + \frac{1}{\varepsilon}p. \quad (3.14\,\mathrm{d})$$

Die Energie einer stationären Strömung bei der kritischen Tiefe besteht zu 1/3 aus dynamischer Energie und zu 2/3 aus statischer Energie; ihre Geschwindigkeit beträgt, Abb. 3.4:

$$V_{\mathrm{krit}} = \frac{Q}{B\,Y_{\mathrm{krit}}} = \sqrt{g\,Y_{\mathrm{krit}}} \quad \mathrm{m\,s^{-1}}, \qquad (3.15\mathrm{a,\ b})$$

$$v_{\mathrm{krit}} = \frac{q}{b\,y_{\mathrm{krit}}} = \sqrt{y_{\mathrm{krit}}}. \qquad (3.15\mathrm{d})$$

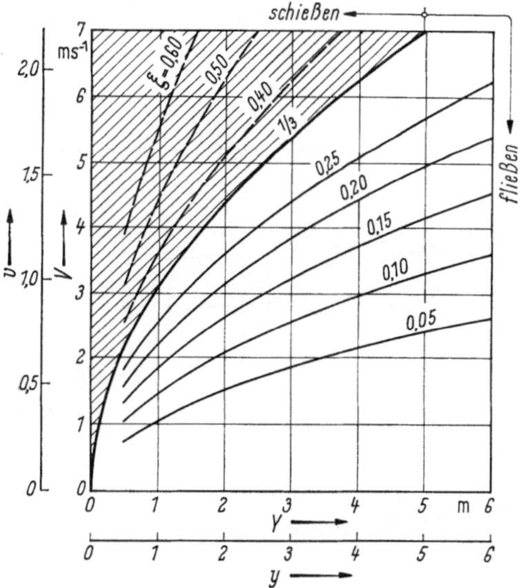

Abb. 3.4. Zusammenhang zwischen der kritischen Geschwindigkeit und der kritischen Tiefe.

$$\xi = \frac{H_V}{H_V + gY} = \frac{H_V^*}{H_V^* + Y} = \frac{h_V}{h_V + y}.$$

Wie bereits erwähnt wurde, ist das Fließen die stabile Form einer stationären Strömung, die sich in einem offenen Kanal immer einstellt. Das Schießen dagegen ist eine labile Strömungsart, die nur unter besonderen Bedingungen auftritt und schon bei der geringsten Störung unter Bildung eines *Wassersprunges* in ein Fließen übergeht.

3.3 Energielinien, Drucklinien

Bei vielen technischen Untersuchungen ist es oft vorteilhaft, sich rasch einen einfachen, klaren Überblick über den Energieverlauf und den Druckverlauf in der Leitung zu verschaffen. Einen solchen Überblick vermittelt die graphische Darstellung der Bernoullischen Gleichung, der Gl. (3.1) für eine Rohrleitung, Abb. 3.5, der Gl. (3.2) für einen offenen Kanal,

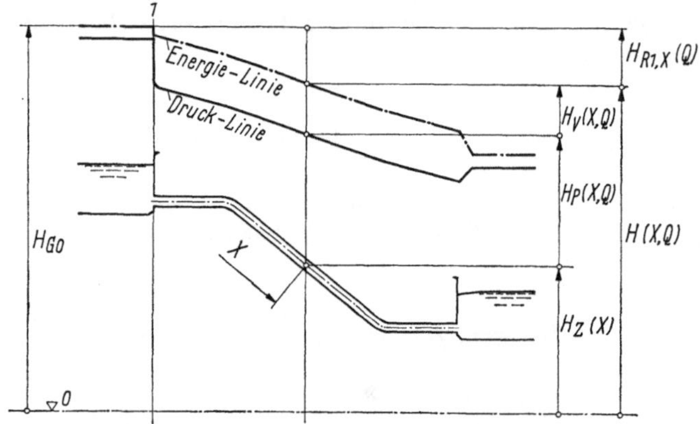

Abb. 3.5. Bernoullische Gleichung für eine Rohrleitung.

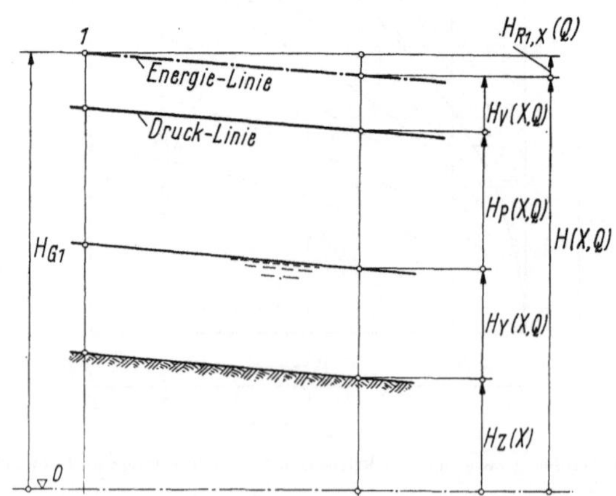

Abb. 3.6. Bernoullische Gleichung für einen rechteckigen Kanal.

Abb. 3.6, im abgewickelten Höhenplan (im abgewickelten Aufriß) der Leitung. Als Maßstab wird zweckmäßigerweise gewählt:

a) im SI für $H = 1$ m² s⁻² eine Strecke, die im Leitungsplan einem Höhenunterschied von $\dfrac{1}{g} = 0{,}102$ m entspricht; in vielen Fällen kann diese Strecke, zur Vereinfachung der Rechnung, näherungsweise mit 0,1 m angenommen werden;

b) im TS für $H^* = 1$ m eine Strecke, die im Leitungsplan dem Höhenunterschied von 1 m entspricht;

c) bei bezogenen Größen für $h = 1$ eine Strecke, die im Leitungsplan dem Höhenunterschied von 1 m entspricht.

Die Linien der spezifischen Lageenergie $H_Z(X)$ in m² s⁻² ($H_Z^*(X)$ in m, $h_Z(x)$) fallen dann bei Rohrleitungen mit der Mittellinie oder mit der oberen Begrenzung der Leitung, Abb. 3.5, bei Kanälen mit der Kanalsohle, Abb. 3.6 zusammen.

Die konstanten Werte der Gesamtenergie H_{GO} in m² s⁻² (H_{GO}^* in m, h_{GO}), die zweckmäßigerweise mit absoluten Drücken berechnet werden, erscheinen in diesem Diagramm als horizontale Geraden; sie liefern, vermindert um die Reibungsverluste, die *Energielinie*:

$$H(X, Q) = H_{GO} - H_{R1,X}(X, Q) \quad \text{m}^2\,\text{s}^{-2}, \tag{3.16a}$$

$$H^*(X, Q) = H_{GO}^* - H_{R1,X}^*(X, Q) \quad \text{m}, \tag{3.16b}$$

$$h(x, q) = h_{GO} - h_{R1,x}(x, q). \tag{3.16d}$$

Mit Hilfe der Energielinie kann für jeden Leitungsquerschnitt die mechanische Energie der Flüssigkeit direkt abgelesen werden.

Wird schließlich von dieser Energielinie die Geschwindigkeitsenergie $H_V = \dfrac{1}{2}\,V^2$ in m² s⁻² $\left(H_V^* = \dfrac{1}{2g}\,V^2 \text{ in m}, \quad h_V = \dfrac{1}{2}\,v^2\right)$ abgezogen, so ergibt sich die *Drucklinie* der Leitung:

$$H_P(X, Q) = H(X, Q) - H_V(X, Q) \quad \text{m}^2\,\text{s}^{-2}, \tag{3.17a}$$

$$H_P^*(X, Q) = H^*(X, Q) - H_V^*(X, Q) \quad \text{m}, \tag{3.17b}$$

$$h_P(x, q) = h(x, q) - h_V(x, q). \tag{3.17d}$$

Der Höhenunterschied zwischen einem Punkt der Rohrleitung und dem darüberliegenden Punkt der Drucklinie gibt die Druckenergie in diesem Leitungspunkt wieder, mit der im gewünschten Einheitsystem der Druck berechnet werden kann. Wie bereits erwähnt wurde, darf der Druck an keiner Stelle der Leitung auf den Verdampfungsdruck absinken; die lotrechte Entfernung der Drucklinie von der Leitung darf daher an keiner Stelle auf den Wert $\dfrac{1}{\varrho}\,P_D$ in $\mathrm{m^2\,s^{-2}}$ $\left(\dfrac{1}{\gamma}\,P_D^{*}\ \text{in m},\ \dfrac{1}{\varepsilon}\,p_D\right)$ absinken; für diese Untersuchung *muß die Gesamtenergie mit absoluten Drücken* ermittelt werden.

Bei Strömungen mit freiem Flüssigkeitsspiegel ist der Druck in der Oberfläche der Flüssigkeit konstant und gleich dem auf ihr lastenden Luftdruck; die lotrechte Entfernung der Drucklinie vom Flüssigkeitsspiegel ist daher entlang der ganzen Leitung gleich groß.

Die Geschwindigkeitsenergie wird mit der mittleren Durchflußgeschwindigkeit berechnet und gegebenenfalls mit dem Faktor α nach Gl. (3.5) berichtigt; der dafür erforderliche Durchflußquerschnitt muß bei Rohrleitungen dem Leitungsplan entnommen werden; bei Kanälen ergibt er sich bei der Ermittlung der Reibungsverluste.

Die Energielinie fällt in der Strömungsrichtung ab, und zwar um so stärker, je größer der Durchfluß ist. Die Energie in der Flüssigkeit muß bei einer stationären Strömung in der Leitung vom Energiewert im Zulaufbehälter auf den Energiewert im Abflußbehälter absinken. Bei einer ungeregelten Leitung stellt sich von allein jener Durchfluß ein, bei dem der Energieverlust des Leitungssystems gleich dem Energieunterschied zwischen dem Zulaufbehälter und dem Abflußbehälter ist, Abb. 3.7a. Ein kleinerer Durchfluß kann nur durch zusätzliches Drosseln eines

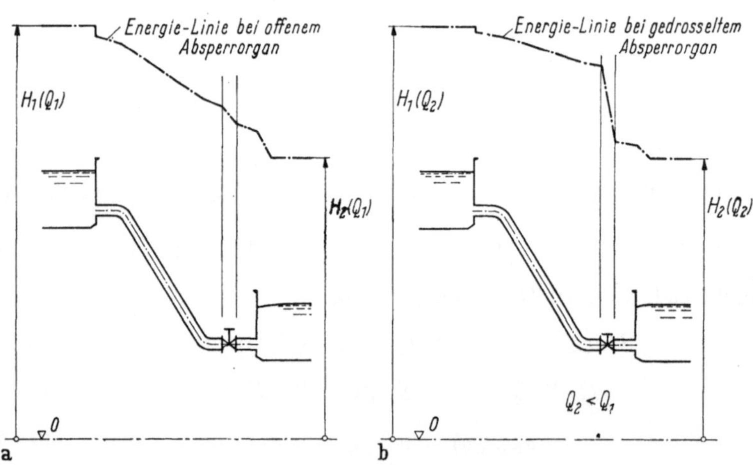

Abb. 3.7. Energielinie einer Rohrleitung. a) bei ganz offenem Absperrorgan; b) bei gedrosseltem Absperrorgan.

Regelorgans, durch Umwandlung des überschüssigen Anteiles an mechanischer Energie in Wärme, eingestellt werden, Abb. 3.7b. Ein größerer Durchfluß läßt sich ohne Anordnung einer Pumpe, ohne Übertragung fehlender mechanischer Energie an die Flüssigkeit, nicht erzielen.

In Abb. 3.8 ist der Verlauf der Energielinie und der Drucklinie für eine Wasserkraftanlage wiedergegeben; die Leitungsverluste werden klein gehalten, um möglichst viel Energie der Flüssigkeit in der Turbine nutzbringend entziehen zu können. Der Energieentzug könnte an jeder

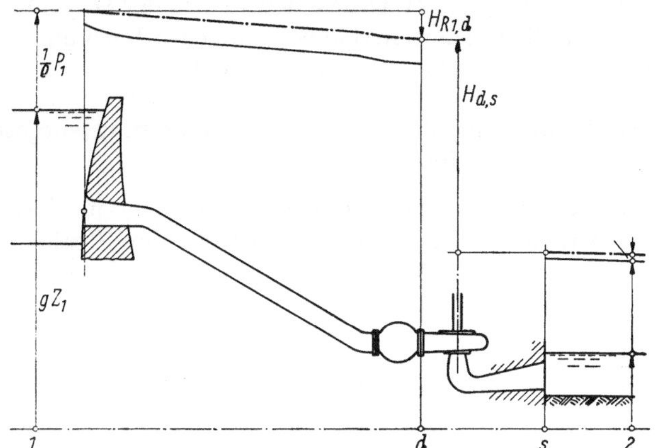

Abb. 3.8. Energielinie und Drucklinie einer Wasserkraftanlage.

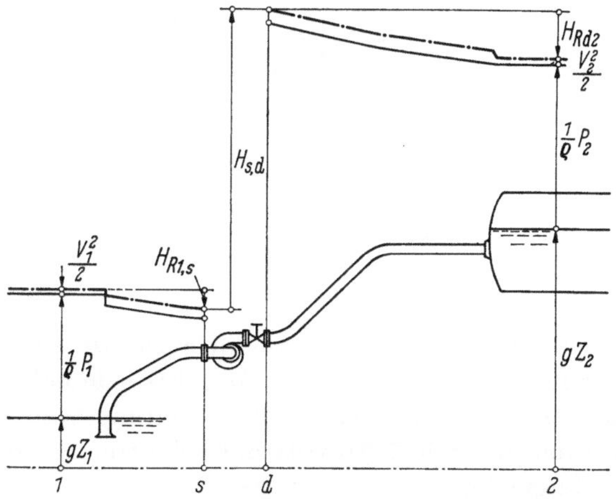

Abb. 3.9. Energielinie und Drucklinie einer Pumpenanlage.

Stelle der Leitung erfolgen, die Turbine muß aber, um unzulässige Kavitationserscheinungen mit Sicherheit zu vermeiden, so aufgestellt werden, daß der Überdruck über dem Verdampfungsdruck am Laufradaustritt den vorgeschriebenen, noch zulässigen Wert nicht unterschreitet.

In Abb. 3.9 ist der Verlauf der Energielinie und der Drucklinie für eine Pumpenanlage dargestellt.

3*

3.4 Randbedingungen

Als Endquerschnitte einer Leitung dürfen nur Querschnitte mit *eindeutigen Randbedingungen* gewählt werden, also Querschnitte, für die die Werte der Lageenergie, der Druckenergie und der Geschwindigkeitsenergie, mit denen die Gesamtenergie berechnet wird, genau genug angegeben werden können. Solche Querschnitte sind:

— die Oberfläche der Flüssigkeit in einem der Leitung vorgeschalteten oder nachgeschalteten Behälter;

— die Oberfläche des aus einer Düse ins Freie (oder in einen mit Gas konstanten Druckes erfüllten Raum) austretenden Strahls.

Abb. 3.10. Energielinie eines Leitungssystems mit zwei Eintrittsquerschnitten, A und B, und zwei Austrittsquerschnitten, C und D.

Eine Leitung kann auch mehrere Endquerschnitte am Eintrittsende und/oder mehrere Endquerschnitte am Austrittsende haben, Abb. 3.10. Der Durchfluß des in Abb. 3.10 dargestellten Leitungssystems mit 2 Eintrittsquerschnitten und mit 2 Austrittsquerschnitten ermittelt sich aus den beiden Bedingungen:

1. der gesuchte Durchfluß teilt sich auf die beiden Zuleitungen so auf, daß sich die Energielinien dieser beiden Zuleitungen im Zusammenlaufpunkt treffen;

2. die in diesem Zusammenlaufpunkt beginnende Energielinie schneidet die vom Auslaufbehälter *D* verlaufende Energielinie und die von der Austrittsdüse *C* verlaufende Energielinie in einem gemeinsamen Schnittpunkt.

3.5 Berechnung der Verluste bei einer stationären Strömung

Die zuverlässige Vorausberechnung der Strömungsverluste und die Ermittlung des Druckverlustes in einer gegebenen Leitung zählen zu den wichtigsten Untersuchungen von stationären Strömungen in Leitungen.

Eine Leitung kann bestehen aus:

a) geraden Strecken mit gleichbleibendem Leitungsquerschnitt;

b) geschwindigkeitsändernden Teilen: Verjüngungen, Erweiterungen, Vertiefungen, Verflachungen, aber auch Teile mit mehr oder weniger schroffen Querschnittsänderungen wie plötzliche Verengungen und plötzliche Erweiterungen;

c) richtungsändernden Teilen: Krümmer, Kniestücke;

d) durchflußändernden Teilen: Hosenrohre, Abzweige, Zusammenführungen, Beileitungen;

e) querschnittsändernden Teilen: Absperrorgane, Regelorgane;

f) energieändernden Teilen: Turbinen, Energievernichter, Pumpen.

Ein Leitungsteil kann auch mehrere der aufgezählten Eigenschaften in sich vereinen, wie z. B. ein sich verengender Krümmer.

Der Eintrittsverlust beim Eintritt der Flüssigkeit in die Leitung und der Austrittsverlust beim Verlassen der Leitung können als Verluste der geschwindigkeitsändernden Teile behandelt werden.

In einer geraden Leitung mit konstantem Querschnitt, die aus einem großen Behälter gespeist wird, bildet sich erst nach einer gewissen *Anlaufstrecke* die sogenannte *ungestörte Strömung* aus, die sich im nachfolgenden geraden Leitungsteil nicht mehr ändert. Nach der Anlaufstrecke herrscht in allen Leitungsquerschnitten die gleiche Geschwindigkeitsverteilung. Jede in einem Leitungsquerschnitt künstlich erzeugte Störung klingt in der nachgeschalteten geraden Leitungsstrecke mehr oder weniger schnell ab; es bildet sich wieder die ungestörte Strömung aus. Eine solche *Entstörung* findet nur bei geraden Leitungen mit konstantem Leitungsquerschnitt statt; alle anderen, in der vorstehenden Zusammenstellung unter b) bis f) aufgezählten Leitungsteile erzeugen mehr oder weniger starke Störungen, die nur in einer nachgeschalteten geraden Leitungsstrecke, in der sogenannten *Auslaufstrecke*, oder aber in besonderen *Entstörern* wieder beseitigt werden können. Ist die Zuströmung zu einem solchen Leitungsteil bereits gestört, so hängt es von der Art der Störung und vom Leitungsteil ab, ob sie verstärkt, abgeschwächt oder in eine andere Störungsart umgewandelt wird.

Die Strömungsverluste in einer geraden Leitungsstrecke mit konstantem Querschnitt zwischen den Querschnitten 1 und 2 werden als *Energie-*

differenz definiert. Da die Energie der strömenden Flüssigkeit sich nur in einem ungestörten Durchflußquerschnitt messen läßt, dürfen die beiden Meßquerschnitte weder einer Anlaufstrecke noch einer Auslaufstrecke angehören.

Auch bei der Ermittlung der Verluste von den unter b) bis f) aufgezählten Leitungsteilen muß diese Regel beachtet werden. Die beiden geometrisch definierten Endquerschnitte des zu untersuchenden Leitungsteiles eignen sich nicht für eine einwandfreie Messung. Vor allem die im Austrittsquerschnitt oft sehr stark gestörte Strömung läßt eine genaue Energiebestimmung mit einfachen Mitteln nicht zu. Aber auch dann, wenn eine ausreichend genaue Energieermittlung gelingen würde, könnten daraus die Verluste nicht ermittelt werden. Die vom Prüfling verursachte Störung, eine auf Kosten der statischen Energie vergrößerte Geschwindigkeitsenergie, ist im Austrittsquerschnitt noch zum größten Teil als mechanische Energie vorhanden; sie setzt sich erst in der nachgeschalteten geraden Auslaufstrecke, unter Rückbildung des ungestörten Geschwindigkeitsprofils, in Wärmeenergie um. Meßquerschnitte sollten daher grundsätzlich nur in geraden Leitungsabschnitten angeordnet werden, und zwar so weit vom Prüfling entfernt, daß die von diesem verursachten Störungen die Strömung in den Meßquerschnitten nicht mehr beeinflussen. Die Verluste einer ungestörten Strömung in der vorgeschalteten und in der nachgeschalteten geraden Leitungsstrecke, in der Strecke vom Meßquerschnitt 0 bis zum Eintrittsquerschnitt des Prüflings, 1, und in der Strecke vom Austrittsquerschnitt des Prüflings, 2, bis zum Meßquerschnitt 3, Abb. 3.11, müssen vom gemessenen Wert für den Gesamtverlust abgezogen werden.

Es ist also

$$H_{R1,2} = H_{0,3} - (H_{R0,1} + H_{R2,3}) \quad \mathrm{m^2\,s^{-2}}, \qquad (3.18\,\mathrm{a})$$

$$H^*_{R1,2} = H^*_{0,3} - (H^*_{R0,1} + H^*_{R2,3}) \quad \mathrm{m}, \qquad (3.18\,\mathrm{b})$$

$$h_{R1,2} = h_{0,3} - (h_{R0,1} + h_{R2,3}). \qquad (3.18\,\mathrm{d})$$

Danach ist der *Strömungsverlust eines Leitungsteils definiert als jener Wert, um den sich der Energieverlust einer geraden Leitungsstrecke durch den Einbau des betrachteten Leitungsteils erhöht.*

Mit dieser Definition werden auch die vom betrachteten Leitungsteil in der Anlaufstrecke und in der Auslaufstrecke verursachten zusätzlichen Verluste mit erfaßt. Die Verluste einer abwechselnd aus geraden Strecken und aus verschiedenen Leitungsteilen zusammengesetzten Leitung können dann korrekt als Summe aus den Verlusten der einzelnen Abschnitte berechnet werden, Abb. 3.12a. Die zwischengeschalteten geraden Leitungsstrecken müssen aber dabei mindestens so lang sein wie die erforderlichen Auslaufstrecken. Ist diese Forderung nicht erfüllt, so

müssen, streng genommen, die beiden Leitungsteile mit der zwischengeschalteten, zu kurzen geraden Leitungsstrecke als ein einziger eigener
Leitungsteil betrachtet werden, Abb. 3.12b.

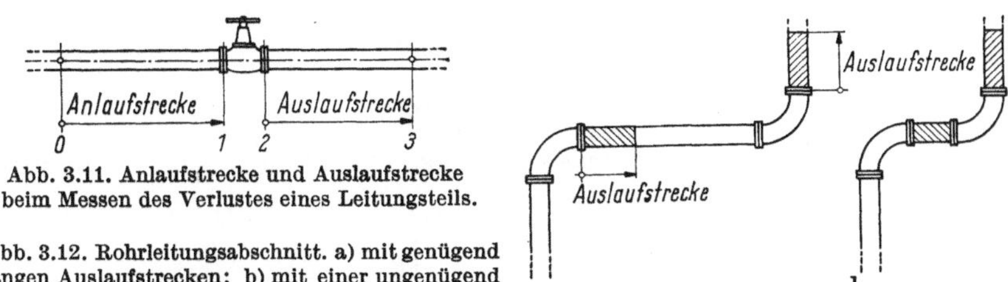

Abb. 3.11. Anlaufstrecke und Auslaufstrecke
beim Messen des Verlustes eines Leitungsteils.

Abb. 3.12. Rohrleitungsabschnitt. a) mit genügend
langen Auslaufstrecken; b) mit einer ungenügend
langen Auslaufstrecke.

Verluste in Leitungen lassen sich exakt nur für die laminare Strömung
in geraden Leitungen mit gleichbleibendem Querschnitt berechnen. Für
die turbulente Strömung in geraden Leitungen und für beide Strömungs-
arten in Leitungsteilen müssen die Verluste aus Messungen bestimmt
werden. Die Versuche können auch an Modellen vorgenommen und die
Versuchsergebnisse mit Hilfe von Ähnlichkeitsgesetzen auf die Großausführung umgerechnet werden.

3.6 Ruhende Flüssigkeiten

Für eine im Ruhezustand befindliche Flüssigkeit kann der Zusammenhang zwischen der spezifischen Lageenergie H_Z in m² s⁻² (der geodätischen
Höhe Z in m, der bezogenen Lageenergie h_z) und der spezifischen Druckenergie H_P in m² s⁻² (der Druckhöhe H_P^* in m, der bezogenen Druckenergie h_P) durch Integration von Gl. (1.18) gefunden werden. Es ist:

$$gZ + \frac{1}{\varrho} P = H_{st} = H_{GO} = \text{const} \quad \text{m}^2\,\text{s}^{-2}, \qquad (3.19\,\text{a})$$

$$Z + \frac{1}{\gamma} P^* = H_{st}^* = H_{GO}^* = \text{const} \quad \text{m}, \qquad (3.19\,\text{b})$$

$$z + \frac{1}{\varepsilon} p = h_{st} = h_{GO} = \text{const}. \qquad (3.19\,\text{d})$$

Aus Gl. (3.19) folgt, daß die *statische Energie*, die Summe aus der Lageenergie und der Druckenergie, in allen Punkten einer ruhenden Flüssigkeit den gleichen Wert hat, daß der Druck in der Flüssigkeit proportional
mit der *Eintauchtiefe*, mit der lotrechten Entfernung vom Flüssigkeits-

spiegel zunimmt, Abb. 3.13. Der Zusammenhang zwischen der Druckzunahme gegenüber dem Druck auf den Flüssigkeitsspiegel $(P - P_0)$ in kg m^{-1} s^{-2}, $[(P^* - P_0^*)$ in kp m^{-2}, $(p - p_0)]$ und der Eintauchtiefe S in m (der bezogenen Eintauchtiefe s) ermittelt sich aus der Beziehung:

$$P - P_0 = g\varrho S \quad \text{kg m}^{-1}\,\text{s}^{-2}, \tag{3.20a}$$

$$P^* - P_0^* = \gamma S \quad \text{kp m}^{-2}, \tag{3.20b}$$

$$p - p_0 = \varepsilon s. \tag{3.20d}$$

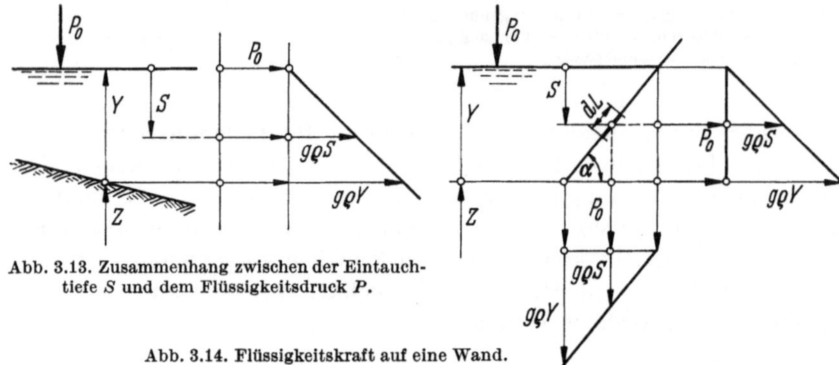

Abb. 3.13. Zusammenhang zwischen der Eintauchtiefe S und dem Flüssigkeitsdruck P.

Abb. 3.14. Flüssigkeitskraft auf eine Wand.

Die von einer ruhenden Flüssigkeit auf einen gegen die Horizontale um den Winkel α geneigten Flächenstreifen der benetzten Wand von der Breite B in m und der Länge dL in m (von der bezogenen Breite b und der bezogenen Länge dl) ausgeübte Kraft, Abb. 3.14, kann zerlegt werden

in eine horizontale Komponente:

$$dF_X = g\varrho SB\,dL \sin \alpha = g\varrho SB\,dS \quad \text{kg m s}^{-2}, \tag{3.21a}$$

$$dF_X^* = \gamma SB\,dL \sin \alpha = \gamma SB\,dS \quad \text{kp}, \tag{3.21b}$$

$$df_X = \varepsilon sb\,dl \sin \alpha = \varepsilon sb\,ds, \tag{3.21d}$$

und in eine vertikale Komponente:

$$dF_Y = g\varrho SB\,dL \cos \alpha = g\varrho SB \cot \alpha\,dS \quad \text{kg m s}^{-2}, \tag{3.22a}$$

$$dF_Y^* = \gamma SB\,dL \cos \alpha = \gamma SB \cot \alpha\,dS \quad \text{kp}, \tag{3.22b}$$

$$df_Y = \varepsilon sb\,dl \cos \alpha = \varepsilon sb \cot \alpha\,ds. \tag{3.22d}$$

Sind Breite und Neigungswinkel als Funktionen der Eintauchtiefe gegeben, so können beide Komponenten der Flüssigkeitskraft durch Integrieren der Gln. (3.21) und (3.22) berechnet werden. Für eine rechteckige, ebene Wand nach Abb. 3.14, also für $B = B(S) = \text{const}$ und $\alpha = \alpha(S) = \text{const}$ sind:

$$F_X = \frac{1}{2}\, g\varrho B Y^2 = \frac{1}{2}\, g\varrho Y A_Y \quad \text{kg m s}^{-2}, \qquad (3.23\,\text{a})$$

$$F_X^* = \frac{1}{2}\, \gamma B Y^2 = \frac{1}{2}\, \gamma Y A_Y \quad \text{kp}, \qquad (3.23\,\text{b})$$

$$f_X = \frac{1}{2}\, \varepsilon b y^2 = \frac{1}{2}\, \varepsilon y a_Y, \qquad (3.23\,\text{d})$$

und

$$F_Y = \frac{1}{2}\, g\varrho B Y^2 \cot\alpha = \frac{1}{2}\, g\varrho Y A_X \quad \text{kg m s}^{-2}, \qquad (3.24\,\text{a})$$

$$F_Y^* = \frac{1}{2}\, \gamma B Y^2 \cot\alpha = \frac{1}{2}\, \gamma Y A_X \quad \text{kp}, \qquad (3.24\,\text{b})$$

$$f_Y = \frac{1}{2}\, \varepsilon b y^2 \cot\alpha = \frac{1}{2}\, \varepsilon y a_X. \qquad (3.24\,\text{d})$$

A_Y ist die Projektion der benetzten Wandfläche auf eine vertikale Ebene, A_X ist ihre Projektion auf eine horizontale Ebene. Aus der dreieckförmigen Druckverteilung, Abb. 3.14, ergibt sich die Eintauchtiefe des Angriffspunktes dieser Druckkraft auf die betrachtete Fläche mit $S_S = 2/3\, Y$ in m ($s_S = 2/3\, y$).

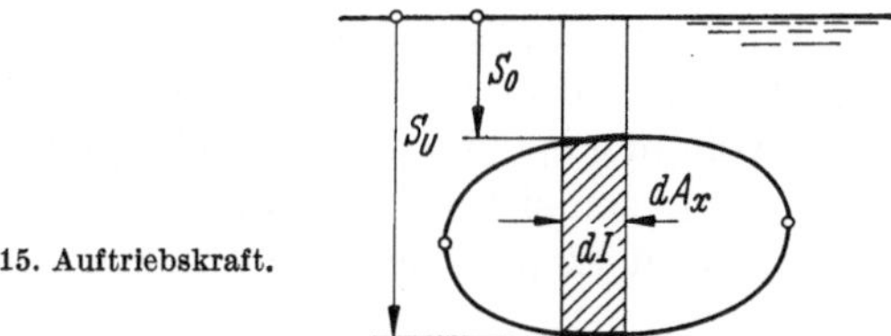

Abb. 3.15. Auftriebskraft.

Im Grundriß eines in eine Flüssigkeit ganz eingetauchten Körpers, in seiner Projektion auf eine horizontale Ebene, entspricht jedem Flächenelement der unteren Körperhälfte dA_X in m² mit der Eintauchtiefe S_U in m (da_X mit der bezogenen Eintauchtiefe s_U) ein gleich großes Flächenelement der oberen Körperhälfte mit der Eintauchtiefe S_O in m (mit der bezogenen Eintauchtiefe s_O), Abb. 3.15. Die aus den Flüssigkeitsdrücken resultierende, nach oben gerichtete Kraft auf diese beiden Flächenelemente ermittelt sich mit Gl. (3.24) zu:

$$dF_Y = g\varrho\,(S_U - S_O)\,dA_X = g\varrho\,dI \quad \text{kg m s}^{-2}, \qquad (3.25\,\text{a})$$

$$dF_Y^* = \gamma\,(S_U - S_O)\,dA_X = \gamma\,dI \quad \text{kp}, \qquad (3.25\,\text{b})$$

$$df_Y = \varepsilon\,(s_U - s_O)\,da_X = \varepsilon\,di. \qquad (3.25\,\text{d})$$

dI in m³ ist der Rauminhalt (di ist der bezogene Rauminhalt) des im Grundriß als Flächenelement dA_X in m² (als bezogenes Flächenelement da_X) erscheinenden Körperausschnittes. Durch integrieren der Gl. (3.25) ergibt sich das von Archimedes (~ 250 v. Chr.) gefundene Auftriebsgesetz:

$$F_Y = g\varrho\,I \quad \text{kg m s}^{-2}, \qquad (3.26\,\text{a})$$

$$F_Y^* = \gamma\,I \quad \text{kp}, \qquad (3.26\,\text{b})$$

$$f_Y = \varepsilon\,i. \qquad (3.26\,\text{d})$$

Ein in eine Flüssigkeit eingetauchter Körper erfährt eine Auftriebskraft, die der Gewichtskraft des vom Körper verdrängten Flüssigkeitsvolumens gleich ist. Es können drei Fälle unterschieden werden:

1) die Auftriebskraft ist kleiner als die Gewichtskraft: der Körper sinkt,
2) die Auftriebskraft ist gleich der Gewichtskraft: der Körper schwebt in der Flüssigkeit,
3) die Auftriebskraft ist größer als die Gewichtskraft: der Körper schwimmt in der Flüssigkeit auf.

Im letztgenannten Fall taucht der schwimmende Körper nur so weit in die Flüssigkeit ein, bis die Auftriebskraft gleich der Gewichtskraft wird.

Das von einem Schiff verdrängte Wasservolumen I_W in m³ (bezogenes verdrängtes Wasservolumen i_W) und damit sein *Tiefgang* $S_{U_{\max}}$ in m (bezogener Tiefgang $s_{U_{\max}}$) ergeben sich aus Gl. (3.25) mit $S_O = 0$ und mit der Masse des Schiffes, M in kg (mit der Gewichtskraft G in kp, mit der bezogenen Masse m) zu:

$$M = \int\limits_0^{A_W} \varrho\,S_U\,dA_X = \varrho\,I_W \quad \text{kg}, \qquad (3.27\,\text{a})$$

$$G = \int\limits_0^{A_W} \gamma\,S_U\,dA_X = \gamma\,I_W \quad \text{kp}, \qquad (3.27\,\text{b})$$

$$m = \int\limits_0^{a_W} \varepsilon\,s_U\,da_X = \varepsilon\,i_W. \qquad (3.27\,\text{d})$$

Die Funktion $A_X = A_X(S_U)$ in m² $(a_X = a_X(s_U))$ ist durch die Konstruktion des Schiffes gegeben. A_W in m² ist die Fläche (a_W ist die bezogene Fläche) in der *Wasserlinie* bei dem gesuchten Tiefgang. Die Auftriebskraft eines Schiffes greift in seinem *Metazentrum* an, einem Punkt, der über dem Schwerpunkt des Schiffes liegt, Abb. 3.16. Die lotrechte Entfernung des Metazentrums vom Schwerpunkt ist ein Maß für die Stabilität des Schiffes.

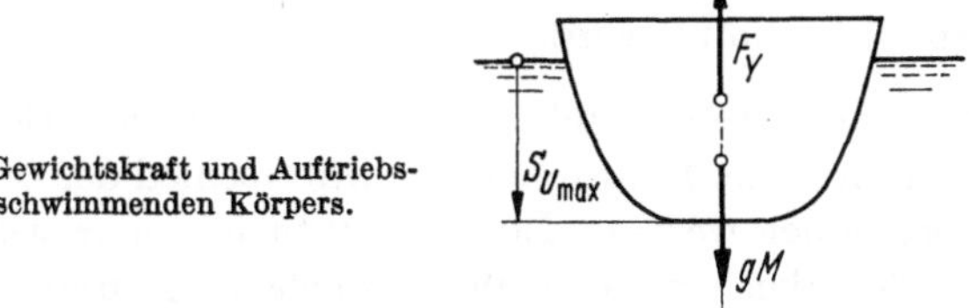

Abb. 3.16. Gewichtskraft und Auftriebskraft eines schwimmenden Körpers.

4. Stationäre Strömungen in geschlossenen Leitungen

Geschlossene Leitungen werden fast immer aus Rohren und aus Rohrformteilen zusammengesetzt, die in Produktionsstätten hergestellt und in Anlagen montiert werden. Das Bestreben, die Herstellung zu rationalisieren, führte schon sehr früh zur Normung der Rohrnennweiten und der Hauptabmessungen der wichtigsten Leitungsteile.

4.1 Definition und Messen der Verluste

Wie in Ziffer 3 ausgeführt wurde, wird der Energieverlust in einem Leitungsabschnitt 1-2 allgemein definiert als:

spezifische Verlustenergie

$$H_{R1,2}(Q) = \frac{\alpha}{2}\,(V_1^2 - V_2^2) + g(Z_1 - Z_2) + \frac{1}{\varrho}\,(P_1 - P_2) \quad \text{m}^2\,\text{s}^{-2},$$

$$(4.1\,\text{a})$$

Verlusthöhe

$$H_{R1,2}^*(Q) = \frac{\alpha}{2g}\,(V_1^2 - V_2^2) + (Z_1 - Z_2) + \frac{1}{\gamma}\,(P_1^* - P_2^*) \quad \text{m}, \quad (4.1\,\text{b})$$

bezogene Verlustenergie

$$h_{R1,2}(q) = \frac{\alpha}{2}\,(v_1^2 - v_2^2) + (z_1 - z_2) + \frac{1}{\varepsilon}\,(p_1 - p_2). \quad (4.1\,\text{d})$$

Der Energieverlust wird am zweckmäßigsten wie folgt bestimmt:
Es werden gemessen:

a) die Querschnittsflächen A_1 und A_2 in m²,

b) der Durchfluß Q in m³ s⁻¹,

c) der Höhenunterschied $(Z_1 - Z_2)$ in m,

d) der Druckunterschied $(P_1 - P_2)$ in kg m⁻¹ s⁻², $(P_1^* - P_2^*$ in kp m⁻²)

e) die Flüssigkeitstemperatur, mit der die Dichte ϱ in kg m⁻³ (die Wichte γ in kp m⁻³) bestimmt wird.

Aus den Meßwerten a) und b) können die mittleren Geschwindigkeiten V_1 und V_2 in m s⁻¹ und mit ihnen der Unterschied der Geschwindigkeitsenergien berechnet werden. Der Korrekturfaktor α wird in der Regel geschätzt. Bei gleichen Querschnittsflächen A_1 und A_2 hebt sich in Gl. (4.1) das erste Glied auf. In einem solchen Fall wird der Durchfluß nur für die Ermittlung des Zusammenhanges zwischen Durchfluß und Energieverlust gemessen.

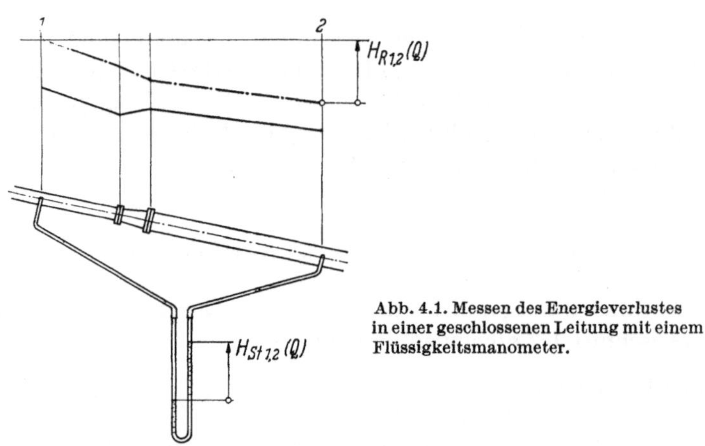

Abb. 4.1. Messen des Energieverlustes in einer geschlossenen Leitung mit einem Flüssigkeitsmanometer.

Wird der Druckunterschied mit einem Flüssigkeitsmanometer gemessen, dessen beide Zuleitungen mit der gleichen Flüssigkeit gefüllt sind, Abb. 4.1, so vereinfacht sich die Auswertung ganz erheblich. Am Meßinstrument wird dann die Summe aus beiden Meßwerten c) und d) abgelesen, also

die spezifische statische Energie

$$H_{st1,2} = g(Z_1 - Z_2) + \frac{1}{\varrho}(P_1 - P_2) \quad \text{m² s⁻²}, \tag{4.2a}$$

die statische Energiehöhe

$$H^*_{st1,2} = (Z_1 - Z_2) + \frac{1}{\gamma}\,(P^*_1 - P^*_2)\quad\text{m}, \qquad (4.2\,\text{b})$$

die bezogene statische Energie

$$h_{st1,2} = (z_1 - z_2) + \frac{1}{\varepsilon}\,(p_1 - p_2). \qquad (4.2\,\text{d})$$

Für Druckmessungen sollten in jedem Meßquerschnitt 4 unter 45°
gegen die lotrechte Symmetrieebene versetzte Meßbohrungen von 3 bis
5 mm ⌀ mit 4 separaten, jede für sich absperrbaren Meßleitungen angeordnet werden, Abb. 4.2. Eine solche Anordnung gestattet es, die Druckverteilung im Meßquerschnitt während des Versuches laufend zu über-
prüfen.

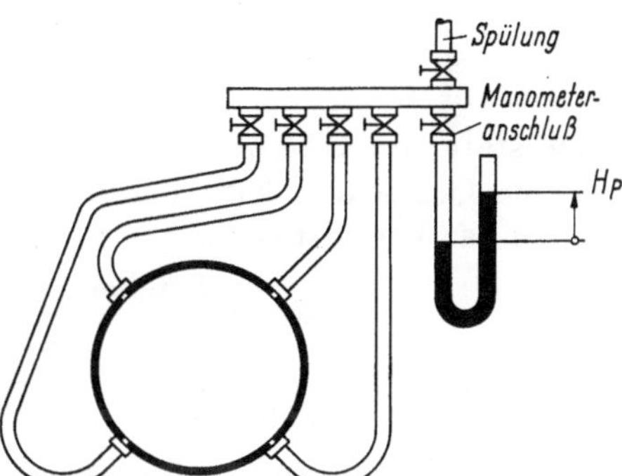

Abb. 4.2. Anordnung von Meßbohrungen in einem Rohrquerschnitt.

Aus den an einem Leitungsabschnitt mit dem Durchmesser D_M
gemessenen Verlusten lassen sich die Verluste eines geometrisch ähnlichen
Leitungsteiles mit dem Durchmesser D mit Hilfe des Verlustbeiwerts
ζ berechnen.

Der dimensionslose *Verlustbeiwert* ζ wird definiert als Verhältnis der
Verlustenergie zur Geschwindigkeitsenergie in einem bestimmten, stets
mit anzugebenden Querschnitt. Es ist also

$$\zeta = \frac{H_{R1,2}}{H_V} = \frac{H^*_{R1,2}}{H^*_V} = \frac{h_{R1,2}}{h_V}. \qquad (4.3)$$

Der Verlustbeiwert kann grundsätzlich mit der Geschwindigkeit in jedem
beliebigen Querschnitt berechnet werden; die Geschwindigkeit muß nur
mit angegeben werden. In den nachstehenden Ausführungen werden
verwendet:

ζ_1 berechnet mit der mittleren Geschwindigkeit im Eintrittsquerschnitt 1;

ζ_2 berechnet mit der mittleren Geschwindigkeit im Austrittsquerschnitt 2;

ζ_{1-2} berechnet mit der Differenz der Quadrate der mittleren Geschwindigkeiten in den beiden Endquerschnitten.

Bei geraden, runden Rohren mit gleichbleibendem Durchmesser D wird der für die Rohrlänge L bestimmte Verlustbeiwert auf L/D bezogen und mit λ bezeichnet. Es ist:

$$\lambda = \frac{\zeta}{L/D} = \frac{\zeta}{l/d}. \tag{4.4}$$

Viele in technischen Anlagen vorkommende Aufgaben können mit konstanten Werten ζ und λ gerechnet werden.

4.2 Verluste in geraden Rohrstrecken

Eine stationäre Strömung in einer geraden Rohrstrecke mit gleichbleibendem Querschnitt kann durch die dimensionslose *Reynoldssche Zahl Re*, durch das Verhältnis

$$Re = \frac{\text{Trägheitskräfte}}{\text{Reibungskräfte}} = \frac{VD}{v} \tag{4.5}$$

definiert werden. Es bedeuten:

V die mittlere Geschwindigkeit Q/A in m s^{-1},

D den mittleren Durchmesser in m,

v die kinematische Viskosität der Flüssigkeit in m^2 s^{-1}.

Die Strömung kann sein:

entweder *laminar*, geordnet, mit parallel zur Rohrachse verlaufenden Stromlinien,

oder *turbulent*, ungeordnet, mit starker Durchmischung der Flüssigkeitsteilchen, so daß sich keine stationären Stromlinien bilden können; die Geschwindigkeitsverteilung in einem Querschnitt kann nur mit Mittelwerten gebildet werden. Die turbulente Strömung wird daher eine *quasistationäre Strömung genannt*.

Die Reynoldssche Zahl, bei der die laminare Strömung in eine turbulente Strömung übergeht, wird mit $Re = 2320$ angegeben. Unter besonderen Umständen kann aber auch bei höheren Re-Zahlen noch ein laminarer Strömungszustand bestehen[1]; er ist aber nicht stabil und schlägt bei der kleinsten Störung in die turbulente Strömung um.

---

[1] Laminare Strömungen konnten noch bei $Re > 50\,000$ beobachtet werden.

4.2.1 Verluste in geraden Rohrstrecken bei laminarer Strömung

Die Stromlinien einer laminaren Strömung verlaufen parallel zur Rohrachse. Die mit verschiedenen Geschwindigkeiten sich bewegenden Flüssigkeitsschichten gleiten aufeinander und erzeugen dabei Schubspannungen, die sich nach Newton aus dem Produkt: *Geschwindigkeitsgradient × dynamische Viskosität* berechnen lassen (vgl. Ziffer 2). In zylindrischen Koordinaten R, φ und X, Abb. 4.3a, ermittelt sich die Schubspannung aus:

$$\tau = \varrho\, v\, \frac{dV}{dR} \quad \text{kg m}^{-1}\,\text{s}^{-2}, \tag{4.6a}$$

$$\tau^* = \frac{\gamma}{g}\, v\, \frac{dV}{dR} \quad \text{kp m}^{-2}, \tag{4.6b}$$

$$\tau_b = \varepsilon\, v_b\, \frac{dv}{dr}. \tag{4.6d}$$

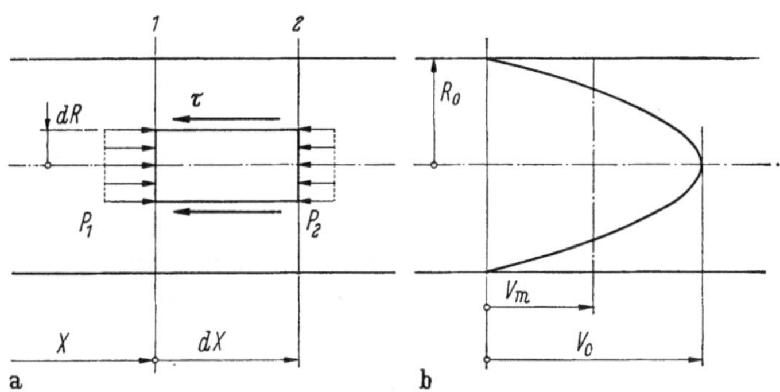

Abb. 4.3. Laminare Strömung in einem geraden, horizontalen Rohr. a) Kräfte auf einen gedachten Flüssigkeitszylinder; b) Geschwindigkeitsverteilung in einem Rohrquerschnitt.

Auf einen in der Flüssigkeit abgegrenzt gedachten konzentrischen Zylinder von der Länge dX in m wirken in einem horizontalen Rohr folgende Kräfte, Abb. 4.3a:

in der Fließrichtung die resultierende Druckkraft auf die Stirnflächen des Zylinders:

$$\pi R^2 (P_1 - P_2) = -\pi R^2\, \frac{\partial P}{\partial X}\, dX \quad \text{kg m s}^{-2}, \tag{4.7a}$$

$$\pi R^2 (P_1^* - P_2^*) = -\pi R^2\, \frac{\partial P^*}{\partial X}\, dX \quad \text{kp}, \tag{4.7b}$$

$$\pi r^2 (p_1 - p_2) = -\pi r^2\, \frac{\partial p}{\partial x}\, dx; \tag{4.7d}$$

in der entgegengesetzten Richtung die von der Schubspannung her-
rührende, in der Mantelfläche des Zylinders angreifende Kraft:

$$2\pi R\, dX\, \tau = 2\pi R\, dX\, \varrho v\, \frac{dV}{dR} \quad \text{kg m s}^{-2}, \tag{4.8a}$$

$$2\pi R\, dX\, \tau^* = 2\pi R\, dX\, \frac{\gamma}{g}\, v\, \frac{dV}{dR} \quad \text{kp}, \tag{4.8b}$$

$$2\pi r\, dx\, \tau_b = 2\pi r\, dx\, v_b\, \frac{dv}{dr}. \tag{4.8d}$$

Im Beharrungszustand halten sich beide Kräfte das Gleichgewicht;
mit dieser Bedingung folgt aus den Gln. (4.7) und (4.8) die Differentialgleichung der laminaren Strömung in einem geraden Rohr:

$$2v\, \frac{dV}{dR} = \frac{1}{\varrho}\, \frac{\partial P}{\partial X}\, R = -i_H R \quad \text{m}^2\,\text{s}^{-2}, \tag{4.9a}$$

$$2\, \frac{v}{g}\, \frac{dV}{dR} = \frac{1}{\gamma}\, \frac{\partial P^*}{\partial X}\, R = -i_H^* R \quad \text{m}, \tag{4.9b}$$

$$2\, v_b\, \frac{dv}{dr} = \frac{1}{\varepsilon}\, \frac{\partial p}{\partial x}\, r = -i_h r. \tag{4.9d}$$

Das Energiegefälle ist bei allen Stromlinien einer laminaren Strömung
gleich; das allgemeine Integral von Gl. (4.9) lautet somit:

$$V = -\frac{1}{4v}\, i_H R^2 + C \quad \text{m s}^{-1}, \tag{4.10a}$$

$$V = -\frac{g}{4v}\, i_H^* R^2 + C \quad \text{m s}^{-1}, \tag{4.10b}$$

$$v = -\frac{1}{4v_b}\, i_h r^2 + c. \tag{4.10d}$$

Die Integrationskonstante ergibt sich aus den Randbedingungen: für
$R = R_0 = D/2$ ist $V = 0$ ...... die Flüssigkeit haftet an der Rohrwand.

$$C = \frac{1}{4v}\, i_H R_0^2 = V_0 \quad \text{m s}^{-1}, \tag{4.11a}$$

$$= \frac{g}{4v}\, i_H^* R_0^2 = V_0 \quad \text{m s}^{-1}, \tag{4.11b}$$

$$c = \frac{1}{4v_b}\, i_h r_0^2 = v_0. \tag{4.11d}$$

Mit dieser Integrationskonstanten ergibt sich aus Gl. (4.10) die Geschwindigkeitsverteilung in einem Rohrquerschnitt:

$$V = \frac{1}{4\nu}\, i_H\,(R_0^2 - R^2) = V_0(1 - R^2/R_0^2)\quad \text{m s}^{-1}, \qquad (4.12\,\text{a})$$

$$V = \frac{g}{4\nu}\, i_H^*\,(R_0^2 - R^2) = V_0(1 - R^2/R_0^2)\quad \text{m s}^{-1}, \qquad (4.12\,\text{b})$$

$$v = \frac{1}{4\nu_b}\, i_h\,(r_0^2 - r^2) = v_0(1 - r^2/r_0^2). \qquad (4.12\,\text{d})$$

Die Geschwindigkeitsverteilung bildet ein Rotationsparaboloid mit der Scheitelgeschwindigkeit = doppelte mittlere Geschwindigkeit in Rohrmitte, Abb. 4.3 b; diese beträgt:

$$V_0 = 2\,V_m = 8\,\frac{Q}{\pi D^2} \approx 2{,}55\,\frac{Q}{D^2}\quad \text{m s}^{-1}, \qquad (4.13\,\text{a, b})$$

$$v_0 = 2\,v_m = 8\,\frac{q}{\pi d^2} \approx 2{,}55\,\frac{q}{d^2}. \qquad (4.13\,\text{d})$$

Das Energiegefälle folgt aus den Gln. (4.11) und (4.13):

$$i_H = 32\nu\,\frac{V_m}{D^2} = \frac{128}{\pi}\,\nu\,\frac{Q}{D^4} \approx 40{,}75\,\nu\,\frac{Q}{D^4}\quad \text{m s}^{-2}, \qquad (4.14\,\text{a})$$

$$i_H^* = 32\,\frac{\nu}{g}\,\frac{V_m}{D^2} = \frac{128}{\pi}\,\frac{\nu}{g}\,\frac{Q}{D^4} \approx 4{,}15\,\nu\,\frac{Q}{D^4}, \qquad (4.14\,\text{b})$$

$$i_h = 32\,\nu_b\,\frac{v_m}{d^2} = \frac{128}{\pi}\,\nu_b\,\frac{q}{d^4} \approx 40{,}75\,\nu_b\,\frac{q}{d^4}. \qquad (4.14\,\text{d})$$

Die Verluste bei einer laminaren Strömung ändern sich proportional mit der mittleren Geschwindigkeit und somit proportional mit dem Durchfluß.

Für ein gerades Rohr von der Länge L in m ist die spezifische Verlustenergie

$$H_{RL}(Q) = i_H L = 32\nu\,\frac{V_m}{D^2}\,L\quad \text{m}^2\,\text{s}^{-2}, \qquad (4.15\,\text{a})$$

die Verlusthöhe

$$H_{RL}^*(Q) = i_H^* L = 32\,\frac{\nu}{g}\,\frac{V_m}{D^2}\,L\quad \text{m}, \qquad (4.15\,\text{b})$$

die bezogene Verlustenergie

$$h_{RL}(q) = i_h l = 32\nu_b\,\frac{v_m}{d^2}\,l. \qquad (4.15\,\text{d})$$

4 Hutarew, Technische Hydraulik, 2. Aufl.

Der Verlustbeiwert λ folgt aus den Gln. (4.15), (4.4) und (4.5) zu:

$$\lambda = \frac{H_R D}{H_V L} = 64\,\frac{\nu}{D V_m} = \frac{64}{Re}. \tag{4.16}$$

Der Verlustbeiwert λ einer laminaren Strömung ist reziprok proportional der Reynoldsschen Zahl. Für $Re = 2320$ ist $\lambda = \lambda_{min} = 2{,}759 \cdot 10^{-2}$.

In technischen Anlagen ist eine laminare Strömung nur selten zu finden. Re-Zahlen kleiner als 2320 kommen nur bei kleinen Rohrdurchmessern und sehr viskosen Flüssigkeiten vor. Bei Wasser mit $\nu = 1 \cdot 10^{-6}$ in $m^2\,s^{-1}$ und bei einer Rohrleitung von 100 mm l. W. wird $Re = 2320$ schon bei einer mittleren Geschwindigkeit $V_m = 0{,}023\ m\,s^{-1}$ erreicht, was einem Durchfluß $Q = 0{,}00018\ m^3\,s^{-1}$ entspricht.

4.2.2 Verluste in geraden Rohrstrecken bei turbulenter Strömung

Fast jede Strömung in Leitungen technischer Anlagen und Einrichtungen ist turbulent. Es ist daher verständlich, daß die Aufstellung einer genügend genauen und allgemein anwendbaren Formel für die Berechnung der Verluste bei turbulenter Strömung zu den ältesten und wichtigsten Aufgaben der Hydraulik zählte. Die Ableitung einer exakten Formel, die alle Einflüsse erfaßt, wie dies für die laminare Strömung erfolgte, ist nicht möglich; bei der turbulenten Strömung bewegen sich die Flüssigkeitsteilchen auch quer zur Strömungsrichtung hin und her, durchqueren dabei Gebiete verschiedener Geschwindigkeiten und bewirken durch den regen Impulsaustausch eine verhältnismäßig gleichförmige Energieverteilung im ganzen Durchflußquerschnitt.

Die erste Formel wurde von *Chézy* (1775) unter Verwendung empirisch ermittelter Beiwerte angegeben. *D'Aubuisson de Voisin* (1834) schlug vor, die Verlusthöhe H^*_{RL} in m für eine gerade Rohrstrecke vom Durchmesser D in m und der Länge L in m mit folgender Formel zu berechnen:

$$H^*_{RL} = \lambda\,\frac{L}{D}\,\frac{V_m^2}{2g}\quad m \tag{4.17}$$

λ, ein dimensionsloser Beiwert, sollte empirisch bestimmt werden. Zahlreiche Forscher gingen von dieser Formel aus und bemühten sich, in systematischen Versuchen, λ zu ermitteln; alle diese Bemühungen, von denen viele sogar zu dimensionsfalschen Lösungen führten, brachten kein befriedigendes Ergebnis.

Erst in der jüngsten Zeit konnte, aus Versuchen und aus Dimensionsbetrachtungen (*Prandtl, von Kármán, Colebrook, White*), die turbulente Strömung durch Einführung neuer Begriffe — *des Mischweges und der scheinbaren turbulenten Schubspannung* — rechnerisch ausreichend genau beschrieben werden. Das Ergebnis dieser Arbeit ist die *Prandtl-Colebrook-sche* Formel[1]; sie lautet:

$$\sqrt{\lambda} = \sqrt{\lambda(Re,\ K/D)} = \left[-2\log\left(\frac{2{,}51}{Re\ \sqrt{\lambda}} + \frac{1}{3{,}71}\frac{K}{D}\right)\right]^{-1}. \qquad (4.18)$$

Es bedeuten:

$$Re = \frac{DV}{\nu} \approx 1{,}27\,\frac{Q}{\nu D} \text{ die Reynoldssche Zahl,}$$

K/D die relative Rauhigkeit der Rohrwand, die auf den Durchmesser D bezogene mittlere Unebenheit der Wand, K.

In Gl. (4.18) ist der Wert λ implizit enthalten; seine Berechnung ist verhältnismäßig umständlich und zeitraubend. Praktischer ist es, die λ-Werte einem Re,λ-Diagramm mit Kurven für verschiedene Parameter K/D zu entnehmen, Abb. 4.4.

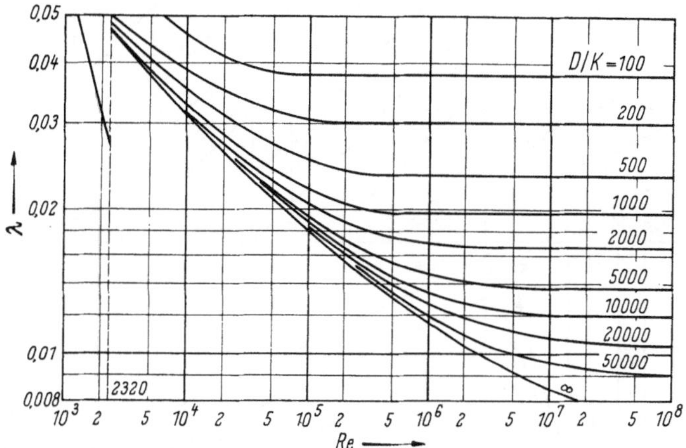

Abb. 4.4. Verlustbeiwert λ für gerade, runde Rohre als Funktion der Reynoldsschen Zahl Re und der relativen Rauhigkeit K/D.

Mit der Kontinuitätsgleichung für das runde Rohr und mit der Gl. (4.17) berechnet sich für ein gerades Rohr vom Durchmesser D in m und der Länge L in m:

die spezifische Verlustenergie aus:

$$H_{RL}(Q) = i_H L = 0{,}81\,\lambda(Re,\ K/D)\,\frac{Q^2}{D^5}\,L \quad \text{m}^2\,\text{s}^{-2}, \qquad (4.19\,\text{a})$$

[1] Diese Beziehung wird manchmal die Colebrook-Whitesche Formel genannt. Vgl. Kirschmer, O.: Kritische Betrachtungen zur Frage der Rohrreibung VDI-Z 94 (1952), Nr. 24, S. 785/91.

4*

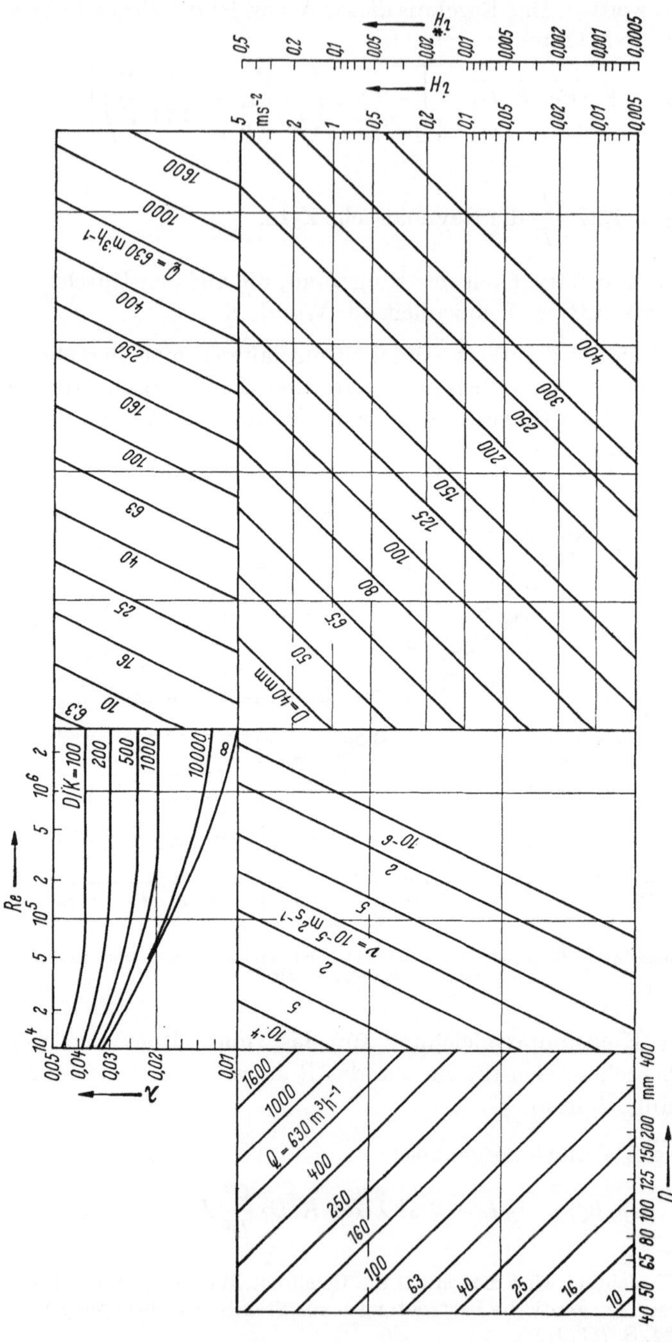

Abb. 4.5. Netzrechentafel für das Ermitteln der Verluste in geraden Rohren NW 40 bis 400 mm, für $Q = 16$ bis $1600\ m^3\ h^{-1}$ und $\nu = 10^{-6}$ bis $10^{-4}\ m^2\ s^{-1}$.

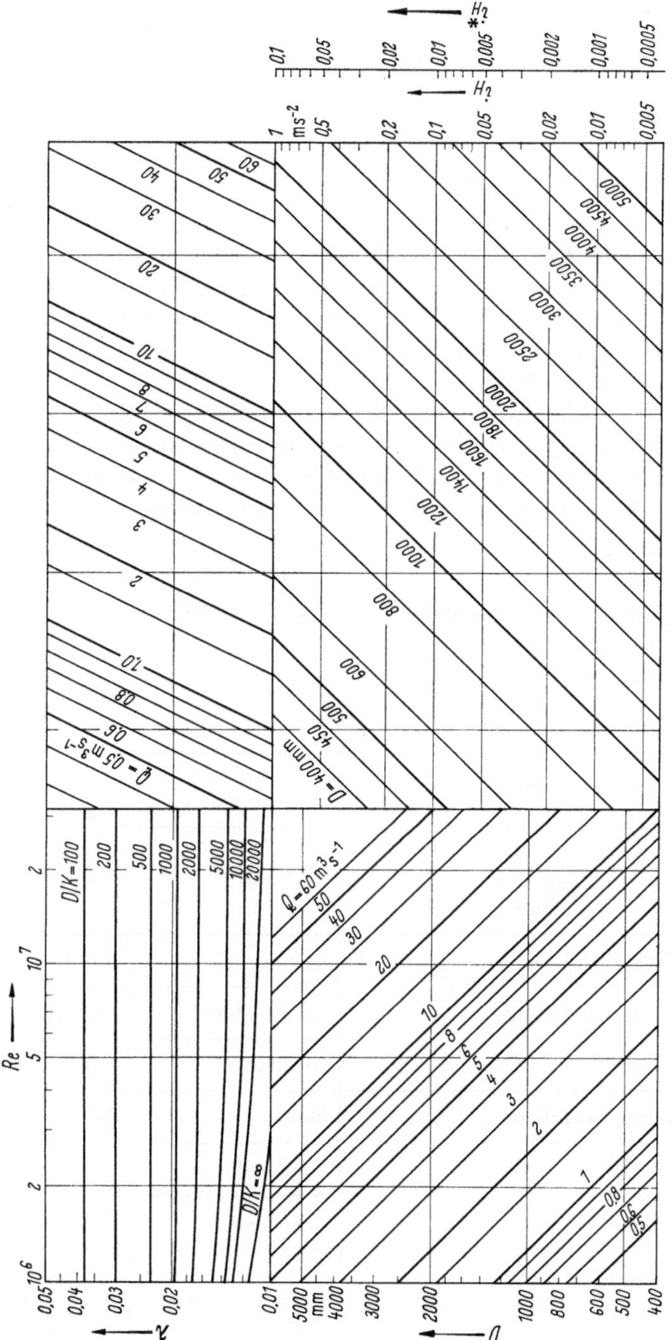

Abb. 4.6. Netzrechentafel für das Ermitteln der Verluste in geraden Rohren NW 500 bis 5000 mm, für Q = 0,5 bis 50 m³ s⁻¹, bei Wasser.

die Verlusthöhe aus:

$$H_{RL}^{*}(Q) = i_{H}^{*}L = \frac{0{,}81}{g}\,\lambda\,(\mathrm{Re},\,K/D)\,\frac{Q^2}{D^5}\,L \quad \mathrm{m}, \qquad (4.19\,\mathrm{b})$$

die bezogene Verlustenergie aus:

$$h_{RL}(q) = i_h l = 0{,}81\,\lambda\,(\mathrm{Re},\,K/D)\,\frac{q^2}{d^5}\,l. \qquad (4.19\,\mathrm{d})$$

Die Berechnung der Verluste kann vereinfacht werden, wenn die Gln. (4.18) und (4.19) in einer Netzrechentafel zusammengestellt werden. In Abb. 4.5 ist eine solche Netzrechentafel für den Förderstrombereich mittlerer Pumpen von $Q = 16$ bis $1\,600\ \mathrm{m^3\,h^{-1}}$, in Abb. 4.6 ist eine Netzrechentafel für den Durchfluß der meisten Wasserturbinen von $Q = 0{,}5$ bis $50\ \mathrm{m^3\,s^{-1}}$ dargestellt.

In der Netzrechentafel Abb. 4.5 sind auf der Abszissenachse des 1. Rechenfeldes die genormten Rohrnennweiten D, auf der Ordinatenachse des 5. Rechenfeldes sind die Rechenergebnisse, i_H in m s^{-2} und i_H^{*}, aufgetragen. Als Parameter für die einzelnen Felder erscheinen:

der Durchfluß Q,
die Viskosität ν,
der reziproke Wert der relativen Rauhigkeit, D/K,
der Durchfluß Q und
die Rohrnennweite D.

Tabelle zu den Abb. 4.4, 4.5 und 4.6. Absolute Rauhigkeit

Rohrart	Zustand der Wand	K mm
gezogene Rohre aus Glas 　　　　Kupfer 　　　　Messing	fast glatt	bis 0,0015
gezogene Rohre aus Stahl	neu	bis 0,1
geschweißte Rohre aus Stahl	angerostet	bis 0,4
	verkrustet	bis 3,0
gegossene Rohre aus Gußeisen	neu	bis 1,0
	angerostet	bis 1,5
	verkrustet	bis 3,0
geschleuderte Rohre aus Beton	mit Glattstrich	bis 1,0
	roh	bis 3,0

Die K-Werte für verschiedene Rohrwerkstoffe und -ausführungen
sind in der Tabelle zu den Abb. 4.4, 4.5 und 4.6 zusammengestellt. Die
Rechengenauigkeit solcher Nutzrechentafeln reicht meistens vollkommen
aus, die Rechensicherheit wird jedoch wesentlich erhöht.

Wie aus Gl. (4.18) hervorgeht, ist $\lambda = \lambda(Re, K/D)$ eine Funktion der
Reynoldsschen Zahl und der relativen Rauhigkeit. Bei einer gegebenen
Rohrleitung ist die relative Rauhigkeit eine bestimmte, unveränderliche
Größe; der Verlustbeiwert ist dann nur eine Funktion der Re-Zahl und
somit des Durchflusses. $\lambda(Re)$ nimmt mit steigender Re-Zahl ab, und zwar
im Bereich kleiner Re-Werte stärker als im Bereich größerer Re-Zahlen;
ab einer gewissen Re-Zahl kann praktisch mit $\lambda = \text{const}$ gerechnet
werden und damit der Verlust proportional dem Quadrat des Durchflusses angenommen werden. Diese Verhältnisse treten bei rauhen Rohren
bei kleineren Re-Zahlen ein als bei glatten Rohren. In diesem Re-Bereich
lautet Gl. (4.18):

$$\sqrt{\lambda} = \sqrt{\lambda(K/D)} = \left[-2 \log \left(\frac{1}{3{,}71} \frac{K}{D} \right) \right]^{-1}. \tag{4.20}$$

Ist die relative Rauhigkeit sehr klein, das Rohr also praktisch glatt, so
kann in Gl. (4.18) das 2. Glied vernachlässigt werden; die Formel für den
λ-Wert eines glatten Rohres lautet dann:

$$\sqrt{\lambda} = \sqrt{\lambda(Re)} = \left[-2 \log \left(\frac{2{,}51}{Re \, \sqrt{\lambda}} \right) \right]^{-1}. \tag{4.21}$$

Die $\lambda(Re)$-Kurve für glatte Rohre nach Gl. (4.21) stellt im
Re, λ-Diagramm, Abb. 4.4, die untere Begrenzungskurve der $\lambda(Re, K/D)$-
Kurvenschar dar. Vergleichsweise ist im Diagramm auch die $\lambda(Re)$-
Gerade für die laminare Strömung eingetragen. Im Übergangsbereich
vom glatten Rohr, Gl. (4.20), zum rauhen Rohr, Gl. (4.21), hängen die
λ-Werte auch von der Art der Rauhigkeit ab. Die Rohrwand kann regel-
mäßig *künstlich rauh* oder unregelmäßig *natürlich rauh* sein. In den meisten Fällen ist aber dieser Einfluß gering und kann daher unberücksich-
tigt bleiben. Wie aus Gl. (4.19) hervorgeht, ändert sich der Verlust mit der
5. Potenz des Rohrdurchmessers; eine genaue Berechnung der Verluste
setzt daher eine genaue Kenntnis des Rohrdurchmessers voraus.

Die Ungenauigkeit der Prandtl-Colebrookschen Formel beträgt in
günstigen Fällen nur wenige Prozent.

Bei einer turbulenten Strömung ist die Geschwindigkeitsverteilung
in einem Durchflußquerschnitt wesentlich gleichmäßiger als bei einer

laminaren Strömung, Abb. 4.7. Nach von Kármán kann sie durch die
Beziehung beschrieben werden:

$$V = V_0 \left(1 - \frac{R}{R_0}\right)^n \quad \text{m s}^{-1}, \qquad (4.22\,\text{a, b})$$

$$v = v_0 \left(1 - \frac{r}{r_0}\right)^n. \qquad (4.22\,\text{d})$$

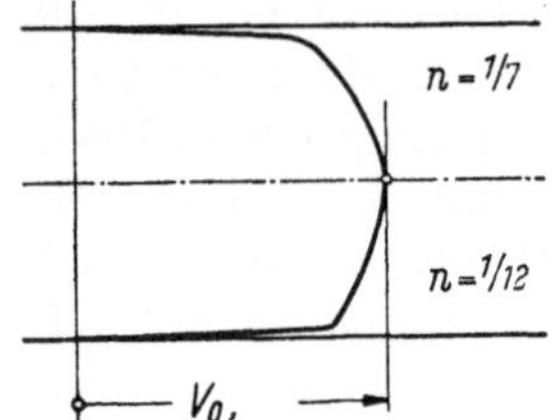

Abb. 4.7. Geschwindigkeitsverteilung in einem
Rohrquerschnitt bei einer turbulenten Strömung
mit niedriger Re-Zahl (obere Rohrhälfte) und mit
höherer Re-Zahl (untere Rohrhälfte).

Der Exponent n nimmt mit der Reynoldsschen Zahl ab; er wurde aus
Versuchen mit $n = 1/7$ bis $1/12$ ermittelt.

Mit Gl. (4.19) können auch Verluste in Leitungen berechnet werden,
deren Querschnitt nicht rund ist. An Stelle des Rohrdurchmessers tritt
dann der vierfache *hydraulische Radius*, der als Quotient aus dem Durchflußquerschnitt A in m² und dem *benetzten* Umfang U in m definiert wird:

$$R_{hy} = \frac{A}{U} \quad \text{m}, \qquad (4.23\,\text{a, b})$$

Der bezogene hydraulische Radius ergibt sich aus dem bezogenen
Durchflußquerschnitt a und dem bezogenen benetzten Umfang u zu:

$$r_{hy} = \frac{a}{u}. \qquad (4.23\,\text{d})$$

Für ein rundes Rohr ist $R_{hy} = D/4$ in m $(r_{hy} = d/4)$.

4.3 Verluste in Rohrformteilen

Ursprünglich wurden Rohre und Rohrformteile gegossen. Um die Zahl
der Modelle in der Gießerei zu vermindern, wurden ziemlich früh Gestalt
und Hauptabmessungen vieler Formteile genormt, ohne jedoch die Mög-
lichkeit vorzusehen, sie in geometrisch ähnliche Baureihen zu entwickeln.
Erst in der jüngsten Zeit werden auch für Rohrformteile in Modellversuchen hydraulisch günstigste Gestalten ermittelt und Baureihen entwickelt.

4.3.1 Geschwindigkeitsändernde Formteile

Eine Strömung kann immer fast verlustlos beschleunigt, nicht aber verlustfrei verzögert werden. Die Druckenergie läßt sich mit sehr kleinen Verlusten in Geschwindigkeitsenergie umsetzen, das Umwandeln der Geschwindigkeitsenergie ist jedoch mit einem mehr oder weniger großen Verlust an mechanischer Energie verbunden.

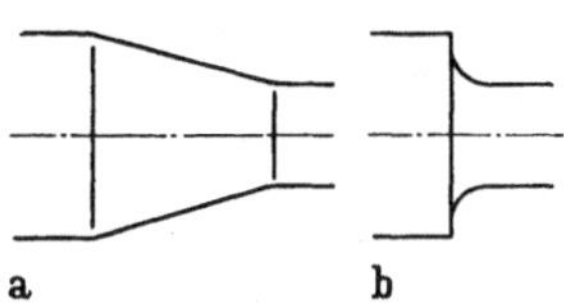

Abb. 4.8. Rohrverjüngung. a) allmählich, als konisches Rohr; b) schroff, als Düse.

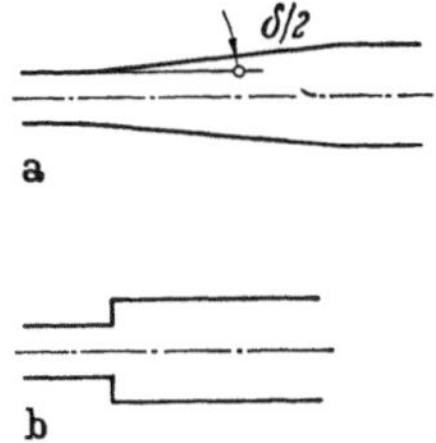

Abb. 4.9. Rohrerweiterung. a) allmählich, als Diffusor; b) sprunghaft.

Verjüngungen werden entweder als sich allmählich verengende, konische Rohre, Abb. 4.8a, oder als sich fast schlagartig verengende Düsen, Abb. 4.8b, ausgeführt. In beiden Fällen muß der Übergang zum engen Querschnitt sehr gut abgerundet werden, um Kontraktionen und Ablösungen zu vermeiden. Bei gut ausgeführten Verjüngungen können Verlustbeiwerte $\zeta_{1-2} = 0{,}005 \cdots 0{,}010$ erreicht werden. Auch bei Erweiterungen, Abb. 4.9, müssen Ablösungen, die der starke Druckanstieg in der Fließrichtung und das starke Abbremsen der *Grenzschicht* (der Flüssigkeitsschicht unmittelbar an der Wand) verursachen können, vermieden werden. Der größte noch zulässige Erweiterungswinkel hängt von der Re-Zahl und von den Strömungsverhältnissen im Eintrittsquerschnitt ab; eine Drallströmung im Eintritt gestattet die Ausführung größerer Erweiterungswinkel. Günstige Strömungsverhältnisse werden erreicht bei Kegelöffnungswinkeln $\delta = 5{,}0° \cdots 11{,}5°$, was einem Erweiterungsverhältnis $\tan \delta/2 = 1/24 \cdots 1/10$ entspricht. Die größeren Erweiterungswinkel sind bei kleineren Re-Zahlen zu wählen, Abb. 4.10. Bei gut ausgeführten konischen Erweiterungen können Verlustbeiwerte $\zeta_{1-2} = 0{,}08$ bis 0,20 erreicht werden.

Bei einer plötzlichen Erweiterung nach Abb. 4.11 tritt die Flüssigkeit in den erweiterten Rohrteil als Strahl ein. Der Strahl mischt sich unter starker Wirbelbildung mit der dort befindlichen Flüssigkeit, wird dabei abgebremst, breitet sich allmählich aus und füllt schließlich den ganzen neuen Querschnitt aus. Dabei entstehen beträchtliche Verluste, die *Borda-Carnotschen Verluste*, die mit Hilfe des Impulssatzes berechnet werden können.

Für die Kontrollflächen 2 und 3 einer horizontal angeordneten, plötzlichen Erweiterung nach Abb. 4.11 lautet die Impulsgleichung (1.4) unter Berücksichtigung, daß $V_2 = V_1$ in m s^{-1} und $A_3 = A_2$ in m^2:

$$\varrho Q(V_3 - V_1) = P_2 A_2 - P_3 A_2 \quad \text{kg m}s^{-2}, \tag{4.24a}$$

$$\frac{\gamma}{g} Q(V_3 - V_1) = P_2^* A_2 - P_3^* A_2 \quad \text{kp}, \tag{4.24b}$$

$$\varepsilon q(v_3 - v_1) = p_2 a_2 - p_3 a_2. \tag{4.24d}$$

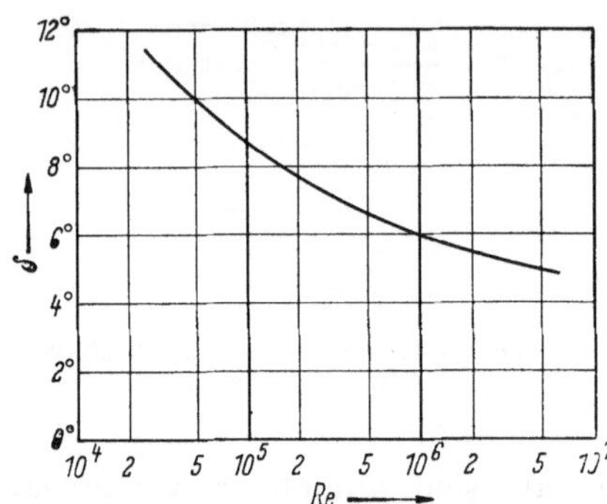

Abb. 4.10. Erweiterungswinkel von Diffusoren als Funktion der Re-Zahl.   Abb. 4.11. Strömung in einer plötzlichen Rohrerweiterung.

Mit der Kontinuitätsgleichung

$$A_1 V_1 = A_2 V_3 = Q \quad \text{m}^3 s^{-1}, \tag{4.25a, b}$$

$$a_1 v_1 = a_2 v_3 = q \tag{4.25d}$$

ermittelt sich aus Gl. (4.24) die Abnahme der Druckenergie von Querschnitt 1 bis Querschnitt 3 zu:

$$V_3^2 - V_1 V_3 = \frac{1}{\varrho} (P_2 - P_3) \quad \text{m}^2 \text{s}^{-2}, \tag{4.26a}$$

$$\frac{1}{g} (V_3^2 - V_1 V_3) = \frac{1}{\gamma} (P_2^* - P_3^*) \quad \text{m}, \tag{4.26b}$$

$$v_3^2 - v_1 v_3 = \frac{1}{\varepsilon} (p_2 - p_3). \tag{4.26d}$$

Die Bernoullische Gleichung für die betrachtete horizontale Erweiterung lautet:

$$H_{R2,3} = \frac{1}{2} (V_2^2 - V_3^2) + \frac{1}{\varrho} (P_2 - P_3) \quad \text{m}^2 \text{s}^{-2}, \tag{4.27a}$$

$$H_{R2,3}^* = \frac{1}{2g} (V_2^2 - V_3^2) + \frac{1}{\gamma} (P_2^* - P_3^*) \quad \text{m}, \tag{4.27b}$$

$$h_{R2,3} = \frac{1}{2} (v_2^2 - v_3^2) + \frac{1}{\varepsilon} (p_2 - p_3). \tag{4.27d}$$

Aus den Gln. (4.26) und (4.27) ergeben sich:

die *spezifische Borda-Carnotsche Verlustenergie*

$$H_{R2,3} = \frac{1}{2}\,(V_1 - V_3)^2 \quad \mathrm{m^2\,s^{-2}}, \tag{4.28a}$$

die *Borda-Carnotsche Verlusthöhe*

$$H^*_{R2,3} = \frac{1}{2g}\,(V_1 - V_3)^2 \quad \mathrm{m}, \tag{4.28b}$$

die *bezogene Borda-Carnotsche Verlustenergie*

$$h_{R2,3} = \frac{1}{2}\,(v_1 - v_3)^2 \tag{4.28d}$$

sowie der dazugehörige Verlustbeiwert ζ_{1-3}:

$$\zeta_{1-3} = \frac{V_1 - V_3}{V_1 + V_3} = \frac{v_1 - v_3}{v_1 + v_3}. \tag{4.29}$$

Der ζ_{1-3}-Wert nimmt mit dem Erweiterungsverhältnis A_2/A_1 zu, Abb. 4.12. Für $A_2 \to \infty$, also für den Strahlaustritt in einen sehr großen Raum, ist $\zeta_{1-3} = 1$; der Borda-Carnotsche Verlust ist dann gleich dem Austrittsverlust.

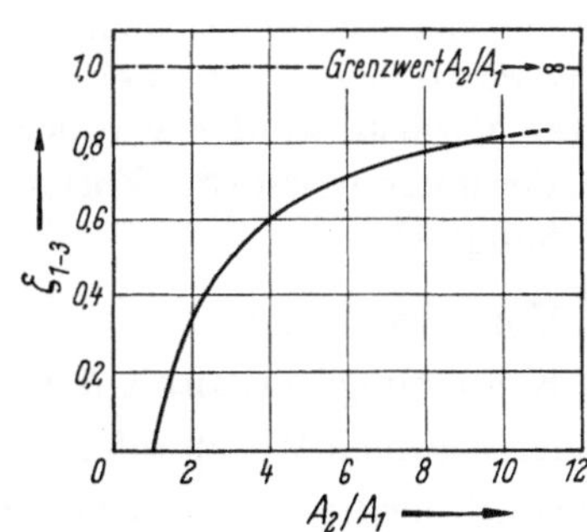

Abb. 4.12. Verlustbeiwert ζ_{1-3} einer plötzlichen Erweiterung als Funktion des Erweiterungswinkels.

Es sei noch bemerkt, daß die Länge einer plötzlichen Erweiterung $L_{1,2} = 0$ ist; ihr Eintrittsquerschnitt und ihr Austrittsquerschnitt liegen in einer gemeinsamen Ebene, die Auslaufstrecke schließt sich unmittelbar an die Anlaufstrecke an.

4.3.2 Richtungsändernde Formteile

Ein Knie mit einem gleichbleibenden, runden Querschnitt ist durch die Nennweite und den Umlenkwinkel δ beschrieben, Abb. 4.13. Bei einem Krümmer mit einem gleichbleibenden, runden Querschnitt muß außerdem noch der Krümmerradius R in m oder der auf den Durchmesser D in m bezogene Radius, das *Krümmungsverhältnis R/D*, angegeben werden, Abb. 4.14.

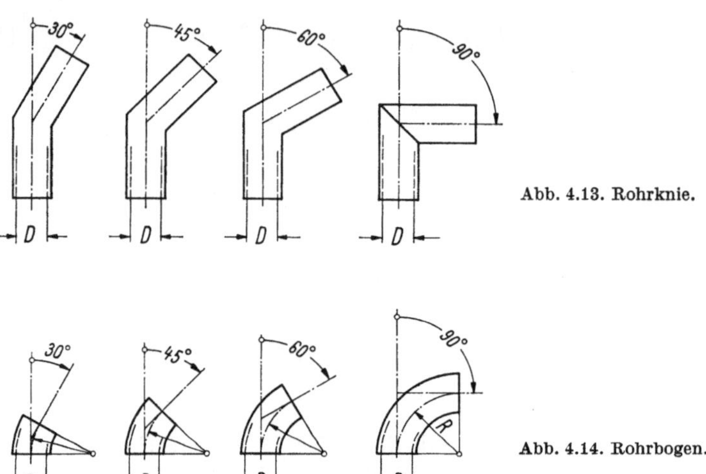

Abb. 4.13. Rohrknie.

Abb. 4.14. Rohrbogen.

Die Strömung in diesen Formteilen ist sehr kompliziert; einer Hauptströmung in der Symmetrieebene und in den Ebenen parallel dazu ist eine *Sekundärströmung* mit zwei gegenläufigen Drallkomponenten überlagert. Die Verluste werden von der Reibung und von Ablösungen, vor allem an der inneren Seite des Formteiles, verursacht. Der Verlustbeiwert $\zeta_1 = \zeta_2$ hängt ab:

vom Umlenkwinkel δ,

vom Krümmungsverhältnis R/D,

von der relativen Wandrauhigkeit K/D und

im Bereich niedriger Re-Werte von der Re-Zahl.

Es ist also $\zeta = \zeta(\delta, R/D, K/D, Re)$.

Der Verlustbeiwert kann nur aus Versuchen ermittelt werden. In Abb. 4.15 ist ein Beispiel für die Änderung des ζ-Wertes mit dem Umlenkwinkel $\delta = 15° \cdots 90°$ für verschiedene Krümmungsverhältnisse wiedergegeben.

Ablösungen und ungleichförmige Geschwindigkeitsverteilung im Austrittsquerschnitt können vermieden werden, wenn die Strömung umgelenkt und gleichzeitig beschleunigt wird, wenn also die Leitungsquerschnitte in der Fließrichtung stetig abnehmen. In Abb. 4.16a ist ein

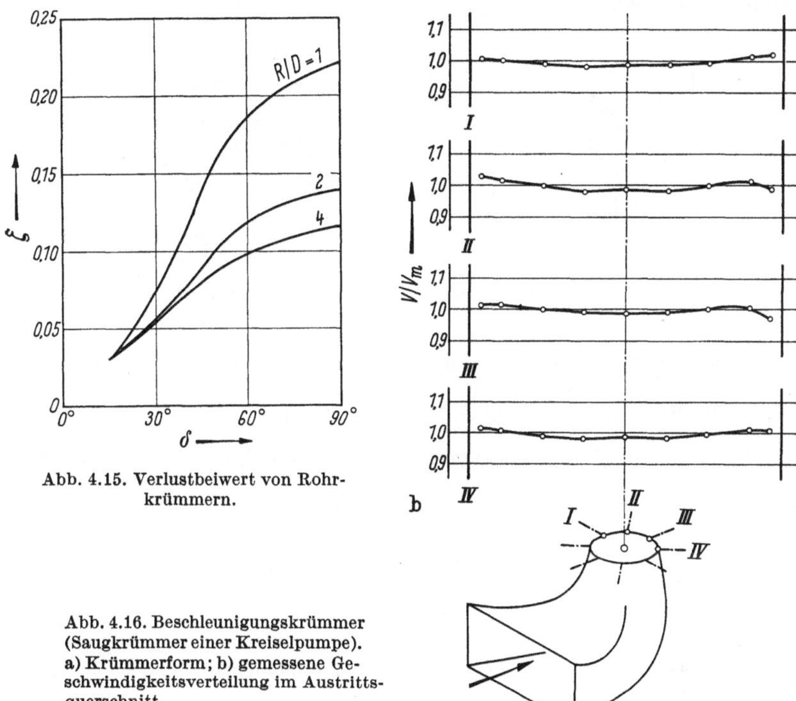

Abb. 4.15. Verlustbeiwert von Rohrkrümmern.

Abb. 4.16. Beschleunigungskrümmer (Saugkrümmer einer Kreiselpumpe). a) Krümmerform; b) gemessene Geschwindigkeitsverteilung im Austrittsquerschnitt.

solcher *Beschleunigungskrümmer* für $\delta = 90°$ und ein Querschnittsverhältnis $A_2/A_1 = 1/4$, wie er bei vertikalen Kreiselpumpen für große Förderströme verwendet wird, dargestellt. In Abb. 4.16b sind die Meßergebnisse der Modellversuche an einem solchen Krümmer wiedergegeben. Im Austrittsquerschnitt wurde praktisch eine gleichförmige Geschwindigkeitsverteilung gemessen; Ablösungen konnten nicht festgestellt werden, und zwar auch dann nicht, wenn die Zuströmung durch teilweises unsymmetrisches Abdecken des Eintrittsquerschnittes erheblich gestört wurde[1].

---

[1] Hutarew, G.: Über die Ausbildung von Zuleitungen von Strömungsmaschinen, insbesondere von vertikalen Kreiselpumpen. Energie, München, 13. (1961), Nr. 7, S. 289/92.

Bei einem Knie können durch Einbau eines Umlenkgitters mit verhältnismäßig enger Teilung, Abb. 4.17, die Geschwindigkeitsverteilung im Austrittsquerschnitt verbessert und Ablösungen weitgehend vermieden werden. Solche Umlenkgitter erhöhen allerdings die Verstopfungsgefahr; sie können nur bei Flüssigkeiten ohne mechanische Verunreinigungen angewendet werden.

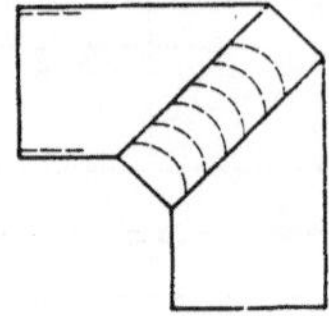

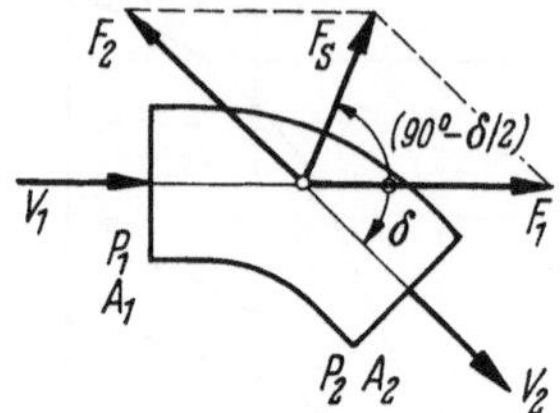

Abb. 4.17. Rohrknie mit Umlenkgitter.　　　　Abb. 4.18. Kräfte auf einen Krümmer.

Durch das Umlenken des Massestromes ϱQ in kg s^{-1} um den Umlenkwinkel δ wirken nach dem Impulssatz, Gl. (1.5), auf den Krümmer für $A_2 = A_1$ in m^2 und $P_1 \approx P_2$ in kg m^{-1} s^{-2} folgende Kräfte, Abb. 4.18:

im Eintrittsquerschnitt 1 in der Strömungsrichtung von V_1 die Kraftkomponente:

$$F_1 = A_1 P_1 + \varrho Q V_1 \quad \text{kg m s}^{-2}, \tag{4.30a}$$

$$F_1^* = A_1 P_1^* + \frac{\gamma}{g} Q V_1 \quad \text{kp}, \tag{4.30b}$$

$$f_1 = a_1 p_1 + \varepsilon q v_1; \tag{4.30d}$$

im Austrittsquerschnitt 2 entgegengesetzt der Strömungsrichtung von V_2 die Kraftkomponente:

$$F_2 = A_2 P_2 + \varrho Q V_2 \quad \text{kg m s}^{-2}, \tag{4.31a}$$

$$F_2^* = A_2 P_2^* + \frac{\gamma}{g} Q V_2 \quad \text{kp}, \tag{4.31b}$$

$$f_2 = a_2 p_2 + \varepsilon q v_2. \tag{4.31d}$$

Für die gemachten vereinfachten Annahmen sind beide Kraftkomponenten gleich groß, aber verschieden gerichtet. Ihre Resultierende schließt mit der Fließrichtung von V_1 den Winkel $(90 - \delta/2)^\circ$ ein; sie berechnet sich aus:

$$F_S = 2 \left[A_1 P_1 + \varrho \frac{Q^2}{A_1} \right] \sin \frac{\delta}{2} \quad \text{kg m s}^{-2}, \tag{4.32a}$$

$$F_S^* = 2 \left[A_1 P_1^* + \frac{\gamma}{g} \frac{Q^2}{A_1} \right] \sin \frac{\delta}{2} \quad \text{kp}, \tag{4.32b}$$

$$f_S = 2 \left[a_1 p_1 + \frac{1}{\varepsilon} \frac{q^2}{a_1} \right] \sin \frac{\delta}{2}. \tag{4.32d}$$

4.3.3 Durchflußändernde Formteile

In einem Verteiler wird eine Leitung in zwei, selten in drei oder mehr Teilleitungen aufgespaltet.

Ein zweifacher Verteiler, in dem der Zufluß q_{nZ} in den Durchgangsstrom q_{nD} und den Abzweigstrom q_{nA} aufgeteilt wird, kann ausgeführt werden als:

a) asymmetrisches Hosenrohr mit ungleichen Umlenkwinkeln $\delta_D \neq \delta_A$ und ungleichen Schenkeldurchmessern $D_D \neq D_A$, Abb. 4.19 a;

b) symmetrisches Hosenrohr mit gleichen Umlenkwinkeln $\delta_D = \delta_A$ und gleichen Schenkeldurchmessern $D_D = D_A$, Abb. 4.19 b;

c) Abzweig mit nur einem Umlenkwinkel, $\delta_D = 0$, $\delta_A \neq 0$ und meistens mit $D_D > D_A$, Abb. 4.19 c.

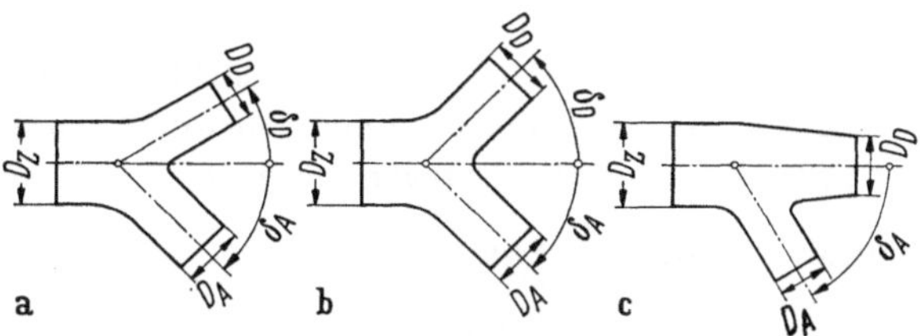

Abb. 4.19. Verteilrohr. a) asymmetrisches Hosenrohr; b) symmetrisches Hosenrohr; c) Abzweig.

Die Aufteilung eines Durchflusses auf mehrere Teilleitungen ist mit zusätzlichen Verlusten verbunden. Die Verluste werden für jeden Teilstrom bestimmt, z. B. für einen Abzweig nach Abb. 4.19 c als ζ_D für den Durchgangsteil und als ζ_A für den Abzweigteil. Beide Werte hängen ab:

a) von der Gestalt und der Ausführung des Abzweiges (vom Abzweigwinkel δ_A, vom Querschnittsverlauf, von der relativen Rauhigkeit),

b) vom jeweiligen Abzweigverhältnis $\dfrac{q_{nA}}{q_{nZ}}$ $\left(\text{oder vom jeweiligen Durch-}\right.$ gangsverhältnis $\dfrac{q_{nD}}{q_{nZ}} = 1 - \dfrac{q_{nA}}{q_{nZ}}\left.\right)$,

c) bei niedrigen Re-Werten von der Re-Zahl.

Die Verlustbeiwerte werden ermittelt:

entweder als ζ_{D1} und ζ_{A1} mit der Geschwindigkeit im Eintrittsquerschnitt 1

oder als ζ_{D2} und ζ_{A3} mit den Geschwindigkeiten in den dazugehörigen Austrittsquerschnitten 2 und 3.

Mit den beiden erstgenannten Verlustbeiwerten und den beiden dazugehörigen Aufteilungszahlen $\dfrac{q_{nD}}{q_{nZ}}$ und $\dfrac{q_{nA}}{q_{nZ}}$, ergibt sich der Beiwert für den Gesamtverlust zu:

$$\zeta_1 = \zeta_{D1}\,\frac{q_{nD}}{q_{nZ}} + \zeta_{A1}\,\frac{q_{nA}}{q_{nZ}}. \qquad (4.33)$$

Durch einen hydraulisch günstigen Querschnittsverlauf, ausreichende Abrundungen an den Übergangsstellen usw. können Ablösungen weitgehend vermieden und die Verluste herabgesetzt werden. Auch bei Verteilern sollte jede Strömung, zumindest für das Nennabzweigverhältnis, beschleunigt sein.

In Abb. 4.20 sind die Ergebnisse der an einem Abzweigmodell mit $\delta = 90°$, $D_Z = D_D = 220$ mm und $D_A = 125$ mm durchgeführten Versuche dargestellt; die Messungen erstrecken sich auch in jenen Re-Bereich, in dem sich die Verlustbeiwerte mit der Re-Zahl nicht mehr ändern. Die Versuchsergebnisse sind in dimensionslosen, bezogenen Werten eingetragen; als Bezugsgrößen wurden gewählt:

der Nenndurchfluß Q_{ZN} in m³ s⁻¹ und

der beim Nenndurchgangsstrom $\dfrac{q_{nD}}{q_{nZ}}\,Q_{ZN}$ in m³ s⁻¹ gemessene Verlust.

Es sind dargestellt:

in Abb. 4.20a: die Verluste im Durchgangsteil als Funktion des Durchgangsstromes für verschiedene Werte des Abzweigstromes, $h_{nR1,2}(q_{nD},\,q_{nA})$,
Kurven für konstante Werte von v_{n2}/v_{n1}, denen entnommen werden kann, ob die Durchgangsströmung beschleunigt oder verzögert ist;

in Abb. 4.20b: Die Verluste im Abzweigteil als Funktion des Abzweigstromes für verschiedene Werte des Durchgangsstromes, $h_{nR1,3}(q_{nA},\,q_{nD})$,
Kurven für konstante Werte v_{n3}/v_{n1}, denen entnommen werden kann, ob die Abzweigströmung beschleunigt oder verzögert ist;

in Abb. 4.20c: Für große Re-Zahlen die Verlustbeiwerte ζ_{D2}, ζ_{A3} und ζ_1 als Funktionen von $\dfrac{q_{nD}}{q_{nZ}}$ und $\dfrac{q_{nA}}{q_{nZ}}$.

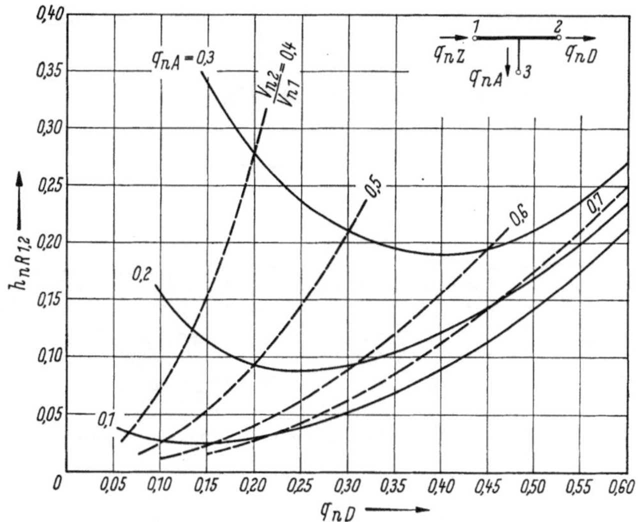

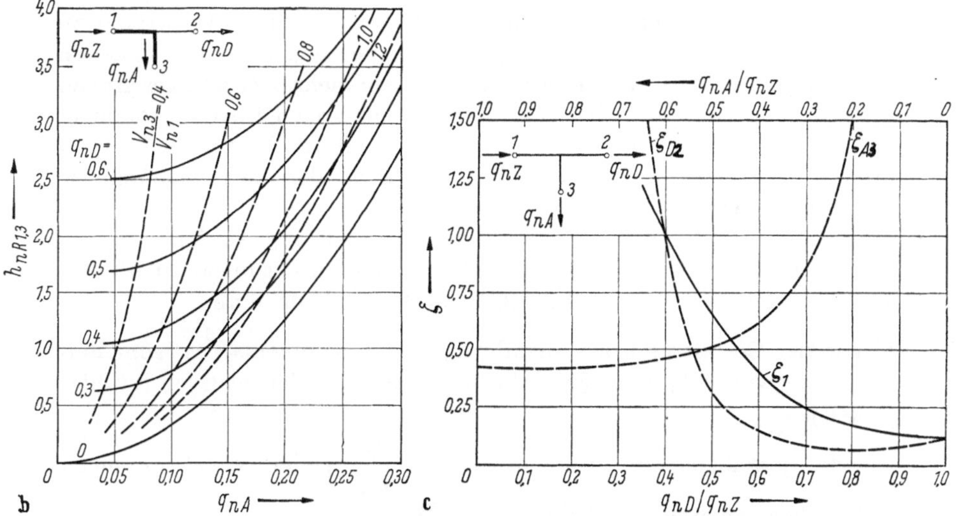

Abb. 4.20. Verluste in einem Abzweig. a) Verluste im Durchgangsteil; b) Verluste im Abzweigteil; c) Verlustbeiwerte.

In einem Zusammenlauf werden zwei, selten drei und mehr Leitungen zu einer Sammelleitung vereinigt.

5   Hutarew, Technische Hydraulik, 2. Aufl.

Bei einem Zusammenlauf von zwei Leitungen werden die gleichen Bauformen verwendet wie bei zweifachen Verteilern, nämlich:

das asymmetrische Hosenrohr, Abb. 4.21 a,
das symmetrische Hosenrohr, Abb. 4.21 b, und
die Beileitung, Abb. 4.21 c.

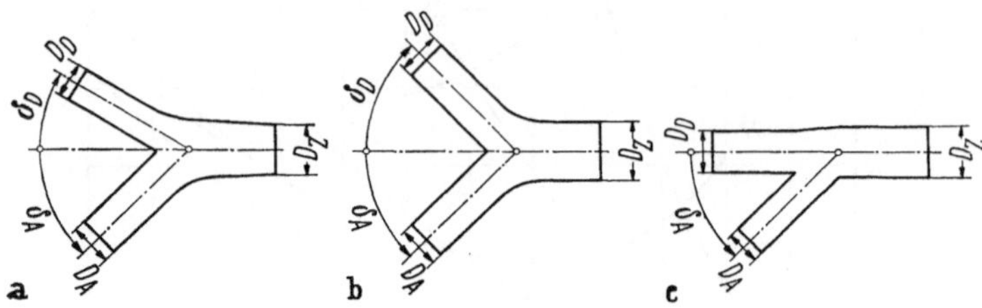

Abb. 4.21. Zusammenlaufrohr. a) asymmetrisches Hosenrohr; b) symmetrisches Hosenrohr; c) Beileitung.

Nicht selten werden für Zusammenlaufteile Verteiler benutzt, obwohl in einem Zusammenlauf grundsätzlich andere Strömungsverhältnisse herrschen. Die beiden Teilströme q_{nD} und q_{nA} haben in der Regel verschiedene Energien. In einem Zusammenlauf werden diese Teilströme zu einem Summendurchfluß $q_{nZ} = q_{nD} + q_{nA}$ vereinigt, die Flüssigkeiten durchmischt und die Energiewerte unter einem mehr oder weniger großen Verlust ausgeglichen. Dabei kann es in besonderen Fällen vorkommen, daß die Energie des Summenstromes höher ist als die Energie des energiearmen Teilstromes; in einem solchen Fall wirkt der Zusammenlauf wie eine Strahlpumpe.

Die Verluste können für jeden Teilstrom bestimmt werden, z. B. bei einer Beileitung nach Abb. 4.21 c als ζ_D für den Durchgangsteil 1—3 und als ζ_A für den Beileitungsteil 2—3. Beide Werte hängen ab:

a) von der Gestalt und der Ausführung des Zusammenlaufes (vom Beileitungswinkel δ_A, vom Querschnittsverlauf, von der relativen Rauhigkeit),

b) vom jeweiligen Beileitungsverhältnis $\dfrac{q_{nA}}{q_{nZ}}$ $\left(\text{oder vom jeweiligen Durchgangsverhältnis } \dfrac{q_{nD}}{q_{nZ}} = 1 - \dfrac{q_{nA}}{q_{nZ}}\right)$,

c) bei niedrigen Re-Werten von der Re-Zahl.

Die Verlustbeiwerte werden ermittelt
entweder als ζ_{D1} und ζ_{A2} mit den Geschwindigkeiten in den dazugehörigen Eintrittsquerschnitten 1 und 2,
oder als ζ_{D3} und ζ_{A3} mit der Geschwindigkeit im Austrittsquerschnitt 3.

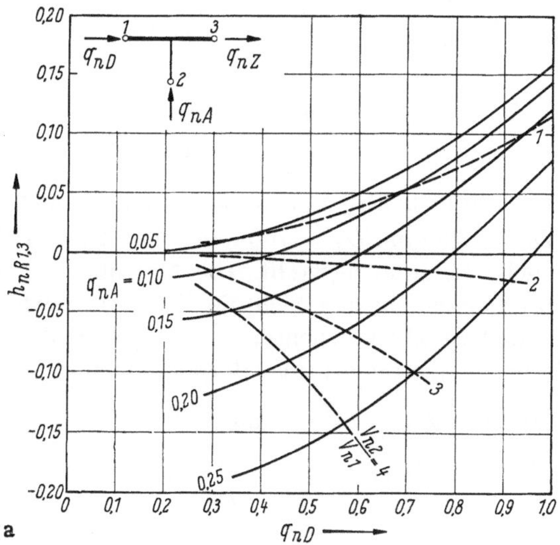

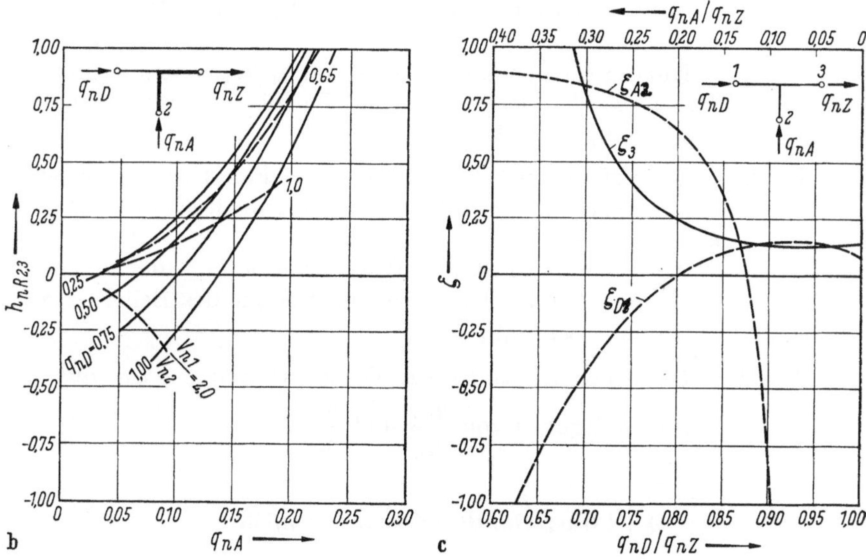

Abb. 4.22. Verluste in einer Beileitung. a) Verluste im Durchgangsteil; b) Verluste im Beileitungsteil; c) Verlustbeiwerte.

Mit den beiden letztgenannten Verlustbeiwerten und den dazugehörigen Verhältniszahlen $\frac{q_{nD}}{q_{nZ}}$ und $\frac{q_{nA}}{q_{nZ}}$ ergibt sich der Beiwert für den Gesamtverlust aus:

$$\zeta_3 = \zeta_{D3}\,\frac{q_{nD}}{q_{nZ}} + \zeta_{A3}\,\frac{q_{nA}}{q_{nZ}}. \tag{4.34}$$

In den Abb. 4.22 sind die Ergebnisse der an einem Beileitungsmodell mit $\delta = 90°$, $D_D = 370$ mm, $D_A = 160$ mm und $D_Z = 410$ mm durchgeführten Versuche zusammengestellt. Die Messungen erstrecken sich auch in jenen *Re*-Bereich, in dem sich die Verlustbeiwerte mit der Re-Zahl nicht mehr ändern. Die Versuchsergebnisse sind in dimensionslosen, bezogenen Werten eingetragen; als Bezugsgrößen wurden gewählt:

der Nenndurchfluß Q_{ZN} in m³ s⁻¹ und

der beim Nenndurchgangsstrom $\frac{q_{nD}}{q_{nZ}}\,Q_{ZN}$ in m³ s⁻¹ gemessene Verlust.

Es sind dargestellt:

in Abb. 4.22a: Die Verluste im Durchgangsteil als Funktion des Durchgangsstromes für verschiedene Werte des Beileitungsstromes, $h_{nR1,3}(q_{nD}, q_{nA})$,
Kurven für konstante Werte von v_{n2}/v_{n1}, denen entnommen werden kann, wie die Energie der Durchgangsströmung beeinflußt wird;

in Abb. 4.22b: Die Verluste im Beileitungsteil als Funktion des Beileitungsstromes für verschiedene Werte des Durchgangsstromes, $h_{nR2,3}(q_{nA}, q_{nD})$,
Kurven für konstante Werte von v_{n1}/v_{n2}, denen entnommen werden kann, wie die Energie des Beileitungsstromes beeinflußt wird;

in Abb. 4.22c: Für große Re-Zahlen die Verlustbeiwerte ζ_{D4}, ζ_{A2} und ζ_3
als Funktionen von $\frac{q_{nD}}{q_{nZ}}$ und $\frac{q_{nA}}{q_{nZ}}$.

4.3.4 Querschnittsändernde Formteile

Als *Absperrorgane* von Rohrleitungen werden meistens verwendet:

Ventile,   Schieber,   Hähne,   Klappen.

Die 4 Bauarten unterscheiden sich durch die Art der Schließ-Öffnungs-Bewegung des Absperrkörpers im Gehäuse.

Bei einem Ventil wird ein ebener oder kegeliger Teller senkrecht zum Sitz verschoben, Abb. 4.23a;

bei einem Schieber wird eine ebene Platte parallel zum Sitz verschoben, Abb. 4.23b;

bei einem Hahn wird ein durchbohrter kugeliger oder kegeliger Abschlußkörper um die senkrecht zur Bohrung stehende Symmetrieachse um rund 90° verdreht, Abb. 4.23c;

bei einer Sperrklappe[1] wird ein tellerförmiger Abschlußkörper um eine parallel zur Tellerebene liegende Achse um rund 90° verdreht, Abb. 4.23d.

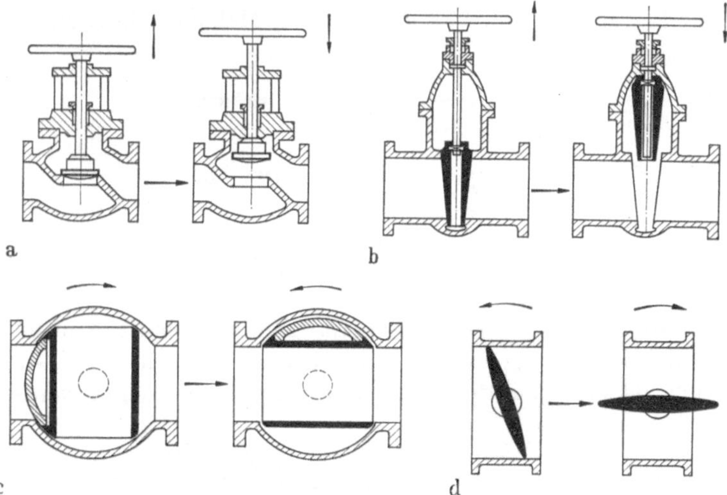

Abb. 4.23. Absperrorgane von Rohrleitungen. a) Ventil; b) Schieber; c) Kugelhahn; d) Sperrklappe.

Bei Absperrorganen befindet sich der Abschlußkörper immer in einer der beiden Endlagen, entweder in der *„auf"-Stellung* oder in der *„zu"-Stellung*.

Absperrorgane, bei denen der Absperrkörper im Betrieb in jeder Zwischenstellung gehalten werden kann, werden oft als *Durchflußregelorgane* benutzt. Nach Ziffer 3.3 müssen Durchflußregelorgane als *Energiewandler* (oder *„Energievernichter"*) ausgebildet werden; beim Regeln haben sie die überschüssige mechanische Energie in Wärmeenergie umzuwandeln.

Die meisten Absperrorgane haben gleiche Anschlußdurchmesser; sind die Anschlußdurchmesser verschieden, so muß mit dem Verlustbeiwert auch der Durchmesser angegeben werden, mit dem er ermittelt wurde. Der ζ-Wert eines Absperrorgans hängt vor allem von der Gestalt seines

---

[1] Auch Drosselklappe genannt.

Durchflußkanals ab; er ändert sich aber auch mit der relativen Rauhigkeit der Wandung dieses Kanals und, im Bereich niedriger Re-Werte, mit der Re-Zahl. In Abb. 4.24a sind gemessene $\zeta(Re)$-Kurven für einige Ventile einer Baureihe eingetragen; die ζ-Werte nehmen mit der Ventilgröße und mit der Re-Zahl ab. Der Verlauf dieser Kurven ist dem Verlauf der $\lambda(Re)$-Kurven von Rohren ähnlich. Die ζ-Werte nehmen mit wachsenden Re-Werten zunächst stark und dann immer weniger ab; ab einer bestimmten Re-Zahl, die von der Bauform und von der Größe abhängt, bleiben die Werte praktisch konstant.

Wie bereits erwähnt wurde, ermitteln sich bei einer horizontal angeordneten Leitungs-Meßstrecke mit gleichen Meßquerschnitten die Verluste aus:

$$H_{R1,2} = \frac{1}{\varrho}\,(P_1 - P_2) \quad \mathrm{m^2\,s^{-2}}, \tag{4.35a}$$

$$H^*_{R1,2} = \frac{1}{\gamma}\,(P^*_1 - P^*_2) \quad \mathrm{m}, \tag{4.35b}$$

$$h_{R1,2} = \frac{1}{\varepsilon}\,(p_1 - p_2). \tag{4.35d}$$

Mit dem Verlustbeiwert ζ und dem Anschlußquerschnitt A in m² (dem bezogenen Anschlußquerschnitt a), mit dem er ermittelt wurde, kann der Durchfluß als Funktion des Druckunterschiedes berechnet werden: Es ist:

$$Q = A\,\sqrt{\frac{2}{\varrho}}\,\frac{1}{\sqrt{\zeta}}\,\sqrt{P_1 - P_2} = Q_I\,\sqrt{\frac{P_1 - P_2}{1}} \quad \mathrm{m^3\,s^{-1}}, \tag{4.36a}$$

$$Q = A\,\sqrt{\frac{2g}{\gamma}}\,\frac{1}{\sqrt{\zeta}}\,\sqrt{P^*_1 - P^*_2} = Q^*_I\,\sqrt{\frac{P^*_1 - P^*_2}{1}} \quad \mathrm{m^3\,s^{-1}}. \tag{4.36b}$$

$$q = a\,\sqrt{\frac{2}{\varepsilon}}\,\frac{1}{\sqrt{\zeta}}\,\sqrt{p_1 - p_2} = q_I\,\sqrt{\frac{p_1 - p_2}{1}}. \tag{4.36d}$$

Da die Ausdrücke unter der letzten Wurzel dimensionslose Zahlen sind, stellen Q_I den Durchfluß in m³ s⁻¹ bei einer Druckdifferenz $(P_1 - P_2)$ = 1 kg m⁻¹ s⁻² und Q^*_I den Durchfluß in m³ s⁻¹ bei einer Druckdifferenz $(P^*_1 - P^*_2)$ = 1 kp m⁻² dar. In Gl. (4.36) wurde $\dfrac{1}{\sqrt{\zeta}}$ = const angenommen, was nur für hohe Re-Zahlen zutrifft. Kann diese Vereinfachung, z. B. bei viskosen Flüssigkeiten, nicht mehr getroffen werden, so muß die Änderung von $\dfrac{1}{\sqrt{\zeta}}$ mit der Re-Zahl berücksichtigt werden.

Die ζ (Re)-Kurven und die $\dfrac{1}{\sqrt{\zeta}}$ (Re)-Kurven für die beschriebenen Ventile sind in den Abb. 4.24a und 4.24b, für einen Kugelhahn in den Abb. 4.24c und 4.24d wiedergegeben.

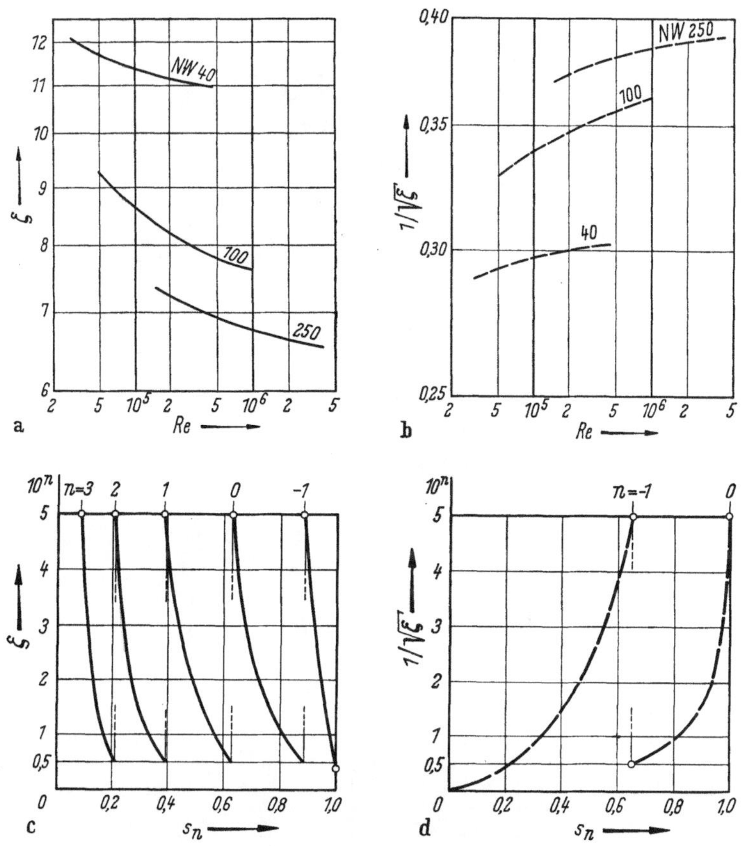

Abb. 4.24. Beispiele für Verlustbeiwerte ζ und Durchflußbeiwerte $\dfrac{1}{\sqrt{\zeta}}$. a) und b) einer Ventilbaureihe; c) und d) eines Kugelhahns.

4.3.5 Energieändernde Leitungsteile

In einem *Durchflußregelorgan* wird die überschüssige mechanische Energie der Flüssigkeit in Wärmeenergie umgewandelt.

In einer *Turbine* wird im rotierenden Laufrad der Flüssigkeit mechanische Energie entzogen und durch die Turbinenwelle an den Stromerzeuger oder an eine Transmission weitergeleitet.

In einer *Pumpe* wird die durch die Pumpenwelle zugeführte mechanische Energie an die Flüssigkeit übertragen; diese Energieübertragung erfolgt bei *Kreiselpumpen* in einem rotierenden Laufrad, bei *Verdrängerpumpen* in einem sich abwechselnd vergrößernden und verkleinernden Arbeitsraum.

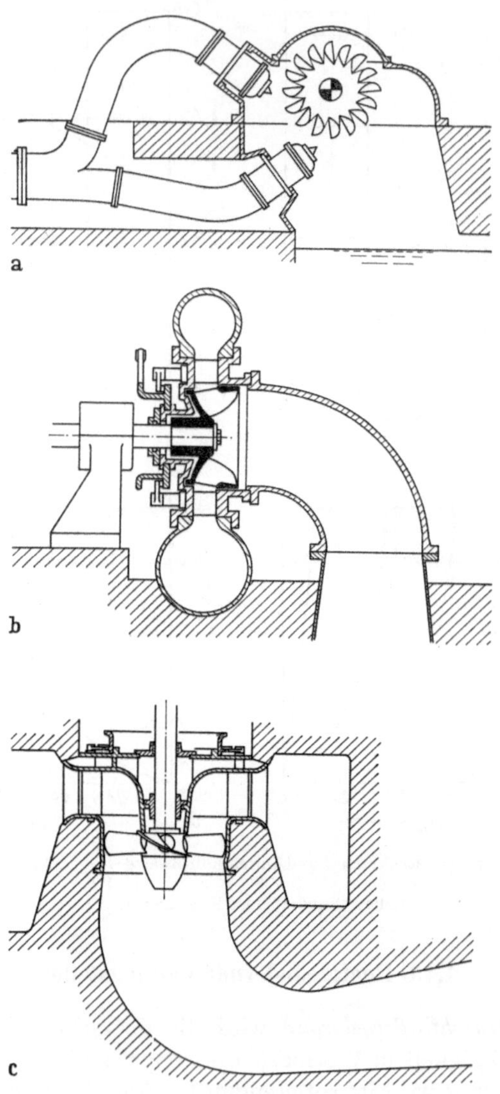

Abb. 4.25. Einige Bauarten von Wasserturbinen. a) zweidüsige Peltonturbine; b) Francisturbine; c) Kaplanturbine.

Einige Beispiele für die gebräuchlichsten Turbinenbauarten sind in Abb. 4.25, für die gebräuchlichsten Pumpenbauarten in Abb. 4.26 zusammengestellt.

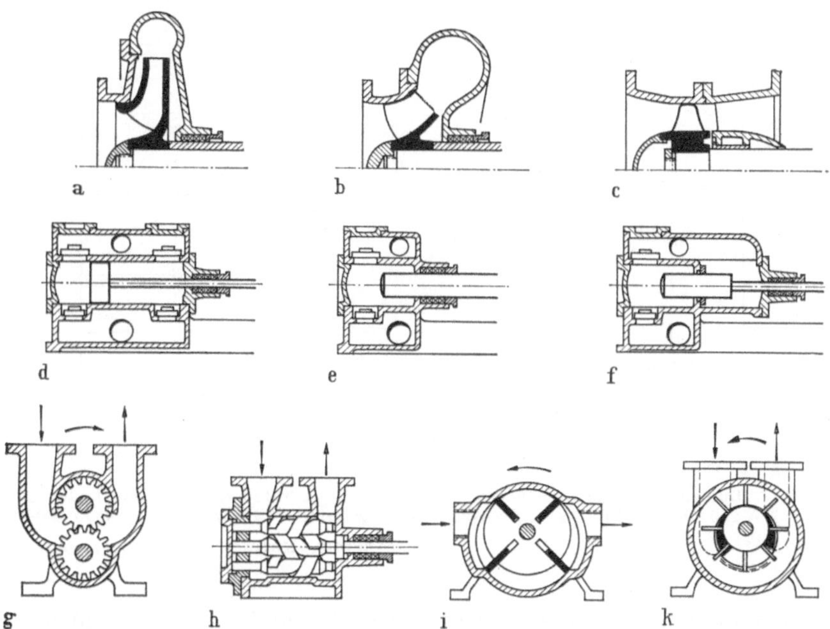

Abb. 4.26. Einige Ausführungen von Kreiselpumpen und von Verdrängerpumpen: Kreiselpumpen: a) mit radialem Laufrad; b) mit halbaxialem Laufrad; c) mit axialem Laufrad; Kolbenpumpen: d) mit Scheibenkolben; e) mit Tauchkolben; f) mit Stufenkolben; Rotationspumpen: g) Zahnradpumpe; h) Schraubenspindelpumpe; i) Zellenpumpe; k) Wasserringpumpe.

Bei Durchflußregelorganen, mit denen zusätzlich, beabsichtigt mechanische Energie in Wärmeenergie umgewandelt wird, ändert sich die Gestalt des Durchflußkanals mit dem Öffnungsgrad $s_n = S/S_N$; es ist also $\zeta = \zeta(s_n, K/D, Re)$, Abb. 4. 27. Für ein gegebenes Durchflußregelorgan ist K/D eine konstante Größe; wird bei höheren Re-Werten auch der Einfluß der Re-Zahl vernachlässigt, so kann der Verlustbeiwert näherungsweise als Funktion des Öffnungsgrades s_n allein, $\zeta = \zeta(s_n)$, dargestellt werden, Abb. 4.28.

Mit Durchflußregelorganen müssen oft beträchtliche Energiewerte abgedrosselt werden. Die in Wärmeenergie umgewandelte Druckenergie muß zunächst in Geschwindigkeitsenergie umgeformt werden. Der Durchflußquerschnitt des Regelorgans wird entsprechend verengt; die Flüssigkeit tritt in den anschließenden Leitungsteil aus und wird dort unter starker Wirbelbildung abgebremst. Dabei geht der größte Teil der

Geschwindigkeitsenergie — wie beabsichtigt — in Wärmeenergie über, während der restliche Teil wieder in Druckenergie zurückverwandelt wird. Bei kleinen Öffnungsgraden kann dabei die Strömung stark pulsieren und die Leitung zu unzulässigen Vibrationen anregen. Diese Neben-

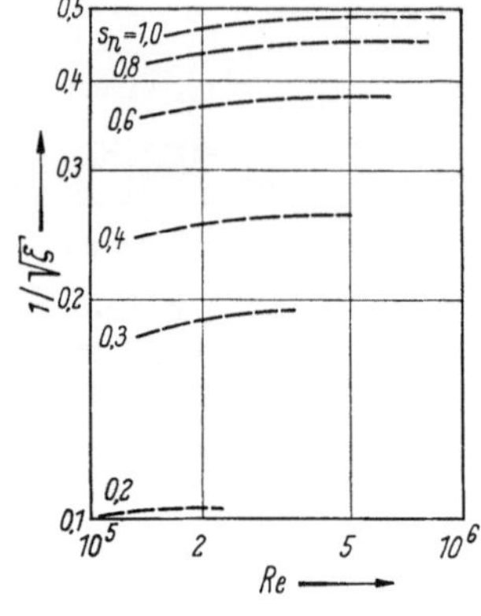

Abb. 4.27. Durchflußbeiwerte eines Regelventils NW 250 mm als Funktion der Re-Zahl und des Öffnungsgrades s_n.

Abb. 4.28. Verlustbeiwert und Durchflußbeiwert des Regelventils von Abb.4.27 bei hohen Re-Zahlen.

a) die $\zeta(s_n)$-Kurve; b) die $\dfrac{1}{\sqrt{\zeta}}$ (s_n)-Kurve.

erscheinung kann bei entsprechender Ausbildung des Energievernichters vermieden werden. Ein Beispiel für die zweckmäßige Gestaltung eines ungeregelten Energievernichters für hohe Drücke ist in Abb. 4.29 schematisch dargestellt. Die unter hohem Druck stehende Flüssigkeit tritt,

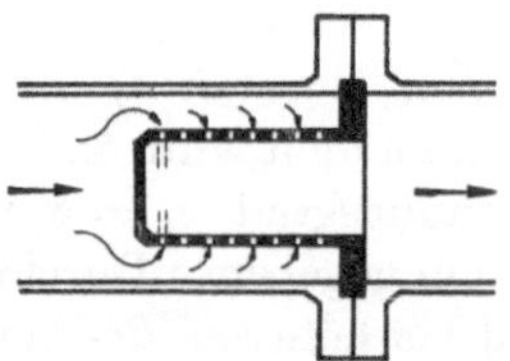

Abb. 4.29. Nichtregelbarer Energievernichter für hohe Druckunterschiede.

in eine große Zahl von dünnen Strahlen aufgeteilt, in das Innere eines zylindrischen Einsatzes ein. Die Strahlen treffen hier mit großer Geschwindigkeit aufeinander, werden abgebremst und verwirbelt; dabei wird ihre Geschwindigkeitsenergie in Wärmeenergie umgewandelt. Bei sehr hohen zu vernichtenden Druckenergien — in Freilaufleitungen von Kesselspeisepumpen müssen manchmal Druckunterschiede bis zu $4 \cdot 10^7$ kg m^{-1} s^{-2} = 400 bar abgedrosselt werden — werden solche Elemente zu *Kaskadendrosseln* hintereinandergeschaltet.

4.3.5.1 Fallenergie, Förderenergie

Wie bereits in Ziffer 3.3 erwähnt wurde, ermittelt sich sowohl die in der Flüssigkeit enthaltene überschüssige mechanische Energie wie auch die für das Fließen in der gewünschten Richtung notwendige, der Flüssigkeit aber fehlende mechanische Energie als Energieunterschied zwischen den beiden Leitungsendquerschnitten mit eindeutigen Randbedingungen. Dieser Energieunterschied ist bei der Berechnung der für den Turbinenbetrieb zur Verfügung stehenden überschüssigen Energie um die Verluste in der Leitung zu vermindern, bei der Berechnung der für den Pumpenbetrieb fehlenden Energie um diese Verluste zu erhöhen. Da sich die Verluste mit dem Durchfluß ändern, ist sowohl die spezifische Fallenergie $H_{d,s}$ in $m^2\,s^{-2}$ (die Fallhöhe $H_{d,s}^*$ in m, die bezogene Fallenergie $h_{d,s}$), wie auch die spezifische Förderenergie $H_{s,d}$ in $m^2\,s^{-2}$ (die Förderhöhe $H_{s,d}^*$ in m, die bezogene Förderenergie $h_{s,d}$) eine Funktion des Durchflusses. Nur bei Anlagen, bei denen das Verhältnis H_R/H vernachlässigbar klein ist, kann $H_{d,s} \approx H \approx H_{s,d}$ in $m^2\,s^{-2}$ ($H_{d,s}^* \approx H^* \approx H_{s,d}^*$ in m) angenommen werden.

4.3.5.2 Eulersche Turbinengleichung

Die Übertragung der in der Flüssigkeit enthaltenen mechanischen Energie an das von ihr durchflossene, rotierende Turbinenlaufrad wurde erstmalig von Leonhard Euler (1754) für eine ideale, reibungsfreie Flüssigkeit berechnet. Sie soll nachstehend kurz erläutert werden.

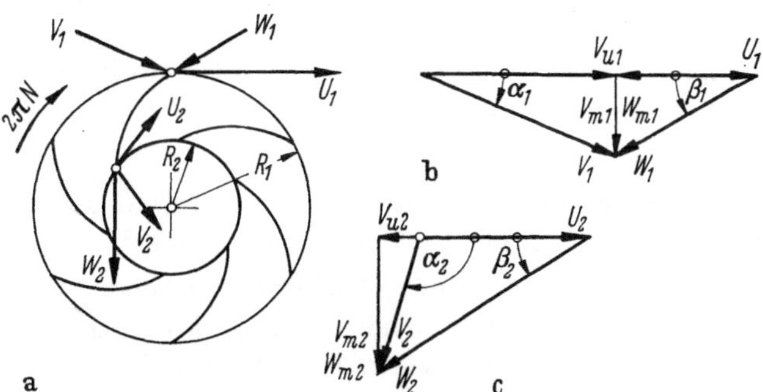

Abb. 4.30. Strömung in einem radialen Turbinenlaufrad. a) Geschwindigkeiten am Laufradeintritt und Laufradaustritt; b) Eintritts-Geschwindigkeitsdreieck; c) Austritts-Geschwindigkeitsdreieck.

Das in Abb. 4.30 schematisch dargestellte, mit Schaufeln versehene radiale Turbinenlaufrad wird von der Flüssigkeit am Umfang gleichförmig beaufschlagt und von außen nach innen durchströmt. Die Flüssigkeit wird dabei von Laufradschaufeln umgelenkt, gibt die in ihr enthaltene mechanische Energie teilweise an das Laufrad ab und läßt es mit der Winkelgeschwindigkeit $2\pi N$ in s^{-1} gleichförmig rotieren, Abb. 4.31 a. Die Flüssigkeit strömt dem Laufrad mit der Absolutgeschwindigkeit V_1 in $m\,s^{-1}$, die in jedem Punkt des Laufradumfanges mit der *Umfangsgeschwindigkeit* U_1 in $m\,s^{-1}$ den Winkel α_1 einschließt, zu. Die sich aus dem *Geschwindigkeitsdreieck* am Laufradeintritt ergebende *Relativgeschwindigkeit* W_1 in $m\,s^{-1}$ schließt mit der Umfangsrichtung den Schaufelwinkel β_1 ein, Abb. 4.30 b. Die Flüssigkeit verläßt das Laufrad mit der Relativgeschwindigkeit W_2 in $m\,s^{-1}$, deren Richtung mit der Umfangsrichtung den Schaufelwinkel β_2 bildet, Abb. 4.30 c. Die radialgerichteten *Meridiankomponenten* der Geschwindigkeit am Laufradeintritt, $V_{m1} = W_{m1}$ in $m\,s^{-1}$, und am Laufradaustritt, $V_{m2} = W_{m2}$ in $m\,s^{-1}$, ergeben sich für den betrachteten Durchfluß Q in $m^3\,s^{-1}$ mit den Durchflußquerschnitten am Laufradeintritt $A_1 = 2\pi R_1 B_1$ in m^2 und am Laufradaustritt $A_2 = 2\pi R_2 B_2$ in m^2, aus der Kontinuitätsgleichung:

$$V_{m1} = W_{m1} = \frac{Q}{2\pi R_1 B_1} \quad m\,s^{-1} \qquad (4.37\,a,\,b)$$

und

$$V_{m2} = W_{m2} = \frac{Q}{2\pi R_2 B_2} \quad m\,s^{-1}. \qquad (4.38\,a,\,b)$$

Mit den Werten $U_1 = R_1 2\pi N$, V_{m1} und α_1 läßt sich das Eintrittsgeschwindigkeitsdreieck, Abb. 4.30 b,

mit den Werten $U_2 = R_2 2\pi N$, W_{m2} und β_2 läßt sich das Austrittsgeschwindigkeitsdreieck, Abb. 4.30 c,
aufzeichnen; aus diesen Dreiecken können die Geschwindigkeitskomponenten V_{u1} und V_{u2} ermittelt werden.

Nach dem Impulssatz, Gl. (1.5) erzeugen:

V_{u1} eine in ihrer Richtung wirkende, am Laufradeintritt mit dem Radius R_1 angreifende Aktionskraft $\varrho Q V_{u1}$ in $kg\,m\,s^{-2}$,

V_{u2} eine entgegengesetzt ihrer Richtung wirkende, am Laufradaustritt mit dem Radius R_2 angreifende Reaktionskraft $\varrho Q V_{u2}$ in $kg\,m\,s^{-2}$. Das von der Flüssigkeit auf das Laufrad übertragene Drehmoment ergibt sich somit zu:

$$M = \varrho Q (V_{u1} R_1 - V_{u2} R_2) = \varrho Q (V_1 \cos\alpha_1 R_1 - V_2 \cos\alpha_2 R_2) \quad kg\,m^2\,s^{-2},$$

$$(4.39\,a),$$

$$M^* = \frac{\gamma}{g} Q (V_{u1} R_1 - V_{u2} R_2) = \frac{\gamma}{g} Q (V_1 \cos\alpha_1 R_1 - V_2 \cos\alpha_2 R_2) \quad kp\,m.$$

$$(4.39\,b)$$

Mit diesem Drehmoment und mit der Winkelgeschwindigkeit $2\pi N$ in s^{-1} ergibt sich die an das Laufrad übertragene Leistung zu:

$$P = M\, 2\pi N = \varrho Q [U_1 V_{u1} - U_2 V_{u2}] \quad \text{kg m}^2\,\text{s}^{-3}, \qquad (4.40\,\text{a})$$

$$P^* = M^*\, 2\pi N = \gamma Q \left[\frac{1}{g}\, (U_1 V_{u1} - U_2 V_{u2}) \right] \quad \text{kp m s}^{-1}.$$
$$(4.40\,\text{b})$$

Der Ausdruck in der eckigen Klammer in Gl. (4.40a), das zweite Glied des Produktes von *Massestrom* $\times$ *Quadrat der Geschwindigkeit* ($=$ Produkt aus zwei Geschwindigkeiten) ist die der Flüssigkeit entzogene:

spezifische Energie

$$H_T = H_{d,s} = U_1 V_{u1} - U_2 V_{u2} \quad \text{m}^2\,\text{s}^{-2}, \qquad (4.41\,\text{a})$$

Energiehöhe

$$H_T^* = H_{d,s}^* = \frac{1}{g}\, (U_1 V_{u1} - U_2 V_{u2}) \quad \text{m} \qquad (4.41\,\text{b})$$

Gl. (4.41) kann auch als die auf die Einheit des Massestromes (auf die Einheit des Gewichtskraftstromes) bezogene Leistung in kg m^2 s^{-3}/kg s^{-1} = m^2 s^{-2} (kp m s^{-1}/ kp s^{-1} = m) gedeutet werden.

Gl. (4.41) wird *Eulersche Turbinengleichung* genannt. Sie gilt auch für Kreiselpumpen, wenn die an die Flüssigkeit übertragene mechanische Energie mit einem entgegengesetzten Vorzeichen versehen wird und die Bezeichnungen, „1" für den Eintrittsquerschnitt und „2" für den Austrittsquerschnitt beibehalten werden. Aus der Eulerschen Gleichung für Pumpen ergibt sich mit $H_P = H_{s,d} = -H_T$ in m^2 s^{-2} die spezifische Förderenergie

$$H_P = H_{s,d} = U_2 V_{u2} - U_1 V_{u1} \quad \text{m}^2\,\text{s}^{-2}, \qquad (4.42\,\text{a})$$

die Förderhöhe

$$H_P^* = H_{s,d}^* = \frac{1}{g}\, (U_2 V_{u2} - U_1 V_{u1}) \quad \text{m}. \qquad (4.42\,\text{b})$$

Beachte: Die der Flüssigkeit in der Pumpe zugeführte mechanische Energie ist in die Rechnung mit positivem Vorzeichen, die der Flüssigkeit in der Turbine entzogene Energie ist in die Rechnung mit negativem Vorzeichen einzuführen.

Bei einem gegebenen Durchfluß ist die Austrittsgeschwindigkeit aus dem Turbinenlaufrad, V_2 in m s^{-1}, und somit die Austritts-Geschwindigkeitsenergie am kleinsten, wenn $V_{u2} = 0$ ist, wenn also die Flüssigkeit das Laufrad drallfrei verläßt. Gl. (4.41) nimmt dann die vereinfachte Form an:

$$H_T = U_1 V_{u1} \quad \text{m}^2\,\text{s}^{-2}, \qquad (4.43\,\text{a})$$

$$H_T^* = \frac{1}{g}\, U_1 V_{u1} \quad \text{m}. \qquad (4.43\,\text{b})$$

Bei einem gegebenen Durchfluß ist die Eintritts-Geschwindigkeit in das Pumpenlaufrad, V_1 in m s^{-1}, und somit die Eintritts-Geschwindigkeitsenergie am kleinsten, wenn $V_{u1} = 0$ ist, wenn also die Flüssigkeit dem Laufrad drallfrei zuströmt. Gl. (4.42) nimmt dann die vereinfachte Form an:

$$H_P = U_2 V_{u2} \quad \text{m}^2\,\text{s}^{-2}, \qquad\qquad (4.44\,\text{a})$$

$$H_P^* = \frac{1}{g} U_2 V_{u2} \quad \text{m}. \qquad\qquad (4.44\,\text{b})$$

Der kleinsten Geschwindigkeitsenergie entspricht die größte Druckenergie, und möglichst hohe Drücke am Laufradaustritt einer Turbine und am Laufradeintritt einer Pumpe werden zwecks Vermeidung unzulässiger Kavitationserscheinungen immer angestrebt.

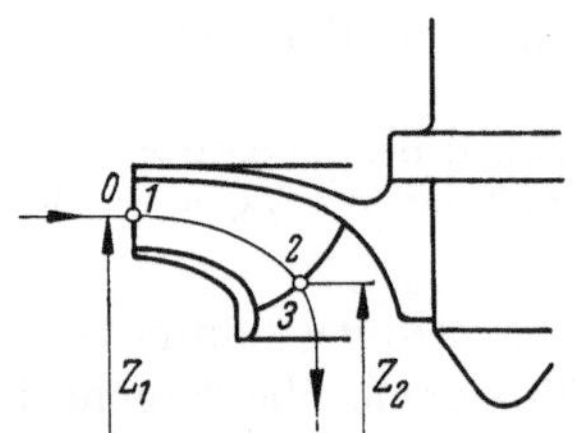

Abb. 4.31. Meridianströmung durch ein radiales Turbinenlaufrad.

Für das in Abb. 4.31 im Meridianschnitt schematisch dargestellte Turbinenlaufrad lautet die Bernoullische Gleichung (3.1), für eine Stromlinie zwischen dem Eintrittsquerschnitt 1 und dem Austrittsquerschnitt 2, unter Berücksichtigung der Eulerschen Turbinengleichung (4.41) und der oben gemachten Bemerkung:

$$\frac{1}{2} V_1^2 + g Z_1 + \frac{1}{\varrho} P_1 = \frac{1}{2} V_2^2 + g Z_2 + \frac{1}{\varrho} P_2 + H_{R1,2} + H_{d,s} \quad \text{m}^2\,\text{s}^{-2},$$

$$(4.45\,\text{a})$$

$$\frac{1}{2g} V_1^2 + Z_1 + \frac{1}{\gamma} P_1^* = \frac{1}{2g} V_2^2 + Z_2 + \frac{1}{\gamma} P_2^* + H_{R1,2}^* + H_{d,s}^* \quad \text{m}.$$

$$(4.45\,\text{b})$$

Gl. (4.45) kann mit dem auf die Geschwindigkeitsdreiecke, Abb. 4.30a und b, angewendeten Cosinus-Satz, mit Hilfe der Beziehung:

$$U V_u = U V \cos \alpha = \frac{1}{2} (V^2 + U^2 - W^2) \quad \text{m}^2\,\text{s}^{-2} \quad (4.46\,\text{a,b})$$

wie folgt umgeformt werden:

$$\frac{1}{\varrho} (P_1 - P_2) = \frac{1}{2} (W_2^2 - W_1^2) + \frac{1}{2} (U_1^2 - U_2^2) + g Z_{1,2} + H_{R1,2}$$

$$\text{m}^2 \text{ s}^{-2}, \qquad (4.47\,\text{a})$$

$$\frac{1}{\gamma} (P_1^* - P_2^*) = \frac{1}{2g} (W_2^2 - W_1^2) + \frac{1}{2g} (U_1^2 - U_2^2) + Z_{1,2} + H_{R1,2}^* \quad \text{m}.$$

$$(4.47\,\text{b})$$

Der Höhenunterschied zwischen den betrachteten Punkten 1 und 2 und die Reibungsverluste entlang der Stromlinie zwischen diesen beiden Punkten können gegenüber den anderen Gliedern der Gl. (4.47) vernachlässigt werden. Die vereinfachte Gleichung lautet dann:

$$\frac{1}{\varrho} (P_1 - P_2) = \frac{1}{2} (W_2^2 - W_1^2) + \frac{1}{2} (U_1^2 - U_2^2) \quad \text{m}^2 \text{ s}^{-2},$$

$$(4.48\,\text{a})$$

$$\frac{1}{\gamma} (P_1^* - P_2^*) = \frac{1}{2g} (W_2^2 - W_1^2) + \frac{1}{2g} (U_1^2 - U_2^2) \quad \text{m}.$$

$$(4.48\,\text{b})$$

Wasserturbinen werden ausgeführt als:

a) *Gleichdruck-*, *Freistrahl-* oder *Aktionsturbinen* mit $P_1 - P_2 = 0$. Abb. 4.25a; der gleichbleibende Flüssigkeitsdruck im Laufrad kann nur mit einer freien Oberfläche, also mit einem Strahl verwirklicht werden, die Turbine muß partiell beaufschlagt werden. Die heute gebräuchlichste Bauart ist die tangential beaufschlagte $(U_2 = U_1)$ *Pelton-Turbine.*

b) *Überdruck-* oder *Reaktionsturbine*, mit $P_1 > P_2$, Abb. 4.25b und c; der Überdruck kann nur durch eine Vollbeaufschlagung des Laufrades verwirklicht werden. Die heute gebräuchlichsten Bauarten sind: die radiale, von außen nach innen durchströmte $(U_1 > U_2)$ *Francis-Turbine*,
die halbaxiale $(U_1 > U_2)$ *Deriaz-Turbine* und
die axiale $(U_1 = U_2)$ *Kaplan-Turbine*, Abb. 4.25c.

Durch Änderung der Vorzeichen in Gl. (4.48) ergibt sich die vereinfachte Energiegleichung der Kreiselpumpe:

$$\frac{1}{\varrho} (P_2 - P_1) = \frac{1}{2} (W_1^2 - W_2^2) + \frac{1}{2} (U_2^2 - U_1^2) \quad \text{m}^2 \text{ s}^{-2},$$

$$(4.49\,\text{a})$$

$$\frac{1}{\gamma} (P_2^* - P_1^*) = \frac{1}{2g} (W_1^2 - W_2^2) + \frac{1}{2g} (U_2^2 - U_1^2) \quad \text{m}.$$

$$(4.49\,\text{b})$$

Kreiselpumpen werden ausgeführt als:

a) *Überdruck-Kreiselpumpen*, mit $P_2 > P_1$, Abb. 4.26a bis c, und zwar: mit radialen, Abb. 4.26a, und halbaxialen, Abb. 4.26b, Laufrädern, $(U_2 > U_1)$ und
mit axialen Laufrädern, Abb. 4.26c, $(U_2 = U_1)$.

b) *Gleichdruck-Kreiselpumpen*, mit $P_2 = P_1$. Dadurch, daß das partiell beaufschlagte Laufrad dieser Bauart ein Flüssigkeit-Luft-Gemisch fördert, werden diese Pumpen nur selten und nur für kleine Förderströme verwendet.

4.3.5.3 Modellgesetze

Die Gln. (4.48) und (4.49) gelten:

1) für geometrisch ähnliche, verschieden große Maschinen, für eine *Baureihe*, denn sie enthalten keine Glieder, die sich auf die Abmessungen der Maschine beziehen;

2) für verschiedene spezifische Fallenergien H_T oder verschiedene spezifische Förderenergien H_P in $m^2\,s^{-2}$, wenn bei einer Änderung aller Drücke z. B. um das n-fache sich gleichzeitig auch alle Geschwindigkeiten um das $\sqrt{n}$-fache ändern.

Aus den für eine hydraulische Maschine, für eine Turbine oder für eine Kreiselpumpe, mit dem Laufraddurchmesser D_M in m bei der spezifischen Energie H_M in $m^2\,s^{-2}$ ermittelten Werten für:

die Drehzahl N_M in s^{-1},
den Durchfluß Q_M in $m^3\,s^{-1}$ und
die Leistung P_M in $kg\,m^2\,s^{-3}$,

können für eine geometrisch ähnliche Maschine mit dem Laufraddurchmesser D_A in m bei der spezifischen Energie H_A in $m^2\,s^{-2}$ die entsprechenden Werte

N_A in s^{-1},
Q_A in $m^3\,s^{-1}$ und
P_A in $kg\,m^2\,s^{-3}$

berechnet werden. Die Umrechnungsformeln leiten sich ab aus der Forderung nach der Ähnlichkeit der Geschwindigkeitsdreiecke; sie lauten:

für die Drehzahl:

$$N_A = N_M \left(\frac{H_A}{H_M}\right)^{1/2} \left(\frac{D_M}{D_A}\right)\ \ s^{-1}, \qquad (4.50\,\text{a})$$

$$N_A = N_M \left(\frac{H_A^*}{H_M^*}\right)^{1/2} \left(\frac{D_M}{D_A}\right)\ \ s^{-1}; \qquad (4.50\,\text{b})$$

für den Durchfluß:

$$Q_A = Q_M \left(\frac{H_A}{H_M}\right)^{1/2} \left(\frac{D_A}{D_M}\right)^2 \quad \mathrm{m^3\,s^{-1}}, \qquad (4.51\,\mathrm{a})$$

$$Q_A = Q_M \left(\frac{H_A^*}{H_M^*}\right)^{1/2} \left(\frac{D_A}{D_M}\right)^2 \quad \mathrm{m^3\,s^{-1}}, \qquad (4.51\,\mathrm{b})$$

für die Leistung:

$$P_A = P_M \left(\frac{H_A}{H_M}\right)^{3/2} \left(\frac{D_A}{D_M}\right)^2 \left(\frac{\eta_A}{\eta_M}\right)^i \quad \mathrm{kg\,m^2\,s^{-3}}, \qquad (4.52\,\mathrm{a})$$

$$P_A^* = P_M^* \left(\frac{H_A^*}{H_M^*}\right)^{3/2} \left(\frac{D_A}{D_M}\right)^2 \left(\frac{\eta_A}{\eta_M}\right)^i \quad \mathrm{kp\,m\,s^{-1}}. \qquad (4.52\,\mathrm{b})$$

Die Turbinenleistung berechnet sich aus:

$$P_T = \varrho Q H \eta_T \quad \mathrm{kg\,m^2\,s^{-3}}, \qquad (4.53\,\mathrm{a})$$

$$P_T^* = \gamma Q H^* \eta_T \quad \mathrm{kp\,m\,s^{-1}}. \qquad (4.53\,\mathrm{b})$$

Die Pumpenleistung berechnet sich aus:

$$P_P = \varrho Q H \frac{1}{\eta_P} \quad \mathrm{kg\,m^2\,s^{-3}}, \qquad (4.54\,\mathrm{a})$$

$$P_P^* = \gamma Q H^* \frac{1}{\eta_P} \quad \mathrm{kp\,m\,s^{-1}}. \qquad (4.54\,\mathrm{b})$$

In Gl. (4.52) ist also bei Turbinen der Exponent $i = +1$, bei Pumpen ist $i = -1$. In vielen Fällen kann mit ausreichender Genauigkeit das Wirkungsgradverhältnis $\eta_A/\eta_M = 1$ angenommen werden. Bei genaueren Untersuchungen, z. B. bei der Ermittlung des Wirkungsgrades der Großausführung, η_A, aus dem am Modell gemessenen Wert η_M, muß die Abnahme der hydraulischen Verluste mit der Re-Zahl und somit mit der Größe der Maschine berücksichtigt werden.

Der Wirkungsgrad einer hydraulischen Maschine, η, kann als Produkt aus dem äußeren, *mechanischen Wirkungsgrad* η_m und dem *inneren, hydraulischen Wirkungsgrad* η_h dargestellt werden:

$$\eta = \eta_m \eta_h \qquad (4.55)$$

Von den inneren Verlusten ist es wiederum nur ein Teil k, die eigentlichen Reibungsverluste, der sich mit der Re-Zahl ändert. Für ihre Umrechnung wurden für Überdruckturbinen und Kreiselpumpen zahlreiche *Aufwertungsformeln* entwickelt; die heute gebräuchlichsten Formeln lauten:

$$\eta_A = \eta_{Am} - \left(\eta_{Am} - \eta_M \frac{\eta_{Am}}{\eta_{Mm}}\right) \left[k + (1-k)\left(\frac{Re_M}{Re_A}\right)^n\right] \qquad (4.56)$$

Von verschiedenen Verfassern werden angegeben:

$$k = 0{,}5, \quad = 0{,}4, \quad = 0{,}3$$
$$n = 1/4, \quad = 1/5.$$

Bei Freistrahlturbinen werden die Wirkungsgrade nicht umgerechnet; zahlreiche Beobachtungen haben gezeigt, daß der Wirkungsgrad der Großausführung bei Teilleistungen besser, bei größeren Beaufschlagungen oft aber schlechter als der entsprechende Wirkungsgrad der Modellturbine ist.

Um für verschiedene spezifische Energien H in m² s⁻² konstruierte hydraulische Maschinen verschiedener Größe miteinander vergleichen zu können, werden die an einer Maschine mit dem Durchmesser D in m bei der spezifischen Energie H in m² s⁻² gemessenen Werte für

die Drehzahl N in min⁻¹,

den Durchfluß Q in m³ s⁻¹ und

die Leistung P in kg m² s⁻³

auf einen einheitlichen Bezugsdurchmesser D_B in m und eine einheitliche spezifische Energie H_B in m² s⁻² umgerechnet.

Im TS wurden $D_B = 1$ m und $H_B^* = 1$ m gewählt und die auf sie umgerechneten Werte mit dem Fußzeichen „I" und mit einem hochgesetzten „$'$" versehen; die Werte lauten dann:

$$N_I^{*\prime} = N \left(\frac{1}{H^*}\right)^{1/2} \left(\frac{D}{1}\right) \quad \text{min}^{-1}, \tag{4.57 b}$$

$$Q_I^{*\prime} = Q \left(\frac{1}{H^*}\right)^{1/2} \left(\frac{1}{D}\right)^2 \quad \text{m}^3\,\text{s}^{-1}, \tag{4.58 b}$$

$$P_I^{*\prime} \approx P^* \left(\frac{1}{H^*}\right)^{3/2} \left(\frac{1}{D}\right)^2 \quad \text{kp m s}^{-1}. \tag{4.59 b}$$

Die aus Modellversuchen ermittelten und mit diesen Bezugsgrößen umgerechneten Werte wurden in ein *Muscheldiagramm* mit der Abszisse $N_I^{*\prime}$ und der Ordinate $Q_I^{*\prime}$, mit Linien für konstante Öffnungsgrade der Maschine, $s = S/S_N$ und konstante Wirkungsgrade η eingetragen. Aus einem Muscheldiagramm lassen sich für jede Maschinenöffnung die zusammengehörigen Werte für die Drehzahl, den Durchfluß und den Wirkungsgrad ablesen und auf die jeweilige Energiehöhe umrechnen. Für die näherungsweise Beschreibung der hydraulischen Gestalt und des betrieblichen Verhaltens einer Turbine oder einer Kreiselpumpe wird mit Vorliebe die von *Cammerer* (1902) vorgeschlagene und im Laufe der Jahre etwas modifizierte *spezifische Drehzahl* N_q^* in min⁻¹ benutzt.

Die spezifische Drehzahl N_q^* in min^{-1} ist die Drehzahl einer auf den Durchmesser D_q in m verkleinert gedachten hydraulischen Maschine, die bei der Energiehöhe $H_q^* = 1$ m einen Durchfluß $Q_q^* = 1$ m^3 s^{-1} verarbeitet.

Für einen durch die Drehzahl N in min^{-1}, den Durchfluß Q in m^3 s^{-1} und die Energiehöhe H^* in m gegebenen Betriebspunkt berechnet sich aus Gl. (4.50 b):

$$N_q^* = N \left(\frac{1}{H^*}\right)^{1/2} \left(\frac{D}{D_q}\right) \quad \text{min}^{-1} \qquad (4.60\,\text{b})$$

und aus Gl. (4.51 b):

$$Q_q^* = 1 = Q \left(\frac{1}{H^*}\right)^{1/2} \left(\frac{D_q}{D}\right)^2 \quad \text{m}^3 \text{ s}^{-1}. \qquad (4.61\,\text{b})$$

Wird aus den Gln. (4.60 b) und (4.61 b) das Durchmesserverhältnis D_q/D eliminiert, so ergibt sich die spezifische Drehzahl zu:

$$N_q^* = N \left(\frac{Q}{1}\right)^{1/2} \left(\frac{1}{H^*}\right)^{3/4} \quad \text{min}^{-1}. \qquad (4.62\,\text{b})$$

Die beiden Klammerausdrücke in Gl. (4.62 b) sind reine Verhältniszahlen; die Zahl 1 in der ersten Klammer hat die Dimension m^3 s^{-1}, die Zahl 1 in der zweiten Klammer hat die Dimension m. Die spezifische Drehzahl N_q^* hat somit die Dimension von N.

Im SI müßte man folgerichtig die spezifische Drehzahl mit der spezifischen Energie $H_q = 1$ m^2 s^{-2} und mit einem Durchfluß $Q_q = 1$ m^3 s^{-1} ableiten, also mit der Formel berechnen:

$$N_q = N \left(\frac{Q}{1}\right)^{1/2} \left(\frac{1}{H}\right)^{3/4} \quad \text{min}^{-1}. \qquad (4.62\,\text{a})$$

Es wäre dann, weil $H = gH^*$ in m^2 s^{-2} ist:

$$N_q = 0,18\, N_q^* \quad \text{min}^{-1}. \qquad (4.63\,\text{a, b})$$

Wird dagegen die spezifische Drehzahl im SI mit der spezifischen Energie $H_{q10} = 9,806 \approx 10$ m^2 s^{-2} und mit einem Durchfluß $Q_q = 1$ m^3 s^{-1} abgeleitet, also mit der Formel

$$N_{q10} = N \left(\frac{Q}{1}\right)^{1/2} \left(\frac{10}{H}\right)^{3/4} \quad \text{min}^{-1} \qquad (4.64\,\text{a})$$

berechnet, so kann mit ausreichender Genauigkeit

$$N_{q10} = 1,015\, N_q^* \approx N_q^* \quad \text{min}^{-1} \qquad (4.65\,\text{a})$$

angenommen werden. Dies würde gestatten, alle im TS vorhandenen Unterlagen ohne Änderungen im SI zu benutzen.

Auch die spezifische Drehzahl kann mit ausreichender Genauigkeit mit Hilfe von Netzrechentafeln berechnet werden. Eine solche Netzrechentafel für Wasserturbinen und große Kreiselpumpen ist in Abb. 4.32, für andere Kreiselpumpen kleinerer Leistung in Abb. 4.33 wiedergegeben.

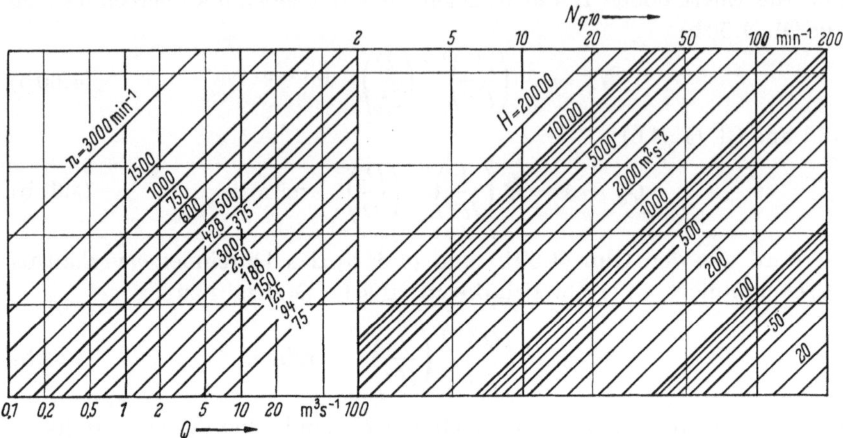

Abb. 4.32. Netzrechentafel für das Ermitteln der spezifischen Drehzahl N_{q10} in min^{-1} von Turbinen und großen Kreiselpumpen.

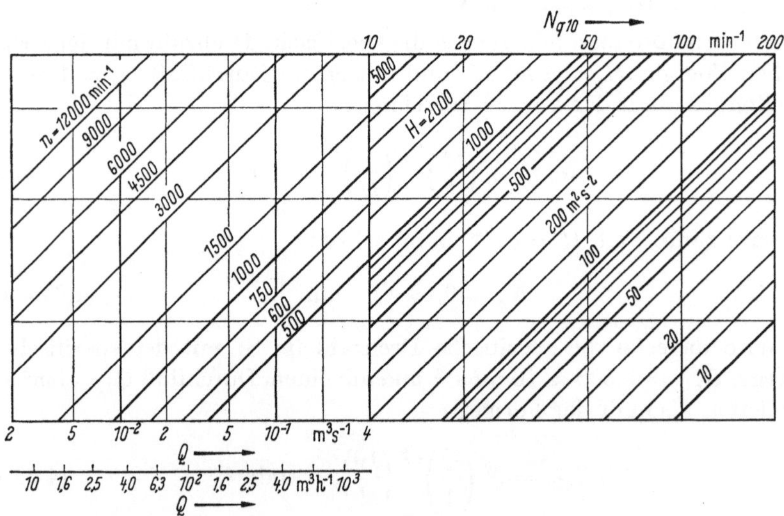

Abb. 4.33. Netzrechentafel für das Ermitteln der spezifischen Drehzahl N_{q10} in min^{-1} von Kreiselpumpen.

Für die Charakterisierung einer Wasserturbine wurde manchmal statt der spezifischen Drehzahl die auf $H^* = 1\,\mathrm{m}$ umgerechnete Umfangsgeschwindigkeit

$$U_I^* = U \left(\frac{1}{H^*}\right)^{1/2} \text{ in m s}^{-1} \text{ verwendet. Der Zusammenhang zwischen dieser umgerech-}$$

neten Umfangsgeschwindigkeit und der spezifischen Drehzahl N_q^* in min^{-1} leitet sich aus Gl. (4.62b) ab, die zu diesem Zweck entsprechend erweitert wird. Es ist:

$$N_q^* = 19{,}1\,(Q_I^{*\prime})^{1/2} \cdot (D = 1)^{-1} \cdot (Q = 1)^{-1/2}\,U_I^* \quad \text{min}^{-1}, \qquad (4.66\,\text{b})$$

oder

$$U_I^* = 0{,}052\,(Q_I^{*\prime})^{1/2}\,(D = 1)^{-1}\,(Q = 1)^{1/2}\,N_q^* \quad \text{m s}^{-1}. \qquad (4.67\,\text{b})$$

4.3.5.4 Hauptabmessungen von Wasserturbinen

Wie bereits erwähnt wurde, haben sich im Laufe der Jahre, fußend auf der Eulerschen Turbinengleichung, für jede spezifische Drehzahl die günstigsten Turbinenbauarten und Laufradformen entwickelt. In Abb. 4.34 sind die verschiedenen Laufradformen für die heute gebräuchlichsten Turbinenbauarten, für die Peltonturbine, die Francisturbine und die Kaplanturbine, mit ihren auf $H = 10\ \text{m}^2\,\text{s}^{-2}$ (oder auf $H^* = 1\,\text{m}$) umgerechneten Geschwindigkeitsdreiecken gegenübergestellt.

Werden bei tangentialbeaufschlagten Freistrahlturbinen, bei Peltonturbinen, mit D_s in m der Strahldurchmesser und mit D_{SK} in m der vom Strahl tangierte Strahlkreisdurchmesser bezeichnet, und die Umfangsgeschwindigkeit dieses Strahlkreises mit $U_1 \approx 0{,}5\ V_1 = 0{,}5\ V_0$ in m s^{-1}, also mit der halben Strahlgeschwindigkeit in Gl. (4.67 b) eingeführt, so ergibt sich die Beziehung:

$$N_{q10} = N_q^* \approx 80\,\frac{D_S}{D_{SK}} \quad \text{min}^{-1}. \qquad (4.68\,\text{a, b})$$

Für die Ermittlung der Hauptabmessungen einer Wasserturbine wird zunächst mit dem gegebenen Durchfluß Q in m^3 s^{-1} und der gegebenen spezifischen Fallenergie H in m^2 s^{-2} sowie mit einer gewählten Drehzahl N in min^{-1} mit der Netzrechentafel, Abb. 4.33, die spezifische Drehzahl $N_{q10} \approx N_q^*$ in min^{-1} ermittelt. *Die spezifische Drehzahl ist bei mehrdüsigen Freistrahlturbinen mit dem Durchfluß eines Strahles, bei zweiflutigen Laufrädern von Überdruckturbinen mit dem Durchfluß einer Radhälfte zu berechnen.*

Für Peltonturbinen ist in Abb. 4.35 ein Beispiel für den Zusammenhang zwischen $N_{q10} \approx N_q^*$ in min^{-1} und einigen charakteristischen Hauptabmessungen der Turbine zusammengestellt. Das sind:

Durchmesserverhältnis D_{SK}/D_S,

Becherzahl z,

relative Becherlänge L/D_S,

relative Becherbreite B/D_S,

relative Bechertiefe T/D_S.

Außerdem ist der Wirkungsgrad für den Bestpunkt einer Freistrahlturbine mittlerer Größe angegeben.

 4. Stationäre Strömungen in geschlossenen Leitungen

Bauart	N_{q10}	Laufradprofil	Geschwindigkeitsdreiecke
Peltonturbinen	2	D_{SK}, D_S, Mst 1:5a	$U_{10.1}$, $W_{10.1}$, $V_{10.1}$; $U_{10.2}$, $V_{10.2}$, $W_{10.2}$
	5	D_{SK}, D_S, Mst 1:5a	
Francisturbinen	20	D_1, B_0, $-\delta$, D_2, Mst 1:a	$U_{10.1}$, $W_{10.1}$, $V_{10.1}$; $U_{10.2}$, $V_{10.2}$, $W_{10.2}$
	40	D_1, B_0, $+\delta$, D_2, Mst 1:a	$U_{10.1}$, $V_{10.1}$, $W_{10.1}$; $U_{10.2}$, $V_{10.2}$, $W_{10.2}$
	70	D_1, B_0, $+\delta$, D_2, Mst 1:a	$U_{10.1}$, $V_{10.1}$, $W_{10.1}$; $U_{10.2}$, $V_{10.2}$, $W_{10.2}$
Kaplanturbinen	120	B_0, $+\delta$, D_N, D_1, Mst 1:a	$U_{10.1}$, $V_{10.1}$, $W_{10.1}$; $U_{10.2}$, $V_{10.2}$, $W_{10.2}$
	200	B_0, $+\delta$, D_N, D_1, Mst 1:a	$U_{10.1}$, $V_{10.1}$, $W_{10.1}$; $U_{10.2}$, $V_{10.2}$, $W_{10.2}$

Abb. 4.34. Spezifische Drehzahlen und Turbinenbauarten.

Der Strahldurchmesser D_S in m ergibt sich aus der Kontinuitätsgleichung zu:

$$D_S \approx 0{,}95\, Q^{1/2}\, H^{-1/4} \quad \text{m}, \tag{4.69a}$$

$$D_S \approx 0{,}54\, Q^{1/2}\, H^{*-1/4} \quad \text{m}. \tag{4.69b}$$

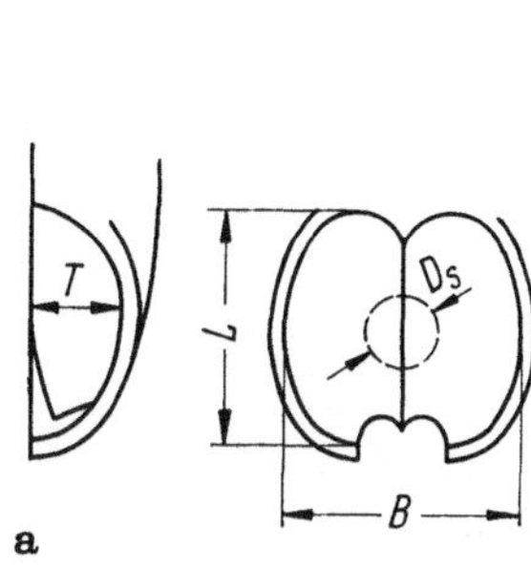

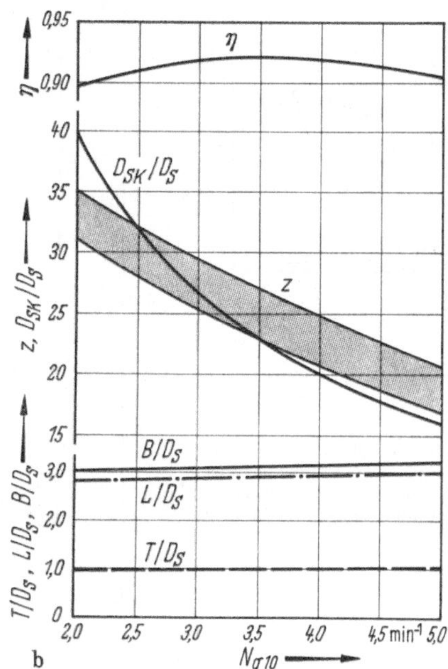

Abb. 4.35. Beispiel für die Hauptabmessungen von Peltonturbinen.
a) Peltonbecher; b) Hauptabmessungen als Funktion von N_{q10}.

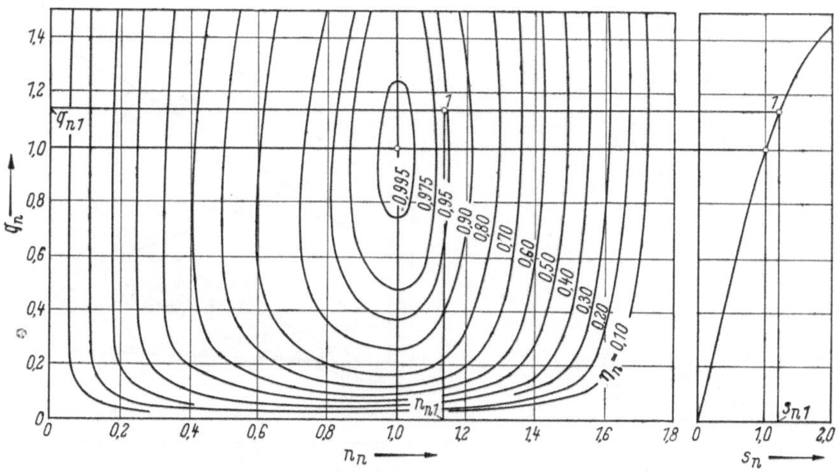

Abb. 4.36. Muscheldiagramm einer Peltonturbine $N_{q10} = 6\,\text{min}^{-1}$.

In Abb. 4.36 ist ein Beispiel für ein Muscheldiagramm einer Peltonturbine für $N_{q10} = 6$ min^{-1} wiedergegeben.

In Abb. 4.37 ist ein Beispiel für einige charakteristische Hauptabmessungen von Francisturbinen als Funktion von N_{q10} in min^{-1}, in Abb. 4.38

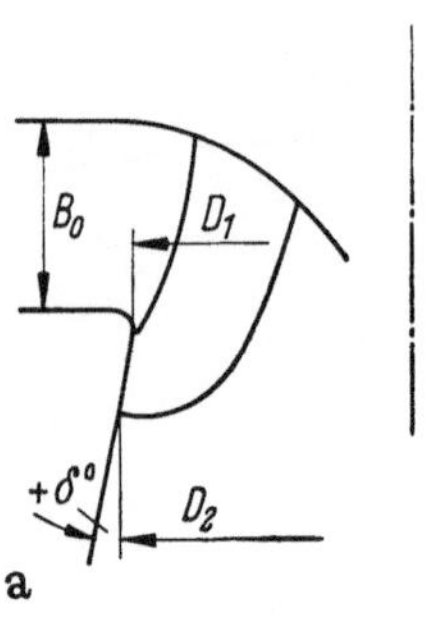

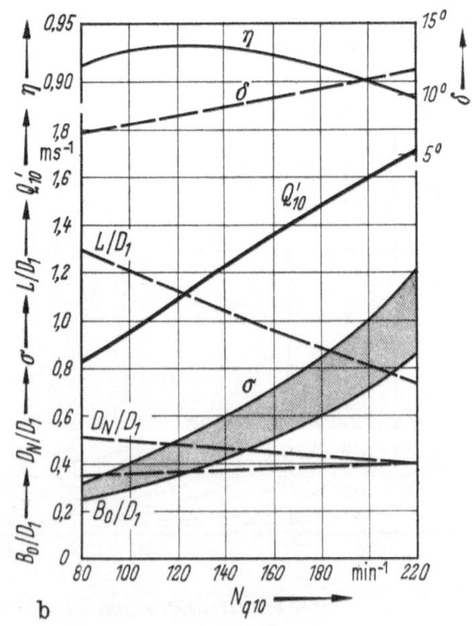

Abb. 4.37. Beispiel für die Hauptabmessungen von Francisturbinen.
a) Laufradprofil für $N_{q10} = 60$ min^{-1};
b) Hauptabmessungen als Funktion von N_{q10}.

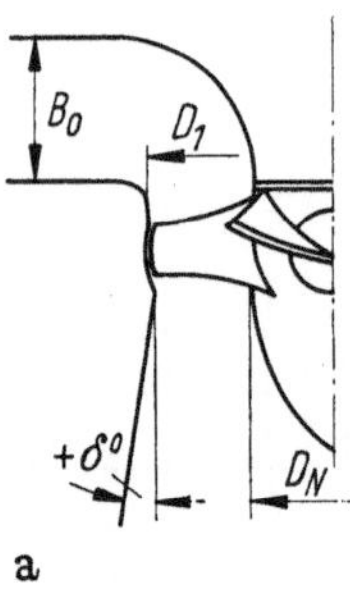

Abb. 4.38. Beispiel für die Hauptabmessungen von Kaplanturbinen.
a) Laufradprofil für $N_{q10} = 200$ min^{-1};
b) Hauptabmessungen als Funktion von N_{q10}.

ist ein Beispiel für einige charakteristische Hauptabmessungen von Kaplanturbinen als Funktion von N_{q10} in min^{-1} zusammengestellt. Es sind dies:

Durchmesserverhältnis von Francisturbinen, D_2/D_1,

relativer Nabendurchmesser von Axialturbinen D_N/D_1,

relative Leitradbreite B_0/D_1 und

Laufraderweiterungswinkel δ.

Außerdem sind angegeben:

der Wirkungsgrad für den Bestpunkt einer Turbine mittlerer Größe, η, der Durchfluß für den Bestpunkt der Turbine, umgerechnet auf $H = 10\ \mathrm{m^2\,s^{-2}}$ und $D = 1\ \mathrm{m}$ nach der Formel:

$$Q'_{10} = Q \left(\frac{10}{H}\right)^{1/2} \left(\frac{1}{D}\right)^2 \approx Q_I^{*\prime} \quad \mathrm{m^3\,s^{-1}}, \qquad (4.58\,\mathrm{a})$$

und

die Thomasche Kavitationszahl σ (vgl. Ziffer 4.3.5.7).

Der Laufraddurchmesser D_1 in m ergibt sich aus Gl. (4.58) zu:

$$D_1 = \left(\frac{Q}{Q'_{10}}\right)^{1/2} \left(\frac{10}{H}\right)^{1/4} \quad \mathrm{m}, \qquad (4.70\,\mathrm{a})$$

$$D_1 = \left(\frac{Q}{Q_I^{*\prime}}\right)^{1/2} \left(\frac{1}{H^*}\right)^{1/4} \quad \mathrm{m}. \qquad (4.70\,\mathrm{b})$$

In Abb. 4.39 ist ein Beispiel für ein Muscheldiagramm einer Francisturbine für $N_{q10} = 60\ \mathrm{min^{-1}}$, in Abb. 4.40 ist ein Beispiel für ein Muscheldiagramm einer Kaplanturbine für $N_{q10} = 150\ \mathrm{min^{-1}}$ wiedergegeben.

Die in den Muscheldiagrammen eingetragenen Kurven werden aus Messungen an Modellen oder an den Großausführungen gewonnen. Alle Diagramme sind in bezogenen Koordinaten dargestellt; als Bezugsgrößen wurden die Werte N_N in min^{-1}, Q_N in m^3 s^{-1}, η_N, s_N und φ_N im Bestpunkt der Turbine gewählt. Die Diagramme gelten somit für alle Maßeinheiten.

Eine Turbine muß gut regelbar sein; je nach Ausführung der Wasserzuleitung und der Wasserableitung kann die vom Maschinensatz erzeugte Leistung mit einer Regelgeschwindigkeit von im Mittel 5% der Nennleistung pro Sekunde an den Leistungsbedarf angeglichen werden. Die Regelung erfolgt durch Verstellung der Leiteinrichtung, der Düsennadel bei Freistrahlturbinen, des Leitrades bei Überdruckturbinen; bei doppeltgeregelten halbaxialen Deriazturbinen und axialen Kaplanturbinen werden gleichzeitig die Laufradschaufeln verstellt. (Einfachgeregelte Kaplanturbinen mit unverstellbaren Leitradschaufeln und verstellbaren Laufradschaufeln werden nur selten ausgeführt).

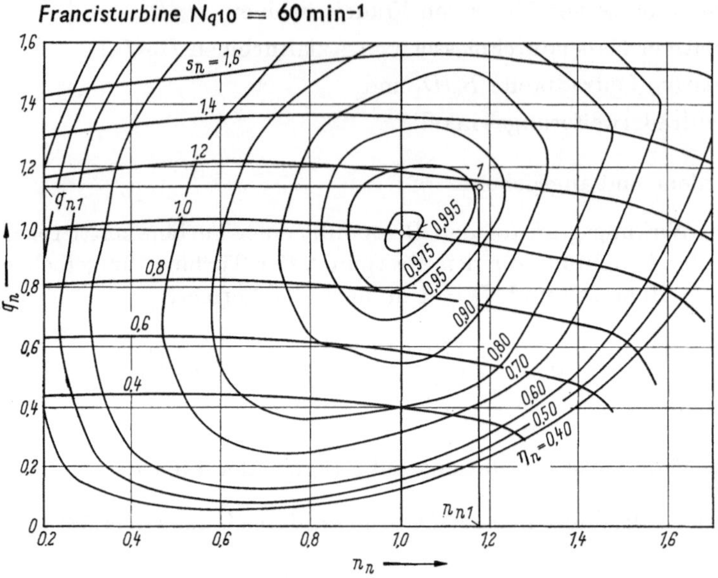

Abb. 4.39. Muscheldiagramm einer Francisturbine N_{q10} = 60 min⁻¹.

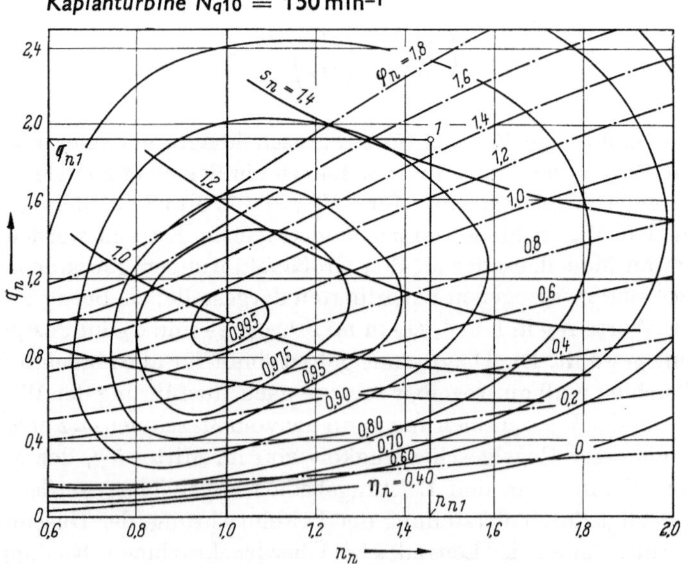

Abb. 4.40. Muscheldiagramm einer Kaplanturbine N_{q10} = 150 min⁻¹.

4.3.5.5 Hauptabmessungen von Kreiselpumpen

Kreiselpumpen haben mit wenigen Ausnahmen (z. B. Kaplanpumpen mit verstellbaren Laufradschaufeln, Pumpen mit regelbarem Vorleitrad, Pumpenturbinen von Speicherwerken) keine eigenen Regelorgane. Ist die Antriebsdrehzahl der Pumpe unveränderlich, so kann der Zusammenhang zwischen dem Förderstrom und der Förderenergie durch eine einzige Kurve, durch die *Drosselkurve*, der Zusammenhang zwischen dem Förderstrom und der aufgenommenen Leistung durch eine einzige Kurve, durch die *Leistungsbedarfkurve*, beschrieben werden. Die Drosselkurve und die Leistungsbedarfkurve für eine gegebene Drehzahl können mit ausreichender Genauigkeit punktweise auf eine andere *Antriebsdrehzahl* umgerechnet werden. Aus den für die Drehzahl N_1 bekannten, mit dem Fußzeichen „1" bezeichneten Werten ergeben sich die neuen Werte für die Drehzahl N für den Förderstrom aus:

$$Q = Q_1 \left(\frac{N}{N_1}\right) \quad \text{m}^3\,\text{s}^{-1}, \qquad\qquad (4.71\,\text{a, b})$$

für die Förderenergie aus:

$$H = H_1 \left(\frac{N}{N_1}\right)^2 \quad \text{m}^2\,\text{s}^{-2}, \qquad\qquad (4.72\,\text{a})$$

$$H^* = H_1^* \left(\frac{N}{N_1}\right)^2 \quad \text{m}, \qquad\qquad (4.72\,\text{b})$$

für den Leistungsbedarf aus:

$$P = P_1 \left(\frac{N}{N_1}\right)^3 \left(\frac{\eta_1}{\eta}\right) \quad \text{kg m}^2\,\text{s}^{-3}, \qquad\qquad (4.73\,\text{a})$$

$$P^* = P_1^* \left(\frac{N}{N_1}\right)^3 \left(\frac{\eta_1}{\eta}\right) \quad \text{kp m s}^{-1}. \qquad\qquad (4.73\,\text{b})$$

Bei kleinen Drehzahlunterschieden kann $\left(\dfrac{\eta_1}{\eta}\right) \approx 1$ angenommen werden. Bei größeren Drehzahlunterschieden muß aber $\left(\dfrac{\eta_1}{\eta}\right)$ mit einer in Gl. (4.56) angegebenen Aufwertungsformel berechnet werden.

Die hydraulische Gestalt des Pumpenlaufrades und somit die Pumpenbauart sowie der Verlauf der Drosselkurve und der Leistungsbedarfkurve hängen von der spezifischen Drehzahl des Pumpenlaufrades ab. Für einen Betriebspunkt mit dem gegebenen Förderstrom Q in $\text{m}^3\,\text{s}^{-1}$, der gegebenen spezifischen Förderenergie des Laufrades H in $\text{m}^2\,\text{s}^{-2}$ und der gewählten Drehzahl N in min^{-1}, berechnet sich die spezifische Drehzahl $N_{q10} \approx N_q^*$ in min^{-1} nach Gl. (4.64) unter Benutzung der Netzrechentafeln Abb. 4.32 oder 4.33. Ist die ermittelte spezifische Drehzahl des Pumpenlaufrades zu niedrig und kann die gewählte Antriebsdrehzahl nicht mehr erhöht werden, so muß die Förderenergie des Laufrades durch

Hintereinanderschalten mehrerer Laufräder, durch Ausführung einer *mehrstufigen Pumpe* herabgesetzt werden. Ist die ermittelte spezifische Drehzahl des Laufrades zu hoch und kann die Antriebsdrehzahl nicht mehr verkleinert werden, so muß der Förderstrom auf zwei oder mehrere parallelgeschaltete Laufräder aufgeteilt, eine *mehrflutige Pumpe* ausgeführt werden.

Spezifische Drehzahlen $N_{q10} \approx N_q^* < 20 \text{ min}^{-1}$ werden nur bei Pumpen für sehr große Förderhöhen oder bei kleineren Pumpen, bei denen ein niedriger Wirkungsgrad wirtschaftlich in Kauf genommen werden kann, ausgeführt.

Die Förderenergie eines Pumpenlaufrades kann näherungsweise mit der Umfangsgeschwindigkeit am Laufradaustritt U_2 in m s^{-1} und mit der *Druckziffer* $\psi = \psi(N_{q10})$ berechnet werden; es ist

$$H = \psi \, \frac{U_2^2}{2} \quad \text{m}^2 \text{ s}^{-2}, \qquad (4.74\,\text{a})$$

$$H^* = \psi \, \frac{U_2^2}{2g} \quad \text{m}. \qquad (4.74\,\text{b})$$

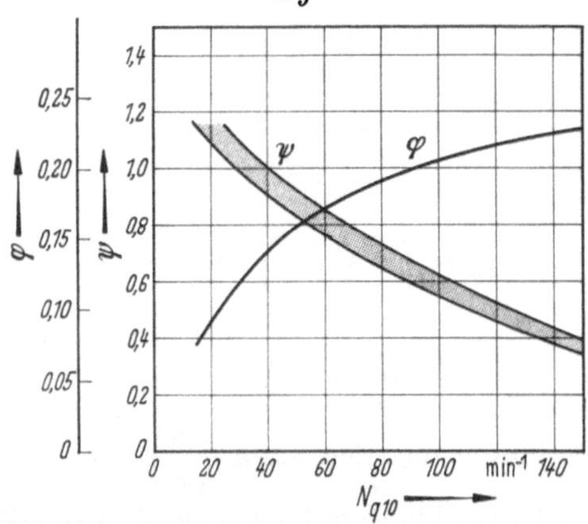

Abb. 4.41. Beispiel für die Druckziffer ψ und den Liefergrad φ einer Kreiselpumpe als Funktion von N_{q10}.

Die Druckziffer ψ ist als Funktion der spezifischen Drehzahl $N_{q10} \approx N_q^*$ in min^{-1} in Abb. 4.41 dargestellt. In das gleiche Diagramm ist auch die *Lieferziffer* $\varphi = \varphi(N_{q10})$ eingetragen, die durch die Beziehung definiert wird:

$$\varphi = \frac{V_{m2}}{U_2} = \frac{Q}{\pi D_2 B_2 U_2}. \qquad (4.75\,\text{a, b})$$

Der Laufradeintrittsdurchmesser hängt vom Förderstrom und von der Drehzahl ab; er wird gewöhnlich so gewählt, daß die Pumpensaughöhe für einen noch zulässigen, kavitationsarmen Betrieb ihren Größtwert erreicht (vgl. Ziffer 4.3.5.7). Ausnahmen von dieser Regel bilden nur Kondensatpumpen, bei denen der Rückgang der Förderleistung unter dem Einfluß der mehr oder weniger stark ausgebildeten Kavitation zur Selbstregelung der Pumpe ausgenutzt wird. Die Pumpe arbeitet bei voll ausgebildeter Kavitation.

In Abb. 4.26a ist ein radiales Kreiselpumpen-Laufrad für $N_{q10} \approx N_q^*$ = 30 min⁻¹, in Abb. 4.26b ist ein halbaxiales Laufrad für $N_{q10} \approx N_q^*$ = 100 min⁻¹ und in Abb. 4.26c ist ein axiales Pumpenlaufrad für $N_{q10} \approx N_q^* = 200$ min⁻¹ schematisch dargestellt. Die dazugehörigen Kennlinien bei der Nenndrehzahl sind in den Abb. 4.42 bis 4.44 wiedergegeben. Alle Diagramme sind in bezogenen Koordinaten dargestellt;

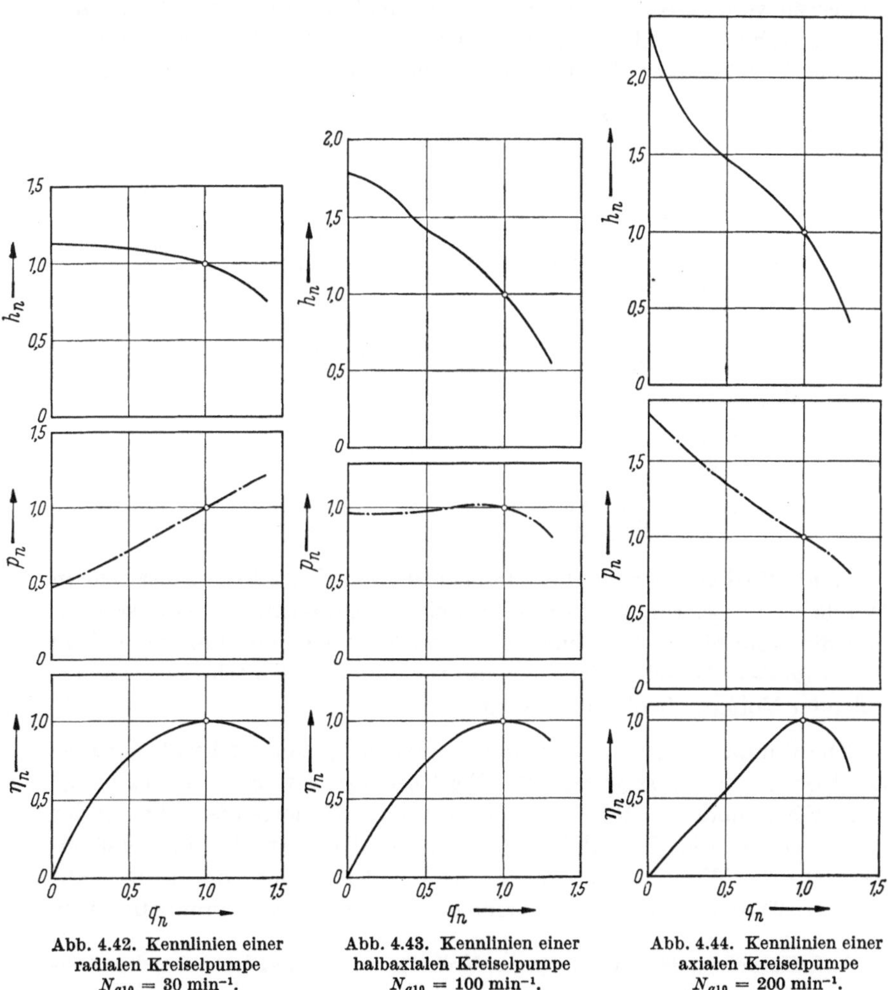

Abb. 4.42. Kennlinien einer radialen Kreiselpumpe $N_{q10} = 30$ min⁻¹.

Abb. 4.43. Kennlinien einer halbaxialen Kreiselpumpe $N_{q10} = 100$ min⁻¹.

Abb. 4.44. Kennlinien einer axialen Kreiselpumpe $N_{q10} = 200$ min⁻¹.

als Bezugsgrößen wurden die Werte Q_N in m³ s⁻¹, H_N in m² s⁻², P_N in kg m² s⁻³ und η_N im Punkt besten Wirkungsgrades, im Bestpunkt, gewählt. Die Diagramme gelten somit für alle Maßsysteme.

Die Drosselkurven verlaufen um so steiler, je größer die spezifische Drehzahl ist. Bei niedrigen spezifischen Drehzahlen (bei großen Durchmesserverhältnissen D_2/D_1 und großen Laufradschaufel-Winkeln am Austritt, β_2,) kann die Drosselkurve *instabil* werden. Mit kleiner werdendem Förderstrom nimmt die Förderenergie der Pumpe bis zu einem gewissen, für jede Pumpe charakteristischen Größtwert, bis zur *spezifischen Scheitel-Förderenergie* H_A in m² s⁻² (bis zur Scheitel-Förderhöhe H_A^* in m) zunächst zu, um mit weiter abnehmendem Förderstrom wieder kleiner zu werden, Abb. 4.45b. Diese Eigenart kann an einer in Abb. 4.45a schematisch dargestellten Pumpenanlage durch Drosselung des unmittelbar am Druckstutzen der Pumpe angeordneten Ventils 1 demonstriert

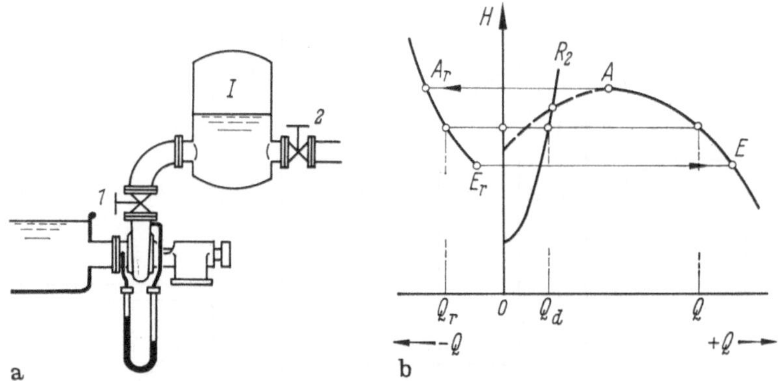

Abb. 4.45. Betrieb einer Kreiselpumpe auf dem labilen Ast ihrer Drosselkurve.
a) Versuchsanordnung; b) Pumpendrosselkurve.

werden[1]. Wird andererseits bei ganz geöffnetem Ventil 1 das hinter einem Windkessel angeordnete Ventil 2 teilweise geschlossen, und zwar so weit, daß die Rohrleitungskennlinie R_2 die Drosselkurve der Pumpe noch in ihrem *labilen Ast* schneidet, so kann folgender, sich periodisch wiederholender Vorgang beobachtet werden:

Die Pumpe arbeitet mit einem Förderstrom Q, der größer als der Förderstrom Q_A ist; ihre spezifische Förderenergie ist $H < H_A$ in m² s⁻² (ihre Förderhöhe ist $H^* < H_A^*$ in m). Vom geförderten Q fließt nur der Anteil Q_d in die Druckleitung, während der restliche Förderstrom $(Q - Q_d)$ im Windkessel verbleibt. Durch das Speichern von $(Q - Q_d)$ wird der Flüssigkeitsspiegel im Windkessel steigen, die in ihm befindliche

---

[1] G. Hutarew „Über Regelung von Kreiselpumpen bei gleichbleibender Drehzahl." Wasserwirtschaft und Technik, Wien 30 (1937) Nr. 23/27, S. 252/58.

Luft wird komprimiert und damit die Förderenergie stetig erhöht. Wird schließlich der Wert $H = H_A$ in m² s⁻² erreicht, also ein Wert, der dem Scheitelwert der Drosselkurve entspricht, so setzt die Pumpenförderung schlagartig aus, die *Pumpe schnappt ab* und ein Förderstrom Q_r fließt aus dem Windkessel durch die mit gleichbleibender Drehzahl weiterlaufende Pumpe in den Saugbehälter zurück. Durch das Abfließen von $(Q_r + Q_d)$ sinkt der Flüssigkeitsspiegel im Windkessel wieder ab und die Förderenergie der Pumpe geht stetig zurück. Beim Erreichen einer bestimmten spezifischen Energie H_E in m² s⁻² nimmt die Pumpe ihre Förderung mit dem Förderstrom Q_E wieder auf, und der beschriebene Vorgang beginnt von vorne. Wird mit $J = J(H)$ in m³ das Speichervolumen des Windkessels bezeichnet, so kann, unter Vernachlässigung der für die zweimalige Umkehr der Strömung je Periode benötigten Zeit, die Schwingungsdauer T_{EAE} in s berechnet werden. Es ist, unter Beachtung, daß Q, Q_d und Q_r Funktionen von H sind:

$$T_{EAE} = \int\limits_{H_E}^{H_A} \frac{1}{Q - Q_d} \frac{\partial J}{\partial H}\, dH + \int\limits_{H_A}^{H_E} \frac{1}{Q_r + Q_d} \frac{\partial J}{\partial H}\, dH \quad \text{s}, \qquad (4.76\,\text{a})$$

$$T_{EAE} = \int\limits_{H_E^*}^{H_A^*} \frac{1}{Q - Q_d} \frac{\partial J}{\partial H^*}\, dH^* + \int\limits_{H_A^*}^{H_E^*} \frac{1}{Q_r + Q_d} \frac{\partial J}{\partial H^*}\, dH^* \quad \text{s}. \tag{4.76b}$$

Der mittlere in die Druckleitung abfließende Förderstrom Q_m in m³ s⁻¹ und die dazugehörige mittlere spezifische Förderenergie H_m in m² s⁻² ermittelt sich aus:

$$Q_m = \frac{1}{T_{EAE}} \left[\int\limits_{H_E}^{H_A} \frac{Q_d}{Q - Q_d} \frac{\partial J}{\partial H}\, dH + \int\limits_{H_A}^{H_E} \frac{Q_d}{Q_r + Q_d} \frac{\partial J}{\partial H}\, dH \right] \quad \text{m}^3\,\text{s}^{-1},$$

$$\tag{4.77\,a}$$

und

$$H_m = \frac{1}{T_{EAE}} \left[\int\limits_{H_E}^{H_A} \frac{H}{Q - Q_d} \frac{\partial J}{\partial H}\, dH + \int\limits_{H_A}^{H_E} \frac{H}{Q_r + Q_d} \frac{\partial J}{\partial H}\, dH \right] \quad \text{m}^2\,\text{s}^{-2}.$$

$$\tag{4.78\,a}$$

Aus Gl. (4.77) und Gl. (4.78) geht hervor, daß auf *dem labilen Ast der Drosselkurve der mittlere Förderstrom Q mit größer werdender mittlerer spezifischer Energie H_m in m² s⁻² ebenfalls größer wird.*

Mit abnehmendem Speichervolumen J in m³ wird auch die Schwingungsdauer kürzer, die Schwingungsfrequenz höher. Der Fördervorgang geht schließlich in einen *quasi stationären* Förderzustand über. Ein Speichervolumen wird auch durch die elastischen Leitungswände und durch die kompressible Flüssigkeit gebildet. Bei Anlagen mit langen Rohrleitungen kann ein Betrieb einer Kreiselpumpe auf dem labilen Ast ihrer Drosselkurve zu unzulässigen, die Anlage gefährdeten Schwingungen führen. In solchen Fällen sollten nur Kreiselpumpen mit stabilen Drosselkurven verwendet werden.

4.3.5.6 Verdrängerpumpen

Auch die meisten Verdrängerpumpen haben kein eigenes Regelorgan; eine Ausnahme bilden z. B. Kolbenpumpen mit verstellbarem Hub, Rotationspumpen mit verstellbarer Exzentrizität des Läufers.

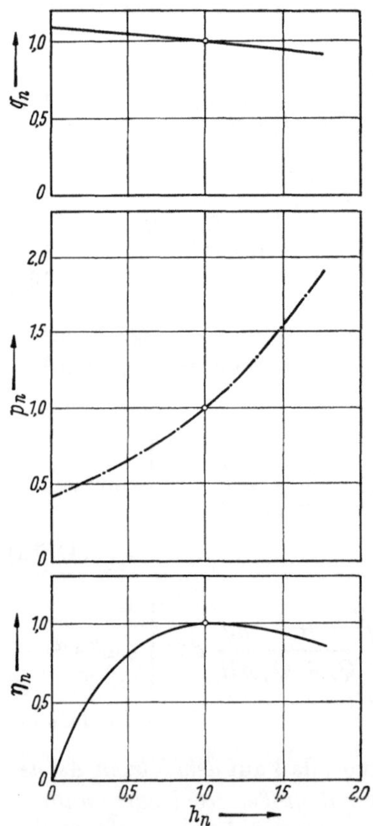

Abb. 4.46. Kennlinien einer Verdrängerpumpe mit mechanischer Abdichtung der Arbeitsräume (z. B. einer Zahnradpumpe).

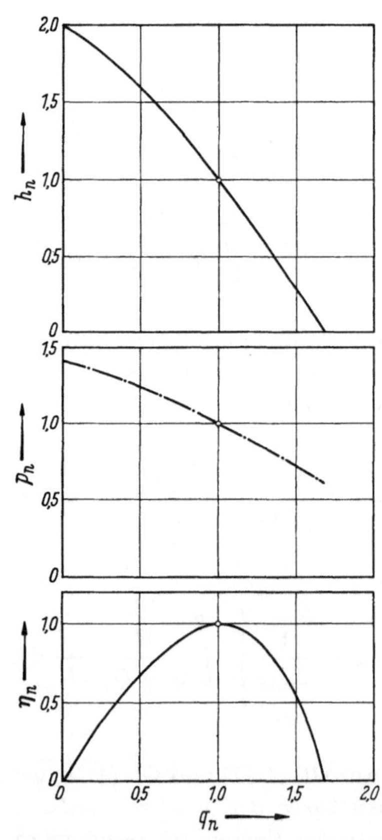

Abb. 4.47. Kennlinien einer Verdrängerpumpe mit Abdichtung der Arbeitsräume durch die Förderflüssigkeit (z. B. einer Wasserringpumpe).

Bei Verdrängerpumpen mit guter Abdichtung der Arbeitsräume —
bei Kolbenpumpen und bei Rotationspumpen mit einer mechanischen
Abdichtung der Arbeitsräume — ändert sich der Förderstrom praktisch
nicht mit der spezifischen Förderenergie der Pumpe, Abb. 4.46. Bei
Rotationspumpen mit einer Abdichtung der Arbeitsräume mit der Förderflüssigkeit, wie dies zum Beispiel bei Wasserringpumpen und bei Seitenkanalpumpen, Abb. 4.26k, erfolgt, nimmt der Förderstrom mit zunehmender spezifischer Förderenergie der Pumpe mehr oder weniger stark
ab, Abb. 4.47; diese Pumpen verhalten sich im Betrieb wie Kreiselpumpen. Ihre spezifische Förderenergie H in $m^2\,s^{-2}$ kann mit der für
Kreiselpumpen in Gl. (4.74) angegebenen Formel berechnet werden.
Die Druckziffer ψ liegt, je nach Ausführung,

bei Wasserringpumpen zwischen 0,9 und 2,0,

bei Seitenkanalpumpen zwischen 1,5 und 4,0.

Kennlinien von Verdrängerpumpen mit einem gut abgedichteten
Arbeitsraum, Abb. 4.26d bis 4.26i, werden für konstante Drehzahlen mit
der spezifischen Förderenergie als Abszisse dargestellt. Die Drosselkurve,
die $Q(H)$-Kurve für $N = $ const, erscheint dann als eine mit zunehmender
Förderenergie leicht fallende, fast geradlinig verlaufende Kurve. Die
Leistungsbedarfkurve, die $P(H)$-Kurve für $N = $ const, weicht nur im
Gebiet kleiner Förderenergie von einer durch den Koordinatenursprung
gehenden Geraden ab, Abb. 4.46.
Die Drosselkurve und die Leistungsbedarfkurve für eine gegebene
Drehzahl können mit ausreichender Genauigkeit punktweise auf eine
andere Antriebsdrehzahl umgerechnet werden. Aus den für die Drehzahl
N_1 gegebenen, mit dem Fußzeichen „1" bezeichneten Werten ergeben
sich für die neue Drehzahl N die Werte:

für die Förderenergie:

$$H = H_1 \quad m^2\,s^{-2} \qquad (4.79\,a)$$

$$H^* = H_1^* \quad m, \qquad (4.79\,b)$$

für den Förderstrom

$$Q = Q_1 \left(\frac{N}{N_1}\right) \quad m^3\,s^{-1}, \qquad (4.80\,a,\,b)$$

für den Leistungsbedarf:

$$P = P_1 \left(\frac{N}{N_1}\right)\left(\frac{\eta_1}{\eta}\right) \quad kg\,m^2\,s^{-3}, \qquad (4.81\,a)$$

$$P^* = P_1^* \left(\frac{N}{N_1}\right)\left(\frac{\eta_1}{\eta}\right) \quad kp\,m\,s^{-1}. \qquad (4.81\,b)$$

Im Bereich, in dem sich die Leistungsbedarfkurve durch eine Gerade durch den Koordinatenursprung annähern läßt, kann $\eta_1/\eta \approx 1$ angenommen werden.

Kennlinien von Rotationspumpen mit einem durch die Förderflüssigkeit abgedichteten Arbeitsraum, Abb. 4.26k, werden für konstante Drehzahlen — in gleicher Weise wie die Kennlinien von Kreiselpumpen — mit dem Förderstrom als Abszisse dargestellt, Abb. 4.47.

Alle Diagramme in Abb. 4.46 und 4.47 sind in bezogenen Koordinaten dargestellt; als Bezugswerte wurden gewählt die Werte Q_N, H_N, P_N und η_N im Punkt besten Wirkungsgrades. Die Diagramme gelten somit für alle Maßsysteme.

4.3.5.7 Saughöhe von Turbinen und Pumpen

Wie bereits in Ziffer 2.3 erwähnt wurde, führt das örtliche Absinken des Flüssigkeitsdruckes auf den Verdampfungsdruck und die nachfolgende schlagartige Kondensation der Dampfbläschen in den folgenden Bereichen höheren Druckes zu Kavitationserscheinungen. Unzulässig starke Kavitationsbildung setzt nicht nur die Leistung und den Wirkungsgrad der hydraulischen Maschine herab, sondern verursacht mehr oder weniger starke Kavitationsschäden. Es müssen daher schon bei der Projektierung einer Anlage die zu erwartenden Kavitationsverhältnisse genau untersucht werden.

Der tiefste Druck in der Flüssigkeit tritt bei Überdruck-Wasserturbinen am Laufradaustritt, bei Kreiselpumpen am Laufradeintritt, bei Verdrängerpumpen im Arbeitsraum auf.

Bei Wasserturbinen ist das Turbinensaugrohr ein integrierender Bestandteil der Turbine; es wird vom Konstrukteur gemeinsam mit dem Laufrad entwickelt. Mit den in Abb. 4.48 eingetragenen Bezeichnungen berechnet sich der tiefste Druck im Querschnitt 3, $P_{3\min}$ in kg m^{-1} s^{-2} mit Hilfe der Bernoullischen Gleichung (3.1) zu:

$$\frac{1}{2}\,V_3^2 + gZ_3 + \frac{1}{\varrho}\,P_{3\min} + \frac{1}{\varrho}\,(P_3 - P_{3\min}) = \frac{1}{2}\,V_a^2 + gZ_a$$

$$+ \frac{1}{\varrho}\,P_B + H_{R3,a} \quad \text{m}^2\,\text{s}^{-2} \tag{4.82a}$$

$$\frac{1}{2g}\,V_3^2 + Z_3 + \frac{1}{\gamma}\,P_{3\min}^* + \frac{1}{\gamma}\,(P_3^* - P_{3\min}^*) = \frac{1}{2g}\,V_a^2 + Z_a$$

$$+ \frac{1}{\gamma}\,P_B^* + H_{R3,a}^* \quad \text{m}. \tag{4.82b}$$

Die höchste zulässige Lage des Laufrad-Austrittsquerschnittes 3 über dem Unterwasserspiegel, die spezifische Lageenergie $H_{ZS} = g(Z_3 - Z_a)$

in m² s⁻² ergibt sich mit $P_{3\min} = P_D =$ Verdampfungsdruck und $P_B =$ Barometerdruck in kg m⁻¹ s⁻² aus:

$$H_{ZS} = \frac{1}{\varrho} P_B - \frac{1}{\varrho} P_D - \left[\frac{1}{2} (V_3^2 - V_a^2) - H_{R3,a} \right]$$
$$- \frac{1}{\varrho} (P_3 - P_{3\min}) \quad \text{m}^2\text{s}^{-2}, \tag{4.83a}$$

$$Z_S = Z_{3,a} = \frac{1}{\gamma} P_B^* - \frac{1}{\gamma} P_D^* - \left[\frac{1}{2g} (V_3^2 - V_a^2) - H_{R3,a}^* \right]$$
$$- \frac{1}{\gamma} (P_3^* - P_{3\min}^*) \quad \text{m}. \tag{4.83b}$$

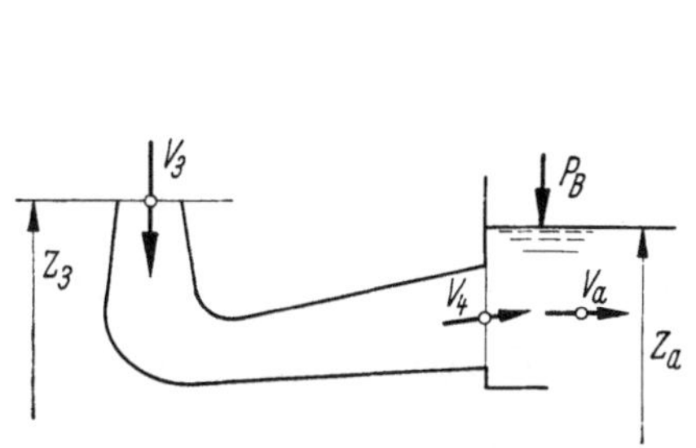

Abb. 4.48. Strömungsverhältnisse in einem Turbinensaugrohr.

Abb. 4.49. Beispiel für den Zusammenhang zwischen dem σ-Wert und dem Förderstrom einer Kreiselpumpe.

Das dritte, in eckigen Klammern stehende Glied, der *Saugrohr-Rückgewinn*, und das letzte Glied der Gl. (4.83), die örtliche Druckabnahme gegenüber dem mittleren Druck im Querschnitt 3, hängen von der Bauart der Turbine und von der absoluten Größe der Geschwindigkeit, also von der spezifischen Drehzahl der Turbine und von ihrer spezifischen Fallenergie H in m² s⁻² ab. Nach einem Vorschlag von Thoma (1924) werden beide Werte zusammengefaßt und mit σH in m² s⁻² bezeichnet. Gl. (4.83) nimmt dann die Form an:

$$H_{ZS} = \frac{1}{\varrho} P_B - \frac{1}{\varrho} P_D - \sigma H \quad \text{m}^2\text{s}^{-2}, \tag{4.84a}$$

$$Z_S = \frac{1}{\gamma} P_B^* - \frac{1}{\gamma} P_D^* - \sigma H^* \quad \text{m}. \tag{4.84b}$$

Für den Punkt besten Wirkungsgrades sind die Werte $\sigma = \sigma(N_{q10})$ $= \sigma(N_q^*)$ für Francisturbinen im Diagramm Abb. 4.37, für Kaplanturbinen im Diagramm Abb. 4.38 eingetragen; bei größerem Durchfluß nimmt der σ-Wert zu.

7*

Auch bei Speicherpumpen, bei denen die saugseitige Wasserzuleitung einen integrierenden Bestandteil der Pumpe darstellt, kann die höchste zulässige Lage der Pumpe über dem Unterwasserspiegel mit Hilfe der *Thomaschen Kavitationszahl* σ berechnet werden. Auch bei Kreiselpumpen nimmt die Kavitationsbildung sowohl mit kleinerwerdendem wie auch mit zunehmendem Förderstrom zu, Abb. 4.49. Die σ-Werte werden aus Versuchen an Modellen und aus Messungen an Großausführungen ermittelt.

Negative Werte von H_{ZS} in $\mathrm{m^2\,s^{-2}}$ bedeuten, daß das Laufrad tiefer als der Unterwasserspiegel angeordnet werden muß, daß die hydraulische Maschine mit einer *Zulaufhöhe* arbeiten muß.

Bei allen anderen Pumpenanlagen kann die Pumpensaugleitung, das Zuleitungssystem, wegen der Mannigfaltigkeit der Ausführungen nicht zur Pumpe gerechnet werden; meistens wird eine Pumpenkonstruktion an verschieden ausgebildete Zuleitungssysteme angeschlossen. Die Saugfähigkeit einer Pumpe wird in solchen Fällen definiert:

a) im SI durch die *spezifische Haltedruckenergie* H_H in $\mathrm{m^2\,s^{-2}}$, durch die Differenz $\left(\dfrac{1}{2}\,V_s^2 + \dfrac{1}{\varrho}\,P_s - \dfrac{1}{\varrho}\,P_D\right)$ zwischen der auf Mitte Pumpensaugstutzen bezogenen spezifischen Energie $(H_{Vs} + H_{Ps})$ in $\mathrm{m^2\,s^{-2}}$ und der spezifischen Verdampfungsdruckenergie $\dfrac{1}{\varrho}\,P_D$ in $\mathrm{m^2\,s^{-2}}$;

b) im TS durch die *Haltedruckhöhe* H_H^* in m, durch die Differenz $\left(\dfrac{1}{2g}\,V_s^2 + \dfrac{1}{\gamma}\,P_s^* - \dfrac{1}{\gamma}\,P_D^*\right)$ zwischen der auf Mitte Pumpensaugstutzen bezogenen Energiehöhe $(H_{Vs}^* + H_{Ps}^*)$ in m und der Verdampfungsdruckhöhe $\dfrac{1}{\gamma}\,P_D^*$ in m.

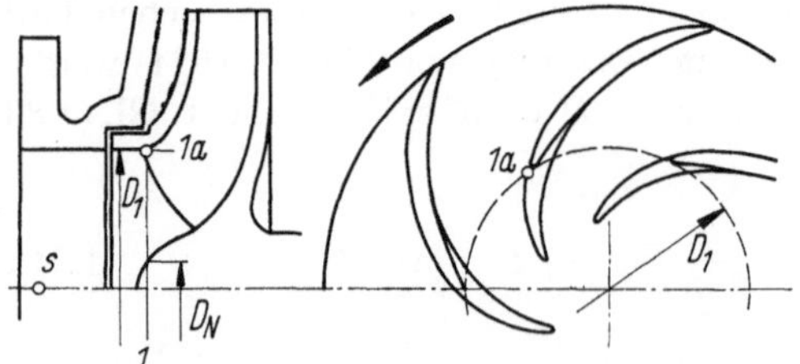

Abb. 4.50. Strömungsverhältnisse im Laufradeintritt einer radialen Kreiselpumpe.

Der tiefste Druck tritt erfahrungsgemäß an einer auf dem Eintrittsdurchmesser D_1 liegenden Stelle der Schaufel-Eintrittskante auf, die in Abb. 4.50 mit „1a" bezeichnet wurde. Werden die Reibungsverluste der Flüssigkeit auf ihrem Weg von der im Saugstutzenquerschnitt liegenden Meßstelle „s" zu dem besagten Punkt „1a" vernachlässigt, so lautet

die Bernoullische Gleichung für die Stromlinie durch „1 a" in einer durch
die Pumpenmitte gehenden horizontalen Bezugsebene:

$$\frac{1}{2}\, V_s^2 + \frac{1}{\varrho}\, P_s = \frac{1}{2}\, \lambda_V\, V_1^2 + \frac{1}{2}\, \lambda_U W_{1a}^2 + \frac{1}{\varrho}\, P_{1a} \quad \text{m}^2\,\text{s}^{-2},$$

$$(4.85\,\text{a})$$

$$\frac{1}{2g}\, V_s^2 + \frac{1}{\gamma}\, P_s^* = \frac{1}{2g}\, \lambda_V\, V_1^2 + \frac{1}{2g}\, \lambda_U W_{1a}^2 + \frac{1}{\gamma}\, P_{1a}^* \quad \text{m}.$$

$$(4.85\,\text{b})$$

λ_V berücksichtigt die ungleichförmige Geschwindigkeitsverteilung in
der Meridianebene des Querschnittes „1", die durch die Krümmung
des äußeren Laufradprofils in dieser Ebene bedingt ist;

λ_U berücksichtigt die ungleichförmige Geschwindigkeitsverteilung
entlang des Umfangs des Kreises durch „1 a", die durch die Umströmung
der einzelnen Laufradschaufeln verursacht wird.

Der Druck im Punkt „1 a" kann nicht unter den Verdampfungsdruck
absinken. Für diesen Grenzfall und für eine drallfreie Zuströmung mit
$W_{1a}^2 = V_{1a}^2 + U_1^2$ nimmt Gl. (4.85) die Form an:

$$\frac{1}{2}\, V_s^2 + \frac{1}{\varrho}\, P_s - \frac{1}{\varrho}\, P_D = H_H = \frac{1}{2}\, \lambda_V\, (1 + \lambda_U)\, V_1^2$$

$$+ \frac{1}{2}\, \lambda_U U_1^2 \quad \text{m}^2\,\text{s}^{-2}, \qquad (4.86\,\text{a})$$

$$\frac{1}{2g}\, V_s^2 + \frac{1}{\gamma}\, P_s^* - \frac{1}{\gamma}\, P_D^* = H_H^* = \frac{1}{2g}\, \lambda_V\, (1 + \lambda_U)\, V_1^2$$

$$+ \frac{1}{2g}\, \lambda_U U_1^2 \quad \text{m}. \qquad (4.86\,\text{b})$$

Die mittlere Geschwindigkeit V_1 im Querschnitt „1" ergibt sich, unter
Berücksichtigung der Verengung durch die Laufradnabe, k, aus:

$$V_1 = \frac{Q}{(\pi/4)\,(D_1^2 - D_N^2)} = \frac{Q}{(\pi/4)\,D_1^2\, k} \quad \text{m s}^{-1}. \qquad (4.87\,\text{a, b})$$

Werden ferner die Umfangsgeschwindigkeit U_1 in m s^{-1} durch den Durchmesser D_1 in m und die Drehzahl N in s^{-1} ausgedrückt und für $\lambda_V\,(1 + \lambda_U)$
$= \lambda_Q$ gesetzt, so kann Gl. (4.86) geschrieben werden:

$$H_H = \frac{1}{2}\left[\lambda_Q \left(\frac{Q}{k}\right)^2 \left(\frac{\pi}{4}\right)^{-2} D_1^{-4} + \lambda_U \pi^2 N^2 D_1^2\right] \quad \text{m}^2\,\text{s}^{-2},$$

$$(4.88\,\text{a})$$

$$H_H^* = \frac{1}{2g}\left[\lambda_Q \left(\frac{Q}{k}\right)^2 \left(\frac{\pi}{4}\right)^{-2} D_1^{-4} + \lambda_U \pi^2 N^2 D_1^2\right] \quad \text{m}. \qquad (4.88\,\text{b})$$

Der günstigste Eintrittsdurchmesser $D_{1\text{opt}}$ in m für die kleinste spezifische Haltedruckenergie $H_{H\text{min}}$ in m² s⁻² ergibt sich aus der Bedingung:

$$\frac{dH_H}{dD_1} = \frac{dH_H^*}{dD_1} = 0\,.$$ (4.89a, b)

Es ist

$$D_{1\text{opt}} = 0{,}830 \left(\frac{Q}{kN}\right)^{1/3} \left(\frac{\lambda_Q}{\lambda_U}\right)^{1/6}\quad \text{m}\,.$$ (4.90a, b)

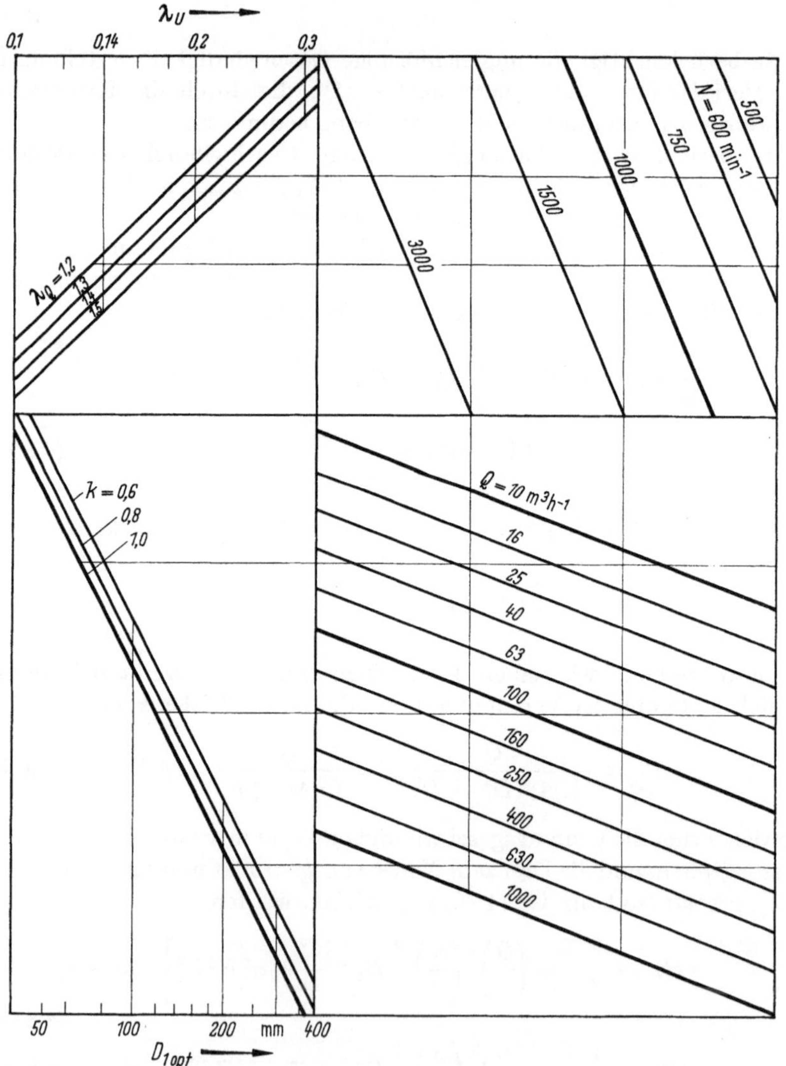

Abb. 4.51. Netzrechentafel für das Ermitteln von $D_{1\text{opt}}$ einer Kreiselpumpe.

Die Beiwerte λ_Q und λ_U können näherungsweise als Konstanten angenommen werden. Für radiale Laufräder können sie, je nach Ausführung,
mit

$$\lambda_Q = 1{,}20\cdots1{,}50$$

$$\lambda_U = 0{,}10\cdots0{,}30$$

in die Rechnung eingeführt werden. $D_{1\text{opt}}$ kann mit ausreichender Genauigkeit mit Hilfe der Netzrechentafel, Abb. 4.51, ermittelt werden. Die dazugehörige kleinste Haltedruckenergie $H_{H\text{min}}$ in m² s⁻² folgt aus Gl. (4.88)
mit Gl. (4.90):

$$H_{H\text{min}} = 5{,}12\,\lambda_Q^{1/3}\,\lambda_U^{2/3}\,N^{4/3}\left(\frac{Q}{k}\right)^{2/3}\quad \text{m}^2\,\text{s}^{-2}, \qquad (4.91\,\text{a})$$

$$H_{H\text{min}}^{*} = \frac{5{,}12}{g}\,\lambda_Q^{1/3}\,\lambda_U^{2/3}\,N^{4/3}\left(\frac{Q}{k}\right)^{2/3}\quad \text{m}. \qquad (4.91\,\text{b})$$

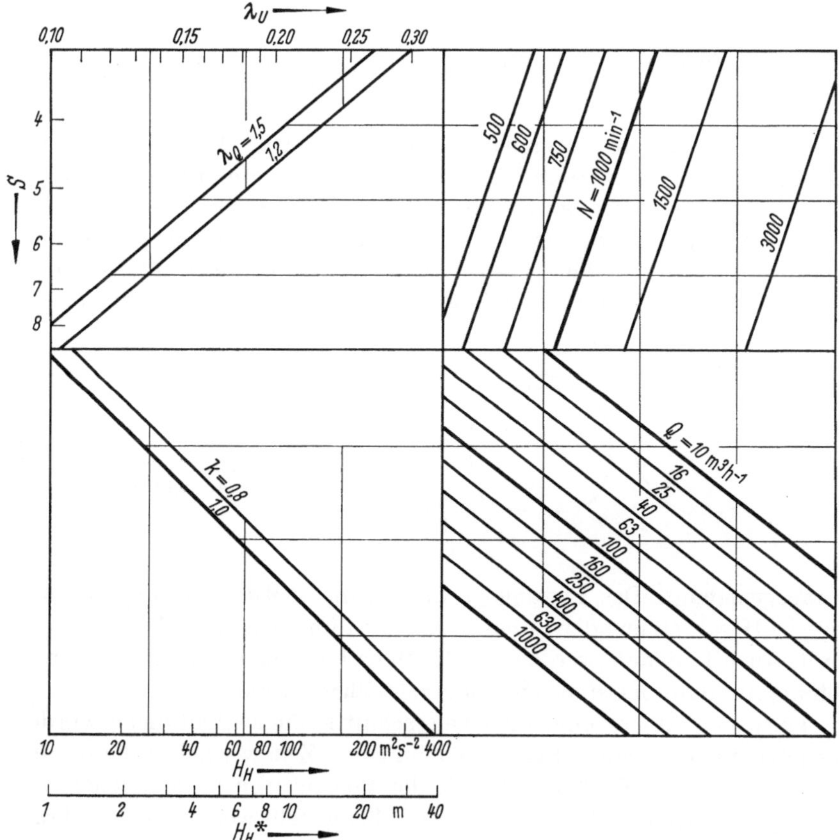

Abb. 4.52. Netzrechentafel für das Ermitteln der spezifischen Haltedruckenergie H_H in m² s⁻² (der
Haltedruckhöhe H_H^{*} in m).

Auch $H_{H\min}$ läßt sich mit ausreichender Genauigkeit mit Hilfe einer Netzrechentafel, Abb. 4.52, ermitteln.

Es wurde im TS mit N in min⁻¹ vorgeschlagen, den Ausdruck

$$10^{-2} N \left(\frac{Q}{k}\right)^{1/2} \left(\frac{1}{H^*_{H\min}}\right)^{3/4} = \sqrt{S} \quad \text{m}^{3/2}\,\text{s}^{-3/2} \tag{4.92 b}$$

zu setzen und S, in Anlehnung an die spezifische Drehzahl, die *spezifische Saugzahl* zu nennen. Es ist:

$$S = 0{,}96\,\lambda_Q^{-1/2}\,\lambda_U^{-1} \approx \lambda_Q^{-1/2}\,\lambda_U^{-1} \quad \text{m}^3\,\text{s}^{-3}. \tag{4.93 b}$$

Mit den weiter oben angegebenen Werten für λ_Q und λ_U ergibt sich eine spezifische Saugzahl S zwischen 2,0 und 7,0 m³ s⁻³. Die spezifische Saugzahl nimmt mit kleinerwerdendem H_H zu.

5. Stationäre Strömungen in offenen Leitungen

Offene Leitungen werden hauptsächlich für große Durchflußwerte bei niedrigen Drücken verwendet. Künstlich angelegte offene Leitungen haben meistens trapezförmigen oder rechteckigen Querschnitt, gedeckte offene Leitungen werden mit rundem oder eiförmigem Querschnitt ausgeführt, Abb. 5.1. Die Leitungen werden aus dem Erdreich entweder ausgehoben oder angeschüttet; gedeckte Leitungen werden aus dem Felsen

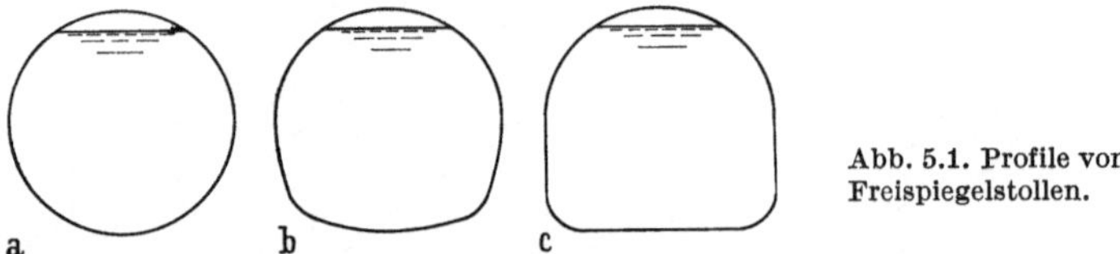

Abb. 5.1. Profile von Freispiegelstollen.

herausgesprengt. Das Leitungsprofil und die Leitungsführung werden, zwecks Herabsetzung der zu bewegenden Erdmassen, dem Gelände angepaßt. Auch Flußläufe werden oft als offene Leitungen benutzt; ihr Querschnitt hat dann meistens eine unregelmäßige Gestalt.

Form und Abmessungen des Querschnitts offener Leitungen wurden bis jetzt nicht genormt. Erst in der jüngsten Zeit werden Stollenprofile genormt, um die Zahl der Größen der Bohrmaschinen, mit denen alle Sprengbohrungen des Profils gleichzeitig hergestellt werden und der Fräsmaschinen herabzusetzen. Stollen, die mit Fräsmaschinen hergestellt werden, haben einen kreisförmigen Querschnitt.

5.1 Definition und Messen der Verluste

Wie in Ziffer 3 ausgeführt wurde, wird der Energieverlust in einem Kanalabschnitt 1—2 allgemein definiert als:

spezifische Verlustenergie

$$H_{R1,2}(Q) = \frac{\alpha}{2}\,(V_1^2 - V_2^2) + g(Z_1 - Z_2) + g(Y_1 - Y_2) \quad \mathrm{m^2\,s^{-2}}, \quad (5.1\,\mathrm{a})$$

Verlusthöhe

$$H_{R1,2}^*(Q) = \frac{\alpha}{2g}\,(V_1^2 - V_2^2) + (Z_1 - Z_2) + (Y_1 - Y_2) \quad \mathrm{m} \qquad (5.1\,\mathrm{b})$$

bezogene Verlustenergie

$$h_{R1,2}(q) = \frac{\alpha}{2}\,(v_1^2 - v_2^2) + (z_1 - z_2) + (y_1 - y_2). \qquad (5.1\,\mathrm{d})$$

Der Energieverlust wird zweckmäßigerweise wie folgt bestimmt; es werden gemessen:

a) die Durchflußflächen A_1 und A_2 in $\mathrm{m^2}$ und damit die Tiefen Y_1 und Y_2 in m,
b) der Durchfluß Q in $\mathrm{m^3\,s^{-1}}$,
c) die Spiegeldifferenz $(Z_1 + Y_1) - (Z_2 + Y_2)$ in m,
d) die Flüssigkeitstemperatur, mit der die Dichte ϱ in $\mathrm{kg\,m^{-3}}$ (die Wichte γ in $\mathrm{kp\,m^{-3}}$) bestimmt wird.

Aus den beiden Meßwerten a) und b) können die mittleren Geschwindigkeiten V_1 und V_2 in $\mathrm{m\,s^{-1}}$ und mit ihnen der Unterschied der Geschwindigkeitsenergien berechnet werden; der Korrekturfaktor α wird in der Regel geschätzt.

Der Flüssigkeitsspiegel wird in beiden Meßquerschnitten an einnivellierten Pegeln, Tauchpegeln oder Stechpegeln, Abb. 5.2, abgelesen. Bei einem genügend langen Kanal mit konstantem Querschnitt und konstantem Sohlengefälle i_Z sind die Strömungszustände in allen Querschnitten gleich. Gl. (5.1) nimmt dann die Form an:

$$H_{R1,2}(Q) = g\,(Z_1 - Z_2) = -g\,i_Z\,L_{1,2} = i_H\,L_{1,2} \quad \mathrm{m^2\,s^{-2}}, \qquad (5.2\,\mathrm{a})$$

$$H_{R1,2}^*(Q) = (Z_1 - Z_2) = -i_Z\,L_{1,2} = i_H^*\,L_{1,2} \quad \mathrm{m}, \qquad (5.2\,\mathrm{b})$$

$$h_{R1,2}(q) = (z_1 - z_2) = -i_Z\,l_{1,2} = i_h\,l_{1,2}. \qquad (5.2\,\mathrm{d})$$

Daraus folgt mit i_W = Spiegelgefälle

$$i_H = -g\,i_Z = -g\,i_W \quad \mathrm{m\ s^{-2}},\tag{5.3a}$$

$$i_H^* = i_h = -i_Z = -i_W.\tag{5.3b, d}$$

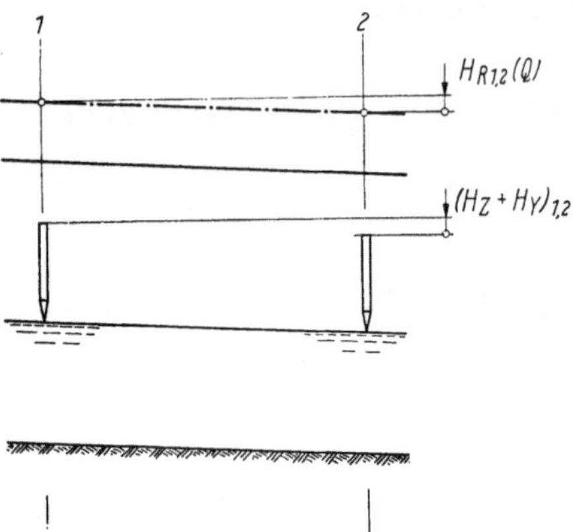

Abb. 5.2. Messen der Höhenlage eines Flüssigkeitsspiegels mit Stechpegel.

Der Verlust einer ungestörten stationären Strömung in einem Abschnitt eines genügend langen, geraden Kanals mit konstantem Querschnitt und konstantem Sohlengefälle ist unabhängig vom Durchfluß; im ganzen Kanal stellt sich jene Tiefe ein, bei der das Spiegelgefälle gleich dem Sohlengefälle wird.

Auch Verluste in offenen Leitungsteilen können grundsätzlich durch einen dimensionslosen Verlustbeiwert angegeben werden. Diese Darstellung wird vor allem bei der Umrechnung der an einem Modell gemessenen Verluste auf die Großausführung benutzt.

5.2 Verluste in geraden Leitungsstrecken

Eine stationäre Strömung mit freiem Flüssigkeitsspiegel kann durch zwei dimensionslose, mit der Flüssigkeitstiefe und der mittleren Geschwindigkeit gebildeten Zahlen beschrieben werden, und zwar:

durch die *Reynoldssche Zahl*, *Re*, die die Reibungsverhältnisse in der Strömung definiert:

$$Re = \frac{\text{Trägheitskräfte}}{\text{Reibungskräfte}} = \frac{V\,Y}{\nu}\tag{5.4}$$

und durch die *Froudesche Zahl*, Fr, die die Gestalt des Flüssigkeitsspiegels berücksichtigt:

$$Fr = \frac{\text{Trägheitskräfte}}{\text{Gravitationskraft}} = \frac{V}{\sqrt{g\,Y}}. \tag{5.5}$$

Die Umrechnung der in einem Modellversuch gewonnenen Ergebnisse auf die Großausführung setzt voraus:

bei Reibungsverlusten: gleiche Re-Zahlen,
bei Spiegelkurven: gleiche Fr-Zahlen.

Wie aus Gln. (5.4) und (5.5) zu erkennen ist, können bei einem Modellversuch beide Bedingungen gleichzeitig nicht erfüllt werden; es können entweder die Re-Zahlen oder die Fr-Zahlen zweier Strömungen übereinstimmen.

Auch in einer offenen Leitung kann die Strömung entweder *laminar* oder *turbulent* sein. Die Reynoldssche Zahl, bei der die laminare Strömung in die turbulente Strömung übergeht, wird mit $Re = 360$ angegeben; unter besonderen Umständen kann eine laminare Strömung auch bei höheren Re-Zahlen noch bestehen, sie ist aber nicht stabil und schlägt bei der kleinsten Störung in die turbulente Strömung um.

5.2.1 Verluste in geraden Leitungsstrecken bei laminarer Strömung

Die Stromlinien einer laminaren Strömung verlaufen parallel zur ebenen Leitungssohle. Die mit verschiedenen Geschwindigkeiten sich bewegenden Flüssigkeitsschichten gleiten aufeinander und erzeugen dabei in den Gleitflächen Schubspannungen.

In einer offenen Leitung mit sehr breitem, rechteckigem Querschnitt ermitteln sich die Schubspannungen im Koordinatensystem S, B und X, Abb. 5.3a, zu:

$$\tau = \varrho\,v\,\frac{dV}{dS} \qquad \text{kg m}^{-1}\text{s}^{-2}, \tag{5.6a}$$

$$\tau^* = \frac{\gamma}{g}\,v\,\frac{dV}{dS} \qquad \text{kp m}^{-2}, \tag{5.6b}$$

$$\tau_b = \varepsilon v_b\,\frac{dv}{ds}. \tag{5.6d}$$

Auf ein in der Flüssigkeit durch die beiden Kontrollflächen 1 und 2, durch den Flüssigkeitsspiegel und durch eine parallel zum Flüssigkeitsspiegel angenommene Ebene abgegrenzt gedachtes Prisma von der Breite B wirken folgende Kräfte:

in der Fließrichtung die Gewichtskraftkomponente des Flüssigkeitselements:

$$g\varrho\, dX\, BS\, \frac{\partial Z}{\partial X} = -g\varrho\, dX\, BS\, i_Z \quad \text{kg m s}^{-2}, \qquad (5.7\,\text{a})$$

$$\gamma\, dX\, BS\, \frac{\partial Z}{\partial X} = -\gamma\, dX\, BS i_Z \quad \text{kp}, \qquad (5.7\,\text{b})$$

$$\varepsilon\, dx\, bs\, \frac{\partial z}{\partial x} = -\varepsilon\, dx\, bs\, i_z; \qquad (5.7\,\text{d})$$

in der entgegengesetzten Richtung die Schubspannungskraft auf die untere Prismafläche des betrachteten Flüssigkeitsteilchens:

$$\tau\, dX\, B = \varrho v\, \frac{\partial V}{\partial S}\, dX\, B \quad \text{kg m s}^{-2}, \qquad (5.8\,\text{a})$$

$$\tau^*\, dX\, B = \frac{\gamma}{g}\, v\, \frac{\partial V}{\partial S}\, dX\, B \quad \text{kp}, \qquad (5.8\,\text{b})$$

$$\tau_b\, dx\, b = \varepsilon v_b\, \frac{\partial v}{\partial s}\, dx\, b. \qquad (5.8\,\text{d})$$

Im Beharrungszustand halten sich die beiden Kräfte das Gleichgewicht. Mit dieser Bedingung folgt aus den Gln. (5.7) und (5.8) die Differentialgleichung der laminaren Strömung in einem offenen Kanal mit sehr breitem rechteckigem Querschnitt:

$$\frac{v}{g}\, \frac{dV}{dS} = -i_Z S \quad \text{m}, \qquad (5.9\,\text{a, b})$$

$$v_b\, \frac{dv}{ds} = -i_Z s. \qquad (5.9\,\text{d})$$

Die allgemeine Lösung dieser Gleichung lautet:

$$V = -\frac{g}{2v}\, i_Z S^2 + C \quad \text{m s}^{-1}, \qquad (5.10\,\text{a, b})$$

$$v = -\frac{1}{2v_b}\, i_Z s^2 + c \qquad (5.10\,\text{d})$$

Die Integrationskonstante ergibt sich aus den Randbedingungen:
für $S = Y$ ist $V = 0 \dots$ die Flüssigkeit haftet an der Leitungssohle,

$$C = \frac{g}{2\nu}\, i_Z\, Y^2 = V_0 \quad \mathrm{m\ s^{-1}}, \qquad (5.11\,\mathrm{a,\ b})$$

$$c = \frac{1}{2\nu_b}\, i_z\, y^2 = v_0. \qquad (5.11\,\mathrm{d})$$

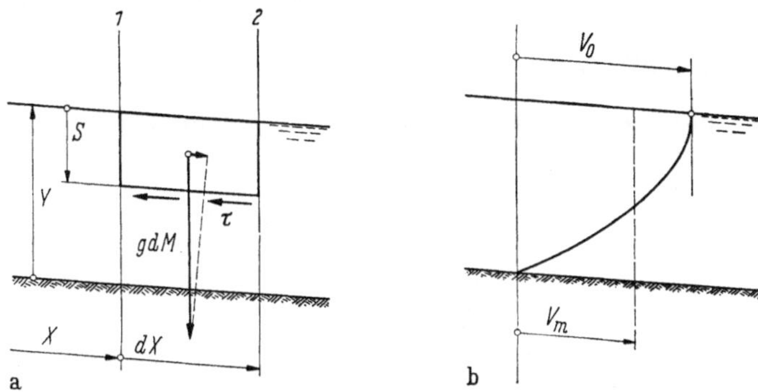

Abb. 5.3. Laminare Strömung in einem Kanal. a) Kräfte auf ein Flüssigkeitselement; b) Geschwindigkeitsverteilung in der vertikalen Ebene eines Querschnittes.

Mit dieser Integrationskonstanten ergibt sich aus Gl. (5.10) die Geschwindigkeitsverteilung im Kanalquerschnitt:

$$V = \frac{g}{2\nu}\, i_Z\,(Y^2 - S^2) = V_0\left[1 - \left(\frac{S}{Y}\right)^2\right] \quad \mathrm{m\ s^{-1}} \quad (5.12\,\mathrm{a,\ b})$$

$$v = \frac{1}{2\nu_b}\, i_z\,(y^2 - s^2) = v_0\left[1 - \left(\frac{s}{y}\right)^2\right]. \qquad (5.12\,\mathrm{d})$$

Die Geschwindigkeitsverteilung in vertikalen Ebenen ist eine Parabel mit der Scheitelgeschwindigkeit = der 1,5-fachen mittleren Geschwindigkeit, im Flüssigkeitsspiegel, Abb. 5.3b; sie beträgt:

$$V_0 = \frac{3}{2}\, V_m = \frac{3}{2}\, \frac{Q}{B\,Y} \quad \mathrm{m\ s^{-1}}, \qquad (5.13\,\mathrm{a,\ b})$$

$$v_0 = \frac{3}{2}\, v_m = \frac{3}{2}\, \frac{q}{b\,y}. \qquad (5.13\,\mathrm{d})$$

Der Durchfluß ergibt sich aus den Gln. (5.11) und (5.13):

$$Q = \frac{g}{3\nu}\, B\, Y^3\, i_Z \quad \text{m}^3\,\text{s}^{-1}, \qquad\qquad (5.14\,\text{a, b})$$

$$q = \frac{1}{3\nu_b}\, b\, y^3\, i_Z. \qquad\qquad (5.14\,\text{d})$$

Daraus folgt:

Der Durchfluß einer laminaren, ungestörten Strömung in einem breiten, offenen Kanal mit rechteckigem Querschnitt ändert sich mit der 3. Potenz der Tiefe.

Für eine gerade Leitungsstrecke von der Länge L in m ermittelt sich der Energieverlust zu:

$$H_{R,L} = g\,i_Z L = i_H L \quad \text{m}^2\,\text{s}^{-2}, \qquad\qquad (5.15\,\text{a})$$

$$H_{R,L}^* = i_Z L \quad \text{m}, \qquad\qquad (5.15\,\text{b})$$

$$h_{R,l} = i_Z l. \qquad\qquad (5.15\,\text{d})$$

In technischen Anlagen ist eine laminare Strömung auch in offenen Leitungen nur sehr selten zu finden. Re-Zahlen kleiner als 360 kommen nur bei kleinen Tiefen und sehr zähen Flüssigkeiten vor. Bei Wasser mit $\nu = 1 \cdot 10^{-6}$ m^2 s^{-1} und einer Tiefe des Kanals von $Y = 1$ m wird bereits bei einer mittleren Geschwindigkeit $V_m = 0{,}00036$ m s^{-1} diese Re-Zahl erreicht, was bei einem Kanal von der Breite $B = 1$ m einem Durchfluß von $Q = 0{,}00036$ m^3 s^{-1} entspricht.

5.2.2 Verluste in geraden Leitungsstrecken bei turbulenter Strömung

So gut wie jede Strömung in offenen Leitungen technischer Anlagen und Einrichtungen ist turbulent. Die Aufstellung einer exakten Formel, die alle Einflüsse erfaßt, wie dies bei einer laminaren Strömung erfolgte, ist nicht möglich. Flüssigkeitsteilchen bewegen sich in einer turbulenten Strömung quer zur Fließrichtung und bewirken dabei einen regen Impulsaustausch und dadurch eine verhältnismäßig gleichmäßige Energieverteilung im ganzen Querschnitt. Die erste Formel für die Berechnung der Verluste in geraden Leitungen wurde von *Chézy* (1775) angegeben. Sie lautet im TS:

$$V_m = C\,\sqrt{R_{hy}\, i_H^*} \quad \text{m s}^{-1} \qquad\qquad (5.16\,\text{b})$$

oder

$$i_H^* = \frac{V_m^2}{C^2\, R_{hy}}. \qquad\qquad (5.17\,\text{b})$$

Es bedeuten:

$$V_m = \frac{Q}{A} \quad \text{die mittlere Geschwindigkeit in m s}^{-1},$$

$$R_{hy} = \frac{A}{U} \quad \text{den hydraulischen Radius des Durchflußquerschnitts in m,}$$

$$i_H^* = \frac{H_{RL}^*}{L} \quad \text{das Energiegefälle,}$$

$$C \qquad \text{einen empirisch zu bestimmenden Beiwert, der von der Wandrauhigkeit und vom hydraulischen Radius abhängt.}$$

Nachdem in zahlreichen Versuchen die hohe Genauigkeit und die Zuverlässigkeit der Formel von *Prandtl-Colebrook* für gerade, geschlossene Rohrleitungen nachgewiesen wurde, war es naheliegend zu versuchen, sie auch bei offenen Leitungen zu verwenden. Diese Versuche, eine für geschlossene und offene Leitungen allgemein gültige Formel zu schaffen, haben noch zu keinem befriedigenden Ergebnis geführt.

Für die Berechnung der Energieverluste in geraden Kanälen mit gleichbleibendem Querschnitt und konstantem Sohlengefälle bei voll ausgebildeter, ungestörter, turbulenter Strömung werden von den vielen, zum Teil dimensionsfalschen Formeln, meistens verwendet:

a) die *Chézy*-Formel für mäßig rauhe Leitungen und hohe Re-Zahlen,
b) die *Strickler-Manning*-Formel für rauhe Leitungen und niedrige Re-Zahlen.

Die Formel von *Chézy*, umgeformt auf die von *d'Aubuisson de Voisin* vorgeschlagene und bei geschlossenen Leitungen allgemein übliche Schreibweise (vgl. Ziffer 4.2.2) lautet:

$$i_H = \frac{8g}{C^2} \frac{1}{4R_{hy}} \frac{V_m^2}{2} \quad \text{m s}^{-2} \tag{5.18a}$$

$$= \lambda_{\text{Ch}} \frac{1}{4R_{hy}} \frac{V_m^2}{2} \quad \text{m s}^{-2}, \tag{5.19a}$$

$$i_H^* = \frac{8g}{C^2} \frac{1}{4R_{hy}} \frac{V_m^2}{2g} \tag{5.18b}$$

$$= \lambda_{\text{Ch}} \frac{1}{4R_{hy}} \frac{V_m^2}{2g}. \tag{5.19b}$$

Nach *Bazin* kann $\dfrac{1}{C^2}$ berechnet werden aus der empirisch gewonnenen Beziehung:

$$\frac{1}{C^2} = \frac{1}{87^2} \left[\frac{K_{\text{Ch}}}{\sqrt{R_{hy}}} + 1 \right]^2 \quad \text{m s}^{-2}. \tag{5.20a, b}$$

Darin sind:

K_{Ch} ein die Wandrauhigkeit charakterisierender Wert in $\mathrm{m}^{1/2}$,
$7\,569 = 87^2$ eine empirisch gewonnene Konstante mit der Dimension $\mathrm{m}^{-1}\,\mathrm{s}^2$.

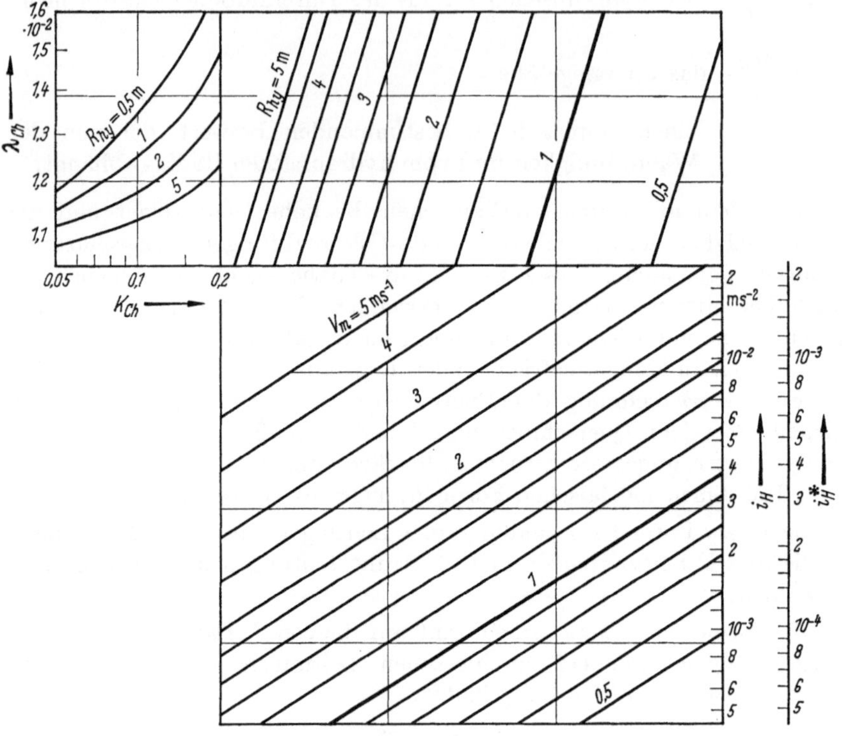

Abb. 5.4. Netzrechentafel für das Ermitteln der Verluste in einem Kanal nach Chézy.

Die Formel von *Strickler-Manning*, in gleicher Weise umgeformt, lautet:

$$i_H = \frac{8g}{K_{\mathrm{SM}}^2\,R_{hy}^{1/3}}\,\frac{1}{4R_{hy}}\,\frac{V_m^2}{2}\quad \mathrm{m\,s^{-2}} \tag{5.21a}$$

$$= \lambda_{\mathrm{SM}}\,\frac{1}{4R_{hy}}\,\frac{V_m^2}{2}\quad \mathrm{m\,s^{-2}}, \tag{5.22a}$$

$$i_H^* = \frac{8g}{K_{\mathrm{SM}}^2\,R_{hy}^{1/3}}\,\frac{1}{4R_{hy}}\,\frac{V_m^2}{2g} \tag{5.21b}$$

$$= \lambda_{\mathrm{SM}}\,\frac{1}{4R_{hy}}\,\frac{V_m^2}{2g}. \tag{5.22b}$$

Darin ist der reziproke Wert von K_{SM} ein die Wandrauhigkeit charakterisierender Koeffizient.

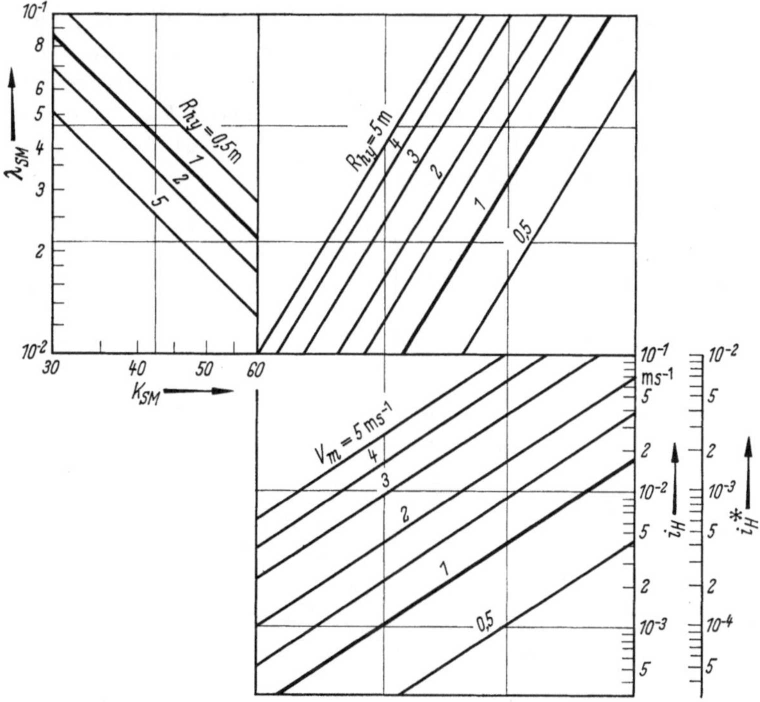

Abb. 5.5. Netzrechentafel für das Ermitteln der Verluste in einem Kanal nach Strickler-Manning.

Das Ermitteln der Verluste mit Hilfe dieser Formeln kann durch Netzrechentafeln wesentlich erleichtert werden, Abb. 5.4 und 5.5. In der Tabelle zu den Abb. 5.4 und 5.5 sind die K_{Ch}-Werte und die K_{SM}-Werte für einige Ausführungen der Kanalwände zusammengestellt.

Tabelle zu den Abb. 5.4 und 5.5

Art der Kanalwand	$K_{Ch}\ m^{1/2}$	$K_{SM}\ m^{1/3}\ s^{-1}$
Betonplatten, gehobeltes Holz	0,05···0,10	
Beton (unverputzt)	0,10···0,15	
Quadermauerwerk, Ziegelsteine	0,15···0,20	
Bruchsteinmauerwerk (grob)		50···60
Erde, Feinkies		40···50
Erde (bewachsen), Grobkies		30···40

Mit diesen Netzrechentafeln können für einen gegebenen Durchfluß Q in $\mathrm{m^3 s^{-1}}$

entweder mit einem gegebenen Sohlengefälle i_Z, einem angenommenen K-Wert und einem geschätzten hydraulischen Radius R_{hy} die mittlere Geschwindigkeit V_m berechnet werden; mit V_m kann dann die Tiefe Y ermittelt und mit ihr wiederum R_{hy} nachgeprüft werden;

oder mit einer gegebenen mittleren Geschwindigkeit V_m und damit mit bekannten Werten Y und R_{hy} für jeden K-Wert das erforderliche Sohlengefälle i_Z gefunden werden.

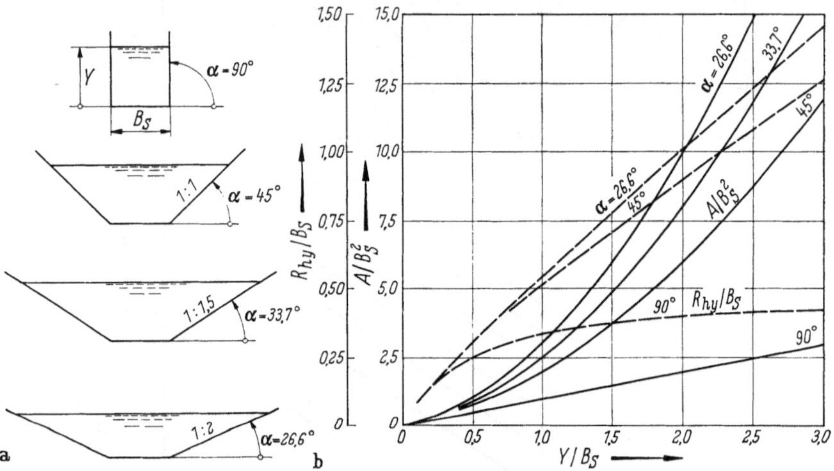

Abb. 5.6. Fläche und hydraulischer Radius von Kanalprofilen. a) Profile; b) auf die Sohlenbreite bezogene Fläche (—) und bezogener hydraulischer Radius (- - -) als Funktionen der bezogenen Tiefe und des Böschungswinkels.

Bei einem trapezförmigen Leitungsquerschnitt mit der Sohlenbreite B_S in m, einem Böschungswinkel α und einer Tiefe $Y = n B_S$ in m, betragen, Abb. 5.6,

der Durchflußquerschnitt $\quad A = B_S^2 (n + n^2 \cot \alpha) \quad \mathrm{m^2} \qquad (5.23)$

der benetzte Umfang $\quad U = B_S \left(1 + n\, \dfrac{2}{\sin \alpha} \right) \quad \mathrm{m.} \qquad (5.24)$

der hydraulische Radius $\quad R_{hy} = \dfrac{A}{U} = B_S\, n\, \dfrac{\sin \alpha + n \cos \alpha}{\sin \alpha + 2n} \quad \mathrm{m.}$

$$(5.25)$$

Bei einem rechteckigen Querschnitt ist $\alpha = 90°$ und der hydraulische Radius

$$R_{hy} = \frac{B Y}{B + 2 Y} = B\, \frac{n}{1 + 2n} \quad \mathrm{m.} \qquad (5.26)$$

Bei einem gegebenen Leitungsquerschnitt nehmen der Durchflußquerschnitt und der hydraulische Radius mit der Tiefe zu; die Verluste nehmen ab. Bei manchen Leitungsprofilen, wie z. B. bei einem runden Freispiegelstollen, nimmt die Breite des Flüssigkeitsspiegels mit dem Füllungsgrad zunächst zu und dann wieder ab; die Verluste können dabei bei sehr großen Füllungsgraden wieder ansteigen und der Durchfluß kann zurückgehen.

Die für eine turbulente, ungestörte Strömung in einem offenen, breiten, geraden Kanal mit gleichbleibendem Querschnitt und konstantem Sohlengefälle abgeleitete Beziehung:

$$\frac{1}{g}\, i_H = i_H^* = i_h = i_W = i_Z$$

gilt nicht mehr bei einer gestörten Strömung[1]. Für eine solche Leitungsstrecke ergibt sich der Zusammenhang zwischen dem Spiegelgefälle, dem Energiegefälle und dem Sohlengefälle aus Gl. (5.1). Mit der vereinfachten Annahme: $\alpha = 1$ ist:

$$i_H = -\frac{1}{2}\frac{d(V_m^2)}{dX} + g\,i_Z - g\,\frac{dY}{dX} = -\frac{1}{2}\frac{d(V_m^2)}{dX} + g\,i_W \quad \text{m s}^{-2}$$

$$\text{(5.27a)}$$

$$i_H^* = -\frac{1}{2g}\frac{d(V_m^2)}{dX} + i_Z - \frac{dY}{dX} = -\frac{1}{2g}\frac{d(V_m^2)}{dX} + i_W, \quad \text{(5.27b)}$$

$$i_h = -\frac{1}{2}\frac{d(v_m^2)}{dx} + i_Z - \frac{dy}{dx} = -\frac{1}{2}\frac{d(v_m^2)}{dx} + i_W. \quad \text{(5.27d)}$$

Für einen sehr breiten Kanal mit rechteckigem Querschnitt berechnet sich aus Gl. (5.26) mit $Y \ll B$ in m der hydraulische Radius zu $R_{hy} \approx Y$ in m.

Mit diesem angenäherten hydraulischen Radius ergibt sich aus der Chézyschen Formel Gl. (5.17):

$$i_H = i_{H0}\left(\frac{Y_0}{Y}\right)^3 = g\,i_Z\left(\frac{Y_0}{Y}\right)^3 \quad \text{m s}^{-2}, \quad \text{(5.28a)}$$

$$i_H^* = i_{H0}^*\left(\frac{Y_0}{Y}\right)^3 = i_Z\left(\frac{Y_0}{Y}\right)^3, \quad \text{(5.28b)}$$

$$i_h = i_{h0}\left(\frac{y_0}{y}\right)^3 = i_Z\left(\frac{y_0}{y}\right)^3. \quad \text{(5.28d)}$$

---

[1] Abschnitte gerader, offener Leitungen mit einer gestörten stationären Strömung können mit Anlaufstrecken und Auslaufstrecken gerader, geschlossener Leitungen verglichen werden.

8*

Es bedeuten:

Y_0 in m, y_0 die Tiefe

$i_{H0} = g\, i_Z$ das spezifische Energiegefälle

$i_{H0}^{*} = i_{h0} = i_Z$ das Energiegefälle,

                 das bezogene Energiegefälle

der ungestörten Strömung gleichen Durchflusses

Der Differentialquotient des ersten Glieds der Gl. (5.27) läßt sich mit der Kontinuitätsgleichung wie folgt umformen:

$$\frac{d(V_m^2)}{dX} = -2\,\frac{Q^2}{B^2\,Y^3}\,\frac{dY}{dX} = -2g\left(\frac{Y_{\text{krit}}}{Y}\right)^3\frac{dY}{dX} \quad \text{m s}^{-2}, \quad (5.29\,\text{a, b})$$

$$\frac{d(v_m^2)}{dx} = -2\,\frac{q^2}{b^2\,y^3}\,\frac{dy}{dx} = -2\left(\frac{y_{\text{krit}}}{y}\right)^3\frac{dy}{dx}. \quad (5.29\,\text{d})$$

Y_{krit} in m ist die kritische Tiefe, y_{krit} ist die bezogene kritische Tiefe nach Gl. (3.13).

Aus Gl. (5.27) folgt mit den Gln. (5.28) und (5.29) die *Differentialgleichung der Spiegelkurve* einer gestörten Strömung in einem breiten Kanal mit rechteckigem Querschnitt und konstantem Sohlengefälle:

$$\frac{dY}{dX}\,(Y^3 - Y^3_{\text{krit}}) = i_Z(Y^3 - Y_0^3) \quad \text{m}^3, \qquad (5.30\,\text{a, b})$$

$$\frac{dy}{dx}\,(y^3 - y^3_{\text{krit}}) = i_Z(y^3 - y_0^3), \qquad (5.30\,\text{d})$$

oder mit $\;i_W = i_Z - \dfrac{\partial Y}{\partial X} = i_Z - \dfrac{\partial y}{\partial x}:$

$$i_W = i_Z\,\frac{Y_0^3 - Y^3_{\text{krit}}}{Y^3 - Y^3_{\text{krit}}} \qquad (5.31\,\text{a, b})$$

$$= i_Z\,\frac{y_0^3 - y^3_{\text{krit}}}{y^3 - y^3_{\text{krit}}}. \qquad (5.31\,\text{d})$$

Die vorstehende Beziehung wurde erstmalig von *Bresse* (1860) angegeben; für ihre Lösung wurden zahlreiche Näherungsverfahren entwickelt.

Die Bressesche Gleichung wurde mit vereinfachten Annahmen abgeleitet. Sie berücksichtigt z. B. nicht den Einfluß der Krümmung der Stromlinien auf die Druckverteilung in der Flüssigkeit; sie gilt daher nur für flach verlaufende Spiegelkurven.

Mit der Chézyschen Formel, Gl. (5.17), läßt sich das *kritische Sohlengefälle, $i_{Z\text{krit}}$,* einer stationären, ungestörten Strömung berechnen. Mit der kritischen Tiefe, Gl. (3.13), und der kritischen Geschwindigkeit, Gl. (3.15), ist[1]:

$$i_{Z\mathrm{krit}} = \frac{g}{C^2}.$$

(5.32 a, b)

Bei einer *fließenden Strömung*, die durch $Y_0 > Y_\mathrm{krit}$ gekennzeichnet wurde, ist $i_Z < i_{Z\mathrm{krit}}$, bei einer *schießenden Strömung*, die durch $Y_0 < Y_\mathrm{krit}$ definiert wurde, ist $i_Z > i_{Z\mathrm{krit}}$.

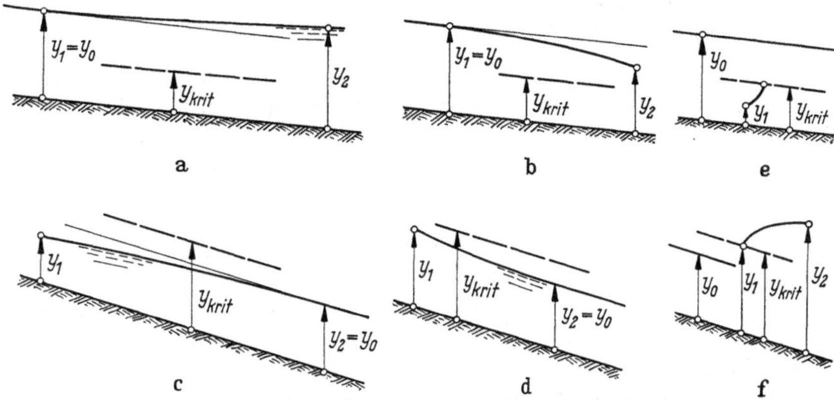

Abb. 5.7. Gestörte stationäre Strömung in einem Kanal (Höhen stark überhöht). Fließende Strömung: a) Staukurve; b) Absenkkurve; schießende Strömung; c) Staukurve; d) Absenkkurve; e) und f) Äste der Übergangskurve.

Jede der beiden Differentialgleichungen, (5.30) und (5.31), läßt erkennen, daß die Spiegelkurve einer stationären, gestörten Strömung sechs verschiedene Gestalten haben kann. Die vier wichtigsten Spiegelkurven sind:

a) Die *Staukurve der fließenden Strömung*: Die Tiefe an der Störstelle 2 ist größer als die Tiefe im ungestörten Abschnitt. Beide Klammerausdrücke von Gl. (5.30) sind positiv; die vom Querschnitt 2 aus zu berechnende Staukurve verläuft oberhalb der ungestörten Spiegellinie $Y_0(X) = \mathrm{const.}$ Da $Y > Y_0$ und $\dfrac{dY}{dX} > 0$, ist die Strömung verzögert, Abb. 5.7a.

b) Die *Absenkkurve der fließenden Strömung*: Die Tiefe an der Störstelle 2 ist kleiner als die Tiefe im ungestörten Abschnitt. Der linke Klammerausdruck von Gl. (5.30) ist positiv, der rechte Klammerausdruck ist negativ; die vom Querschnitt 2 aus zu berechnende Absenkkurve

---

[1] Für $C = 80$ (Kanalwände aus Beton) ist $i_{Z\mathrm{krit}} \approx 0{,}15\%$.

verläuft unterhalb der ungestörten Spiegellinie $Y_0(X) = $ const. Da $Y_0 > Y > Y_{\text{krit}}$ und $\dfrac{dY}{dX} < 0$, ist die Strömung beschleunigt, Abb. 5.7 b.

c) Die *Staukurve der schießenden Strömung*: Die Tiefe an der Störstelle 1 ist kleiner als die Tiefe im ungestörten Abschnitt. Beide Klammerausdrücke von Gl. (5.30) sind negativ; die vom Querschnitt 1 aus zu berechnende Staukurve verläuft unterhalb der ungestörten Spiegellinie $Y_0(X) = $ const. Da $Y < Y_0$ und $\dfrac{dY}{dX} > 0$, ist die Strömung verzögert, Abb. 5.7 c.

d) Die *Absenkkurve der schießenden Strömung*: Die Tiefe an der Störstelle 1 ist größer als die Tiefe im ungestörten Abschnitt. Der linke Klammerausdruck von Gl. (5.30) ist negativ, der rechte Klammerausdruck ist positiv; die vom Querschnitt 1 aus zu berechnende Absenkkurve verläuft oberhalb der ungestörten Spiegellinie $Y_0(X) = $ const. Da $Y_0 < Y < Y_{\text{krit}}$ und $\dfrac{dY}{dX} < 0$, ist die Strömung beschleunigt, Abb. 5.7 d.

Die beiden restlichen Lösungen stellen dar:

e) Die *Übergangskurve einer fließenden Strömung*: Die Tiefe an der Störstelle 1 ist kleiner als die Tiefe im ungestörten Abschnitt. Beide Klammerausdrücke von Gl. (5.30) sind negativ; der vom Querschnitt 1 aus zu berechnende Kurvenast verläuft unterhalb der ungestörten Spiegelkurve $Y_0(X) = $ const. Da $Y_0 > Y_{\text{krit}} > Y$ und $\dfrac{dY}{dX} > 0$, ist die Strömung verzögert, Abb. 5.7 e.

f) Die *Übergangskurve einer schießenden Strömung*: Die Tiefe an der Störstelle 2 ist größer als die Tiefe im ungestörten Abschnitt. Beide Klammerausdrücke von Gl. (5.30) sind positiv; der vom Querschnitt 1 zu berechnende Kurvenast verläuft oberhalb der ungestörten Spiegelkurve $Y_0(X) = $ const. Da $Y > Y_{\text{krit}} > Y_0$ und $\dfrac{dY}{dX} > 0$, ist die Strömung verzögert, Abb. 5.7 f.

Spiegelkurven werden oft in Modellversuchen ermittelt und unter Berücksichtigung der Froudeschen Zahl auf die Großausführung übertragen.

5.3 Verluste in offenen Leitungsformstrecken

Wie bereits erwähnt wurde, werden offene Leitungen dem Gelände, in dem sie errichtet werden, angepaßt. Sie lassen sich daher nur in Einzelfällen normen; ihre Verluste müssen daher meistens in Modellversuchen bestimmt werden.

5.3.1 Geschwindigkeitsändernde Leitungsstrecken

Ein gerader Kanal mit konstantem Leitungsquerschnitt und mit gleichbleibendem Sohlengefälle wird durch die Querschnittsform, durch $B(Y)$ in m und durch das Sohlengefälle i_z eindeutig definiert; die Tiefe und damit der Durchflußquerschnitt sind Funktionen des Durchflusses.

Bei geraden, geschwindigkeitsändernden Kanalabschnitten können sich ändern:

entweder die Breite bei gleichbleibendem Sohlengefälle: Verengungen, Verbreiterungen,

oder das Sohlengefälle bei gleichbleibender Breite: Verflachungen, Vertiefungen,

oder sowohl die Breite, wie auch das Sohlengefälle.

Jede Querschnittsänderung erhöht die Verluste. Besonders ungünstig sind auch hier Querschnittsänderungen, die mit Ablösungen, Strahlbildungen und Rückströmungen verbunden sind. Der Einfluß einer Querschnittsänderung auf die Strömung wird in Modellversuchen untersucht.

5.3.2 Richtungsändernde Leitungsstrecken

Die Strömung in einem gekrümmten Kanal mit rechteckigem Querschnitt ist einer Strömung in einem Rohrkrümmer sehr ähnlich. Im Umlenkungsbereich wird der Flüssigkeitsspiegel an der Kanalaußenwand gehoben, an der Kanalinnenwand gesenkt, wodurch sich ein Spiegelgefälle quer zur Hauptströmungsrichtung einstellt. Auch Sekundärströmungen können in offenen Krümmungsstrecken beobachtet werden. Versuche haben ergeben, daß das Energiegefälle solcher gekrümmter Kanäle sich mit dem Quadrat der mittleren Durchflußgeschwindigkeit ändert; das Energiegefälle kann mit dem Verlustbeiwert ζ_{Kr} ermittelt werden aus:

$$i_H = \frac{1}{R\delta}\,\zeta_{Kr}\,\frac{1}{2}\,V_m^2 \quad \text{m s}^{-2}, \tag{5.33a}$$

$$i_H^* = \frac{1}{R\delta}\,\zeta_{Kr}\,\frac{1}{2g}\,V_m^2 \tag{5.33b}$$

$$i_h = \frac{1}{r\delta}\,\zeta_{Kr}\,\frac{1}{2}\,v_m^2. \tag{5.33d}$$

Der Verlustbeiwert ζ_{Kr} hängt ab:

vom Umlenkungswinkel δ in rad,
vom Krümmungsverhältnis $R/B = r/b$,
von der mittleren bezogenen Tiefe $Y_m/B = y_m/b$,
von der relativen Rauhigkeit $K/B = k/b$ und
von der Reynoldsschen Zahl.

Der Verlustbeiwert nimmt mit dem Umlenkungswinkel und mit der Rauhigkeit zu, mit dem Krümmungsverhältnis und der Re-Zahl ab.

Versuche an einem 90°-Krümmer mit rechteckigem Querschnitt haben gezeigt, daß eine Vergrößerung des Krümmungsverhältnisses von 1,0 auf 5,0 eine Herabsetzung des Verlustbeiwertes von 0,24 auf 0,04 mit sich bringen kann.

5.3.3 Durchflußändernde Leitungsstrecken

Auch in offenen Abzweigen und Zusammenführungen herrschen ähnliche Strömungsverhältnisse wie in geschlossenen Verteilern und Zusammenlaufteilen.

Bei einem offenen Abzweig wird der Zufluß q_{nZ} in zwei Teilströme in den Durchgangsstrom q_{nD} und in den Abzweigstrom q_{nA} aufgeteilt; diese Aufteilung ist mit einem zusätzlichen Verlust verbunden. Die Verluste werden für jeden Teilstrom bestimmt und dabei entweder durch die spezifischen Energiegefälle i_{HD} und i_{HA} in m s^{-2}, oder durch Verlustbeiwerte ζ_D und ζ_A ausgedrückt. Beide Werte hängen ab:

> vom Abzweigwinkel
> von der Gestalt und der Ausführung des Abzweiges,
> von der relativen Rauhigkeit der Kanalwand,
> bei niedrigen Re-Werten von der Reynoldsschen Zahl und
> vom Abzweigverhältnis q_{nA}/q_{nZ} (oder vom Durchgangsverhältnis $q_{nD}/q_{nZ} = 1 - q_{nA}/q_{nZ}$).

Die Verlustbeiwerte können ermittelt werden:

> entweder als ζ_{D1} und ζ_{A1} mit der Geschwindigkeit im Eintrittsquerschnitt 1,
>
> oder als ζ_{D2} und ζ_{A3} mit den Geschwindigkeiten in den dazugehörigen Austrittsquerschnitten 2 und 3.

Mit den erstgenannten Verlustbeiwerten und den beiden Aufteilungszahlen q_{nD}/q_{nZ} und q_{nA}/q_{nZ} ergibt sich der Beiwert für den Gesamtverlust

$$\zeta_1 = \zeta_{D1}\,\frac{q_{nD}}{q_{nZ}} + \zeta_{A1}\,\frac{q_{nA}}{q_{nZ}}. \tag{5.34}$$

In einem offenen Zusammenlauf werden zwei Teilströme q_{nD} und q_{nA}, die oft verschiedene Energiewerte und somit verschiedene Geschwindigkeiten haben, zu einem Summendurchfluß, $q_{nZ} = q_{nD} + q_{nA}$, vereinigt. Die beiden Flüssigkeitsströme mischen sich wesentlich langsamer, weniger intensiv, als in geschlossenen Leitungen. Das läßt sich deutlich beim Zusammenlauf verschieden gefärbter Teilströme beobachten.

Die Verluste werden für jeden Teilstrom bestimmt und

entweder durch die beiden spezifischen Energiegefälle i_{HD} und i_{HA}
in m s^{-2}
oder durch die Verlustbeiwerte ζ_D und ζ_A

ausgedrückt. Beide Werte hängen ab:

vom Zusammenlaufwinkel,
von der Gestalt und der Ausführung des Zusammenlaufes,
von der relativen Rauhigkeit der Kanalwand,
bei niedrigen Re-Werten von der Reynoldsschen Zahl und
vom Beileitungsverhältnis q_{nA}/q_{nZ} (oder vom Verhältnis der beiden
Geschwindigkeiten V_{mA}/V_{mD}).

Die Verluste können ermittelt werden:

entweder als ζ_{D1} und ζ_{A2} mit den Geschwindigkeiten in den dazugehörigen
Eintrittsquerschnitten 1 und 2,
oder als ζ_{D3} und ζ_{A3} mit der Geschwindigkeit im Austrittsquerschnitt 3.

Mit den letztgenannten Verlustbeiwerten und den beiden Verhältnis-
zahlen q_{nD}/q_{nZ} und q_{nA}/q_{nZ} ergibt sich der Beiwert für den Gesamtverlust:

$$\zeta_3 = \zeta_{D3} \frac{q_{nD}}{q_{nZ}} + \zeta_{A3} \frac{q_{nA}}{q_{nZ}}. \tag{5.35}$$

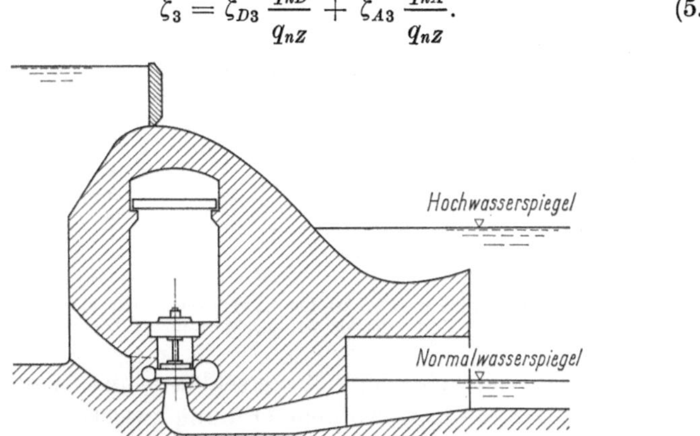

Abb. 5.8. Vergrößerung der Turbinen-Fallenergie bei Hochwasser durch die Strahlpumpenwirkung des überschüssigen, über die Wehranlage geleiteten Wassers.

Vollständigkeitshalber sei noch erwähnt, daß bei technischen Anlagen nicht selten geschlossene-offene Zusammenführungen verwendet werden. Eine solche Ausführung stellt die Mündung eines geschlossenen Rohres in einen offenen Kanal dar. Eine ähnliche Ausführung liegt auch bei einem Flußkraftwerk vor, bei dem das überschüssige, über das Wehr abströmende Wasser über den Saugrohraustritt der Turbine geleitet wird, um den durch

den größeren Wasserabfluß angestiegenen Unterwasserspiegel zu senken
und die Turbinen-Fallenergie zu erhöhen, Abb. 5.8. Die für den Abtrans-
port des Gesamtwasserstromes benötigte Energie wird vom überschüssigen, energiereichen Wasserstrom gedeckt und das Energieniveau des aus
dem Saugrohr austretenden Wassers gesenkt.

5.3.4 Querschnittsändernde Leitungsstrecken

Als Absperrorgane und Regelorgane von Kanälen dienen Wehre. Die
Wehre werden

>   entweder als *Hubwehre*
>   oder als *Senkwehre*

ausgeführt.

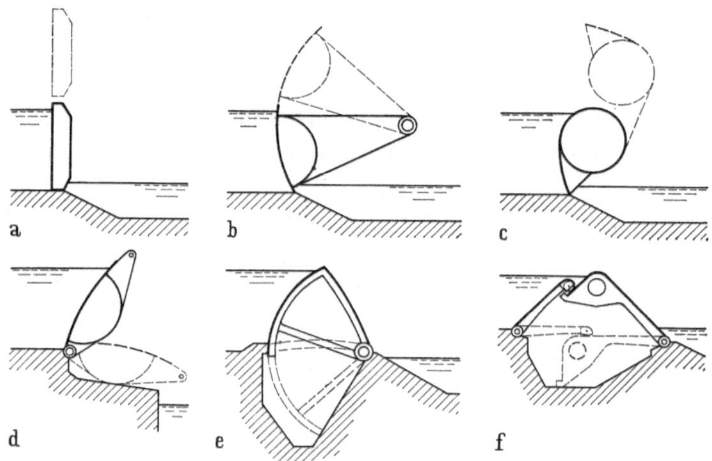

Abb. 5.9. Wehre. Hubwehre: a) Schützenwehr; b) Segmentwehr; c) Walzenwehr;
Senkwehre: d) Fischbauchklappe; e) Sektorwehr; f) Dachwehr.

Bei einem Hubwehr wird der Wehrverschluß beim Öffnen gehoben, das
Wasser fließt durch die freigewordene Öffnung zwischen Wehrsohle und
Wehrverschluß als Strahl in das Unterwasser ab, Abb. 5.9a bis 5.9c.

Bei einem Senkwehr wird der Wehrverschluß beim Öffnen gesenkt; das
Wasser fließt über den Wehrverschluß als freier Überfallstrahl in das
Unterwasser ab, Abb. 5.9d bis 5.9f.

Bei Hubwehren kann das mit dem Wasser entlang der Flußsohle heran-
geführte und vor der Wehranlage abgelagerte, nicht schwimmfähige Gut
(Schotter, Sand, usw.) durch kurzzeitiges Heben des Wehrverschlusses
in das Unterwasser gespült werden. Ein Anlanden des oberwasserseitigen
Stauraumes kann durch ein solches Spülen, zumindest vor der Wehranlage verhindert werden. Bei Senkwehren läßt sich das auf dem Wasser

schwimmende Gut (Holz, Eisschollen, usw.), das vor der Wehranlage zurückgehalten wird und dort zu einem dicken „Teppich" anwachsen kann, durch kurzzeitiges Senken des Wehrverschlusses in das Unterwasser abführen. Bei einigen Wehrkonstruktionen läßt sich sowohl das angeschwemmte wie auch das abgelagerte Gut ins Unterwasser spülen, Abb. 5.10. Bei einem ganz abgesenkten *Dachwehr* bildet der Wehrverschluß mit der Kanalsohle eine ebene Fläche, Abb. 5.9f; bei *Hakenwehren* kann der obere Verschlußkörper abgesenkt, der untere Verschlußkörper gehoben werden, Abb. 5.10a bis 5.10c.

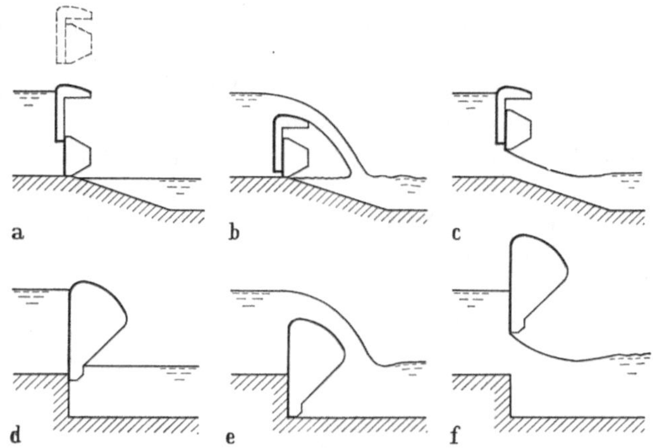

Abb. 5.10. Hub-Senk-Wehre. a) bis c) Hakenwehre; d) bis f) Senkschützen.

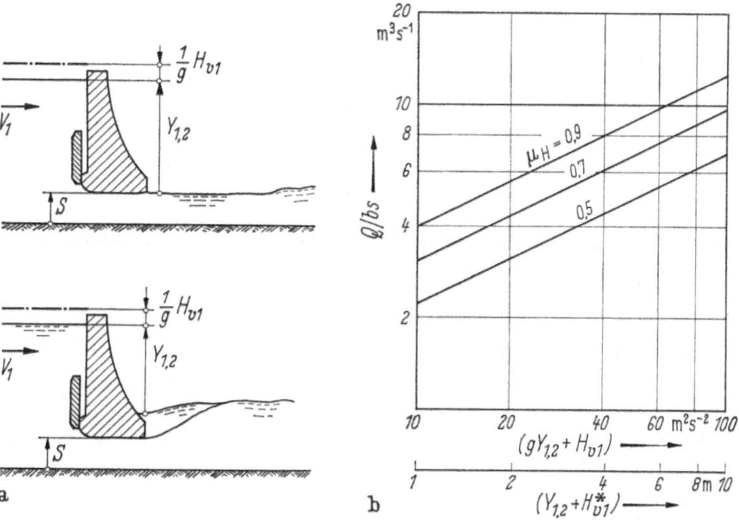

Abb. 5.11. Durchfluß eines Hubwehres. a) Erläuterungsskizze; b) Netzrechentafel.

Die gebräuchlichsten Wehrbauarten sind in den Abb. 5.9 und 5.10 zusammengestellt.

Der Durchfluß eines Hubwehres berechnet sich, mit den Bezeichnungen von Abb. 5.11 a, für die beiden einfachsten Fälle, aus:

$$Q = \mu_H BS \sqrt{2(g\,Y_{1,2} + H_{V1})} \quad \mathrm{m^3\,s^{-1}}, \qquad (5.36\,\mathrm{a})$$

$$Q = \mu_H BS \sqrt{2g(Y_{1,2} + H_{V1}^*)} \quad \mathrm{m^3\,s^{-1}}. \qquad (5.36\,\mathrm{b})$$

Es bedeuten:

$Y_{1,2}$ in m den Höhenunterschied der Flüssigkeitsspiegel vor und hinter der Wehröffnung,

H_{V1} in $\mathrm{m^2\,s^{-2}}$ (H_{V1}^* in m) die Geschwindigkeitsenergie vor der Wehröffnung,

B in m   die Breite des Durchflußquerschnittes,

S in m   die kleinste lichte Höhe des Durchflußquerschnittes,

μ_H den *Durchflußbeiwert*, der von der Ausbildung der Unterkante des Wehrverschlußkörpers, der Wehrschwelle und des anschließenden Tosbeckens abhängt; sein Wert liegt zwischen 0,50 und 0,90; er wird bei genaueren Untersuchungen aus Modellversuchen ermittelt.

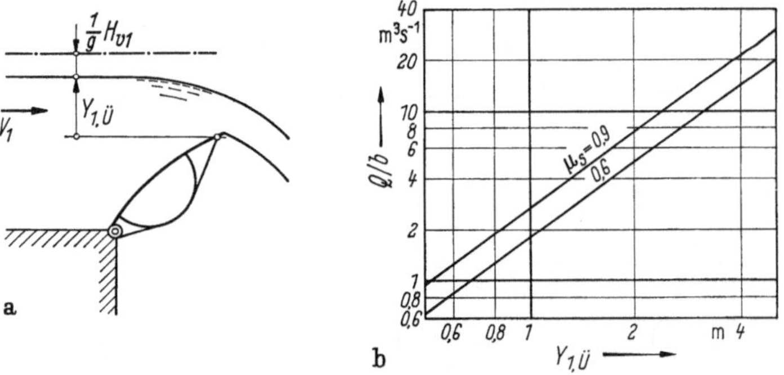

Abb. 5.12. Durchfluß eines Senkwehres. a) Erläuterungsskizze; b) Netzrechentafel.

Der Durchfluß eines Senkwehres berechnet sich mit den Bezeichnungen von Abb. 5.12 a aus:

$$Q = \frac{2}{3}\,\mu_S\,B\,\frac{\sqrt{2}}{g}\,[(g\,Y_{1,\ddot{U}} + H_{V1})^{3/2} - H_{V1}^{3/2}] \quad \mathrm{m^3\,s^{-1}}, \qquad (5.37\,\mathrm{a})$$

$$Q = \frac{2}{3}\,\mu_S\,B\,\sqrt{2g}\,[(Y_{1,\ddot{U}} + H_{V1}^*)^{3/2} - H_{V1}^{*\,3/2}] \quad \mathrm{m^3\,s^{-1}}. \qquad (5.37\,\mathrm{b})$$

Für eine Überschlagsrechnung kann die Geschwindigkeitsenergie der Zuströmung vernachlässigt und die vereinfachte, schon von *Poleni* (1717) angegebene Formel benutzt werden:

$$Q = \frac{2}{3}\, \mu_S\, B\, \sqrt{2g}\, Y_{1.\ddot{u}}^{3/2} \quad \mathrm{m^3\, s^{-1}}. \qquad (5.38\,\mathrm{a, b})$$

Es bedeuten in den Gln. (5.37) und (5.38):

$Y_{1,\ddot{u}}$ in m die Überfallhöhe, den Höhenunterschied zwischen dem Flüssigkeitsspiegel vor dem Wehr und der Wehrkrone,

H_{V1} in m² s⁻² (H_{V1}^* in m) die Geschwindigkeitsenergie vor dem Senkwehr,

B in m die Breite des Überfalls,

μ_S den *Überfallbeiwert*, der von der Ausbildung des Überfallrückens (der Überfallkrone), von der Zuströmung zum Wehr und — bei belüfteten Überfällen — von der Belüftung abhängt; sein Wert liegt zwischen 0,60 und 0,90; bei genaueren Untersuchungen wird er aus Modellversuchen ermittelt. Bei scharfkantigen Wehrrücken kann er näherungsweise mit einer der Überfallformeln — Bazin (1898), S.I.A. (1924), Rehbock (1929) — berechnet werden. — Eine unzureichende Belüftung kann nicht nur den Wert μ_S verfälschen, sondern auch Vibrationen durch pulsierenden Abfluß hervorrufen.

Bei vielen Aufgaben kann der Durchfluß einer Wehranlage mit ausreichender Genauigkeit mit Hilfe einer Netzrechentafel ermittelt werden. In Abb. 5.11 b ist eine solche Netzrechentafel für Hubwehre, für Gl. (5.36), in Abb. 5.12 b eine solche für Senkwehre, für Gl. (5.38) dargestellt.

Wie bei Absperrorganen von Rohrleitungen, so muß auch bei Wehren die Geschwindigkeitsenergie des austretenden Strahles im nachfolgenden Leitungsteil in Wärmeenergie umgewandelt werden. Das *Tosbecken*, in dem sich dieser Vorgang bei Wehren abspielt, muß entsprechend gestaltet und befestigt werden.

Wehranlagen haben die Aufgabe, den Oberwasserspiegel auf der vorgeschriebenen Höhenkote zu halten und den überschüssigen Wasserzufluß ins Unterwasser abzuführen; sie können somit als *Regelorgane* bezeichnet werden.

5.3.5 Energieändernde Leitungsstrecken

Auch bei offenen Leitungen kann die mechanische Energie:

a) der Flüssigkeit in Turbinen entzogen und weitergeleitet oder in Drosseleinrichtungen in Wärmeenergie umgewandelt werden,

b) an die Flüssigkeit in Pumpen übertragen werden.

Da bei einer offenen Zuleitung und einer offenen Ableitung die Fallenergie, oder die Förderenergie, verhältnismäßig klein ist, werden für
diese Anlagen vorwiegend hydraulische Maschinen mit hohen spezifischen Drehzahlen verwendet. Beide Maschinenbauarten — Turbinen
und Pumpen — wurden in Ziffer 4.3.5 besprochen.

6. Nichtstationäre Strömungen

Bei einer nichtstationären Strömung ist der Durchfluß nicht konstant, sondern eine Funktion des Ortes und der Zeit. Der Durchfluß ändert
sich, wenn mit einer Regeleinrichtung, mit einem energieändernden
Leitungsteil ein neuer, beabsichtigter Beharrungszustand eingestellt
wird; er kann sich aber auch unbeabsichtigt, bei einer Störung, verursacht
durch Pulsationen, Kavitationen u. ä. m. ändern.

6.1 Vorgänge bei nichtstationären Strömungen in Leitungen

Bei jeder Durchflußabnahme muß die in der Leitung strömende
Flüssigkeit verzögert, bei jeder Durchflußzunahme muß die strömende
Flüssigkeit beschleunigt werden. Jede Geschwindigkeitsänderung verursacht in geschlossenen Leitungen *Druckschwankungen*, in offenen
Leitungen *Spiegelschwankungen*, die an der *Störstelle*, an der Einbaustelle
der Regeleinrichtung, entstehen und sich in der Leitung nach beiden
Seiten bis zu den Endquerschnitten des betrachteten Leitungsabschnittes
fortpflanzen. Als Endquerschnitte können nur Leitungsquerschnitte mit
eindeutigen Randbedingungen, mit einem eindeutigen Zusammenhang
zwischen Durchfluß und Energie, angesehen werden.

Nichtstationäre Strömungen in Leitungen hängen ab:

a) von der *Lage der Störstelle in der Leitung*; ein Absperrorgan kann angeordnet werden,
   entweder als *Zuflußabsperrung* im Eintrittsquerschnitt, Abb. 6.1,
   oder als *Abflußabsperrung* im Austrittsquerschnitt, Abb. 6.2,
   oder als *Abschnittsabsperrung* an irgendeiner Stelle der Leitung zwischen dem Eintrittsquerschnitt und dem Austrittsquerschnitt, Abb. 6.3.

b) von der *Art der Störung*; ein Abschlußorgan kann
   entweder *geschlossen*, Abb. 6.4, 6.6, 6.8 und 6.10,
   oder *geöffnet*, Abb. 6.5, 6.7, 6.9 und 6.11 werden.

Am einfachsten lassen sich die nichtstationären Strömungsvorgänge
in einer geraden, horizontalen Leitung mit konstantem Leitungsquer-

schnitt verfolgen, deren Eintrittsquerschnitt an einen großen Behälter oder einen Stauraum mit unveränderlicher Spiegelhöhe und somit mit gleichbleibender Energie angeschlossen ist und deren Austrittsquerschnitt gleichzeitig die Störstelle, von einem ebenfalls an einen großen Behälter oder Raum angeschlossenen Absperrorgan gebildet wird. Die Strömungsvorgänge sollen für einen plötzlichen, schlagartigen Abschluß und für ein plötzliches, schlagartiges Öffnen des Absperrorgans untersucht werden; als weitere Vereinfachung wird angenommen, daß alle Strömungsverluste im Absperrorgan entstehen.

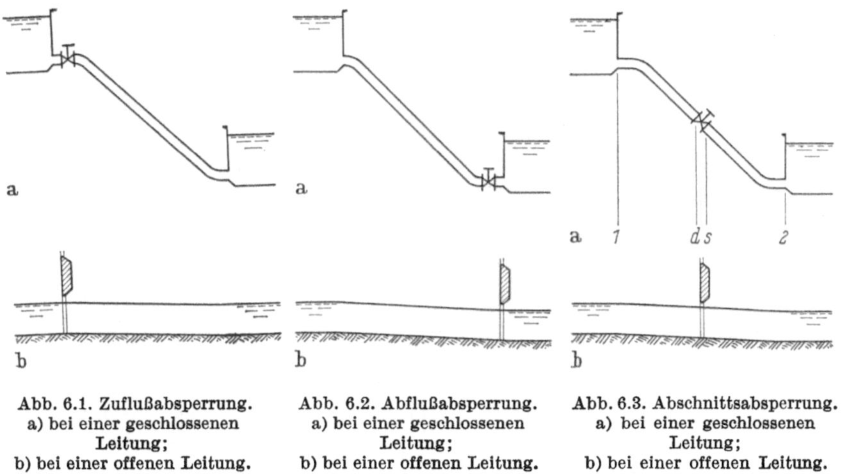

Abb. 6.1. Zuflußabsperrung.
a) bei einer geschlossenen Leitung;
b) bei einer offenen Leitung.

Abb. 6.2. Abflußabsperrung.
a) bei einer geschlossenen Leitung;
b) bei einer offenen Leitung.

Abb. 6.3. Abschnittsabsperrung.
a) bei einer geschlossenen Leitung;
b) bei einer offenen Leitung.

6.1.1 Plötzlicher Abschluß der Abflußabsperrung einer Rohrleitung

Wie bei jeder durch eine Störung verursachten nichtstationären Strömung, können auch beim plötzlichen Abschluß einer Rohrleitung, beim plötzlichen Abbremsen der mit der Beharrungsgeschwindigkeit strömenden Flüssigkeit, vier Zeitphasen unterschieden werden, Abb. 6.4.

Die 1. Phase beginnt mit dem Schließen des Absperrorgans und umfaßt den Zeitabschnitt $0 < T < T_L$ in s, Abb. 6.4. Die Geschwindigkeitsenergie der abgebremsten Flüssigkeitsmasse wird in Druckenergie umgewandelt. Der Druck vor dem Absperrorgan steigt an, die Flüssigkeit wird verdichtet, die Rohrleitung wird zusätzlich gedehnt, der Leitungsinhalt, das Speichervolumen der Leitung, wird, wenn auch nur geringfügig, größer. Ein Teil der in der Leitung befindlichen Flüssigkeit füllt dieses zusätzliche, neu entstandene Speichervolumen auf, was den Abbremsvorgang etwas verzögert und den Druckanstieg abschwächt. Diese Änderung setzt nicht schlagartig in der ganzen Leitung von der Länge L in m ein, sondern sie läuft als *Überdruckwelle*[1] mit der konstanten Wellengeschwindigkeit W in m s^{-1} vom Aus-

---

[1] Bei der vorliegenden Betrachtung wird mit „Überdruck" und mit „Unterdruck" der Unterschied gegenüber dem ursprünglichen Beharrungsdruck bezeichnet.

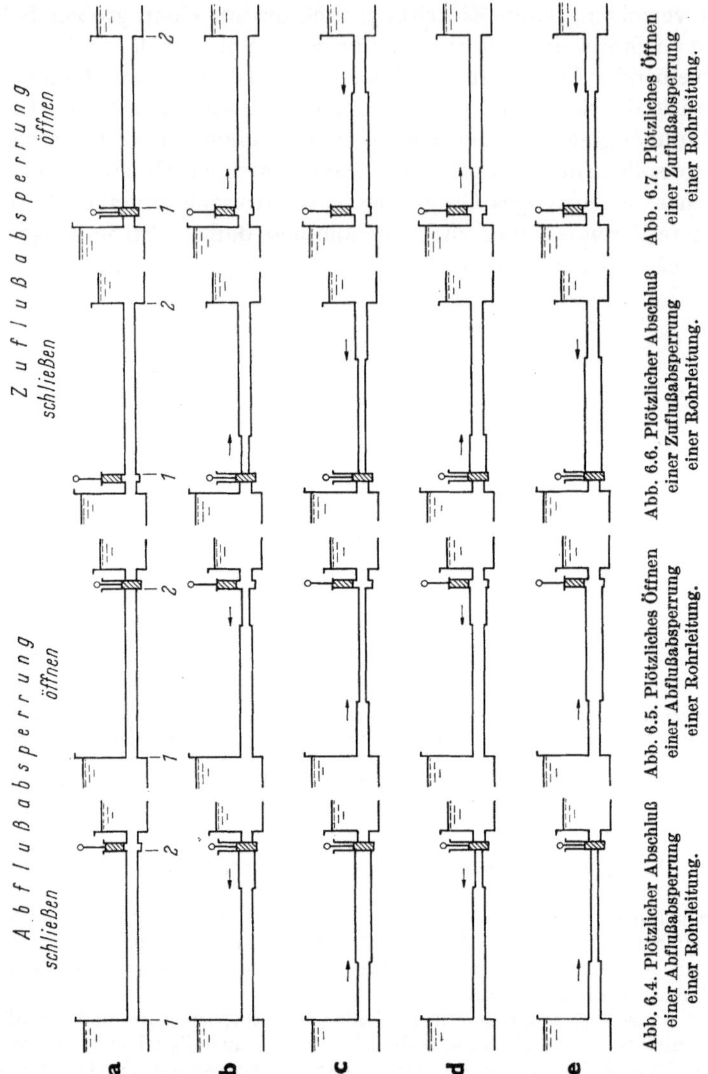

Abb. 6.4. Plötzlicher Abschluß einer Abflußabsperrung einer Rohrleitung.

Abb. 6.5. Plötzliches Öffnen einer Abflußabsperrung einer Rohrleitung.

Abb. 6.6. Plötzlicher Abschluß einer Zuflußabsperrung einer Rohrleitung.

Abb. 6.7. Plötzliches Öffnen einer Zuflußabsperrung einer Rohrleitung.

trittsquerschnitt 2 zum Eintrittsquerschnitt 1, wo sie nach der *Laufzeit* $T_L = \dfrac{L}{W}$ in s, ankommt[1]. Damit ist die 1. Phase beendet.

In allen Leitungsquerschnitten herrscht der gleiche Strömungszustand. Gegenüber dem ursprünglichen Beharrungszustand ist der Druck höher, die Flüssigkeit dichter, der Leitungsquerschnitt größer. Die Flüssigkeit befindet sich in Ruhe.

---

[1] Bei sehr elastischen Leitungen, z. B. bei Schläuchen, ist die Wellengeschwindigkeit klein, und das Fortschreiten der Überdruckwelle kann mit freiem Auge beobachtet werden.

Die *2. Phase* beginnt mit dem Eintreffen der Überdruckwelle im Eintrittsquerschnitt 1 und umfaßt den Zeitabschnitt $T_L < T < 2\,T_L$ in s, Abb. 6.4c. Da sich die Lage des Flüssigkeitsspiegels im Stauraum nicht ändert, ist die Energie im Eintrittsquerschnitt 1 konstant und gleich dem Beharrungswert. Der Druck in der Leitung sinkt daher auf den Beharrungswert wieder ab, die Flüssigkeit entspannt sich auf die Beharrungsdichte, der Rohrleitungsquerschnitt geht auf seine ursprünglichen Abmessungen zurück, das zusätzliche Speichervolumen verschwindet wieder, und die in ihm gespeicherte Flüssigkeit fließt in den Stauraum zurück. Diese Änderung läuft als *Druckminderungswelle* zum Austrittsquerschnitt 2, wo sie nach

der Reflexionszeit $T_r = 2\,T_L = \dfrac{2L}{W}$ in s ankommt. Damit ist die 2. Phase

beendet. In allen Leitungsquerschnitten herrscht der ursprüngliche Beharrungszustand mit dem Unterschied, daß diesmal die Flüssigkeit mit der negativen Beharrungsgeschwindigkeit in den Stauraum fließt.

Die *3. Phase* beginnt mit dem Eintreffen der Druckminderungswelle im Austrittsquerschnitt 2 und umfaßt den Zeitabschnitt $2\,T_L < T < 3\,T_L$ in s, Abb. 6.4d. Im Austrittsquerschnitt gilt jetzt die Randbedingung $V_2 = 0$. Die mit der negativen Geschwindigkeit in den Stauraum fließende Flüssigkeit erzeugt am Absperrorgan gegenüber dem ursprünglichen Beharrungsdruck einen „Unterdruck", die Flüssigkeit entspannt sich weiter, der Rohrleitungsquerschnitt nimmt weiter ab, das Speichervolumen der Leitung wird kleiner. Die dabei freiwerdende Flüssigkeit ersetzt teilweise die in den Stauraum entweichende Flüssigkeit, was den Abbremsvorgang etwas verzögert und den Druckrückgang abschwächt. Diese Änderung läuft als *Unterdruckwelle* zum Eintrittsquerschnitt 1, wo sie nach der dreifachen Laufzeit

$3\,T_L = \dfrac{3L}{W}$ in s ankommt. Damit ist die 3. Phase beendet. In allen Leitungs

querschnitten herrscht der gleiche Strömungszustand. Gegenüber dem ursprünglichen Beharrungszustand ist der Druck niedriger, die Flüssigkeit weniger dicht, der Leitungsquerschnitt kleiner. Die Flüssigkeit befindet sich in Ruhe.

Die 4. Phase beginnt mit dem Eintreffen der Unterdruckwelle im Eintrittsquerschnitt 1 und umfaßt den Zeitabschnitt $3\,T_L < T < 4\,T_L$ in s, Abb. 6.4e. Der Druck im Eintrittsquerschnitt 1 ist konstant. Der Druck in der Leitung steigt daher auf den ursprünglichen Beharrungsdruck wieder an, die Flüssigkeit wird auf ihre ursprüngliche Beharrungsdichte verdichtet, die Rohrleitung wird auf ihren ursprünglichen Querschnitt gedehnt, das Speichervolumen der Leitung nimmt wieder zu. Die Flüssigkeit fließt aus dem Stauraum in die Leitung und füllt dieses wiedergewonnene Speichervolumen auf. Diese Änderung läuft als *Druckerhöhungswelle* zum Austritts

querschnitt 2, wo sie nach der doppelten Reflexionszeit $2\,T_r = 4\,T_L = \dfrac{4L}{W}$ in s

ankommt. Damit ist die 4. Phase beendet. In allen Querschnitten der Rohrleitung herrscht der ursprüngliche Beharrungszustand; der beschriebene, sich in vier Phasen abspielende Vorgang wiederholt sich.

Bei einer reibungsfreien, idealen Flüssigkeit würde die beschriebene Schwingung bestehen bleiben und die Flüssigkeit nie zur Ruhe kommen. Bei einer wirklichen, reibungsbehafteten Flüssigkeit klingt sie mehr oder weniger rasch ab.

6.1.2 Plötzlicher Abschluß einer Abflußabsperrung in einem Kanal

Ähnliche Strömungsvorgänge treten auch beim plötzlichen Abschluß einer Abflußabsperrung in einem Kanal auf, Abb. 6.8.

Die *1. Phase* beginnt mit dem Schließen des Absperrorgans und umfaßt den Zeitabschnitt $0 < T < T_L$ in s, Abb. 6.8b. Die Geschwindigkeitsenergie der abge-

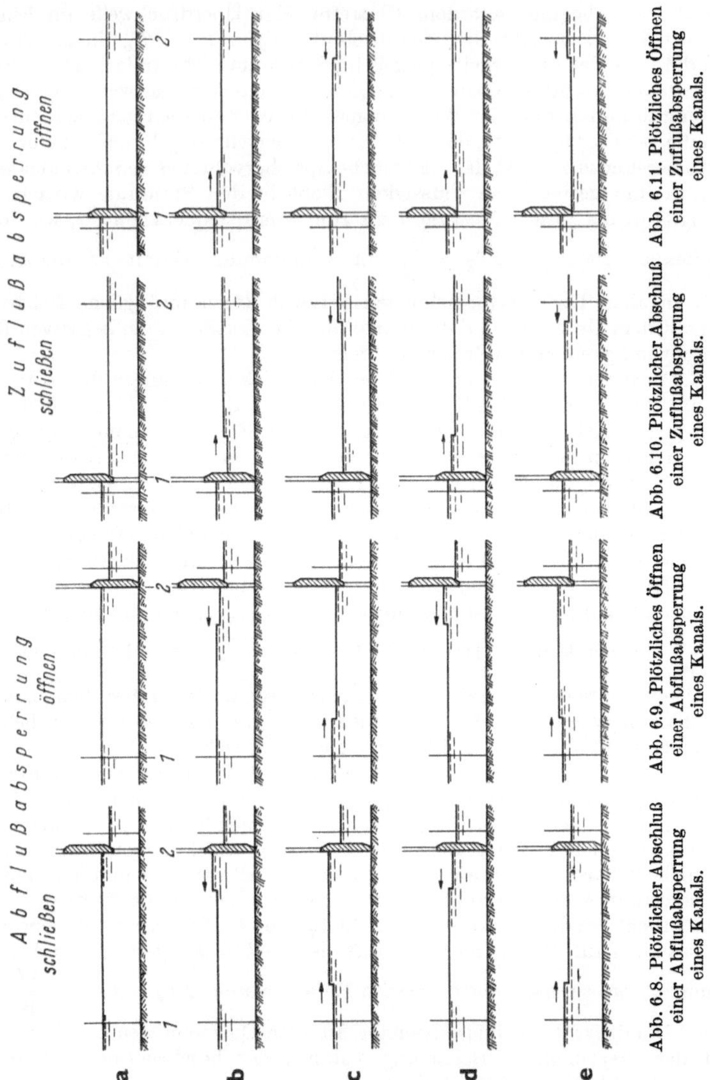

Abb. 6.8. Plötzlicher Abschluß einer Abflußabsperrung eines Kanals.

Abb. 6.9. Plötzliches Öffnen einer Abflußabsperrung eines Kanals.

Abb. 6.10. Plötzlicher Abschluß einer Zuflußabsperrung eines Kanals.

Abb. 6.11. Plötzliches Öffnen einer Zuflußabsperrung eines Kanals.

bremsten Flüssigkeitsmasse wird in Lageenergie umgewandelt. Der Flüssigkeits-spiegel vor dem Absperrorgan steigt an, der Durchflußquerschnitt (und damit der Füllungsgrad) wird größer, das Speichervolumen der Leitung nimmt zu. Ein Teil der im Kanal befindlichen Flüssigkeit füllt dieses zusätzliche, neu entstandene Speicher-volumen auf, was den Abbremsvorgang verzögert und den Spiegelanstieg vermindert. Diese Änderung läuft als *Stauwelle* mit der Wellengeschwindigkeit W_1 in m s^{-1} vom Austrittsquerschnitt 2 zum Eintrittsquerschnitt 1, wo sie nach der Laufzeit

$$T_{L1} = \frac{L}{W_1}$$ in s ankommt. Damit ist die 1. Phase beendet. In allen Leitungsquer-

schnitten herrscht der gleiche Strömungszustand. Gegenüber dem ursprünglichen Beharrungszustand ist der Flüssigkeitsspiegel höher, der Füllungsgrad größer. Die Flüssigkeit befindet sich in Ruhe.

Die *2. Phase* beginnt mit dem Eintreffen der Stauwelle im Eintrittsquerschnitt 1 und umfaßt den Zeitabschnitt $T_{L1} < T < (T_{L1} + T_{L2})$ in s, Abb. 6.8 c. Die Lage des Flüssigkeitsspiegels im Stauraum ist unverändert. Der Flüssigkeitsspiegel im Kanal sinkt daher auf die ursprüngliche Beharrungslage wieder ab, der Füllungsgrad geht auf seinen ursprünglichen Beharrungswert zurück, die zusätzlich gespeicherte Flüssigkeit fließt in den Stauraum zurück. Diese Änderung läuft als *Senkungswelle* mit der Wellengeschwindigkeit W_2 in m s^{-1} zum Austrittsquerschnitt 2, wo sie nach der Zeit $\left(T_{L1} + \dfrac{L}{W_2}\right)$ in s ankommt. Damit ist die 2. Phase beendet. In allen Leitungsquerschnitten herrscht der ursprüngliche Beharrungszustand, mit dem Unterschied, daß diesmal die Flüssigkeit mit einer negativen Geschwindigkeit in den Stauraum zurückfließt.

Die *3. Phase* beginnt mit dem Eintreffen der Senkungswelle im Austrittsquerschnitt 2 und umfaßt den Zeitabschnitt $(T_{L1} + T_{L2}) < T < (T_{L1} + T_{L2} + T_{L3})$ in s, Abb. 6.8 d. Im Austrittsquerschnitt 2 gilt die Randbedingung $V_2 = 0$. Die mit negativer Geschwindigkeit in den Stauraum fließende Flüssigkeit erzeugt am Absperrorgan gegenüber dem ursprünglichen Beharrungsspiegel eine weitere Absenkung, der Füllungsgrad nimmt weiter ab, das Speichervolumen des Kanals wird kleiner, und die freiwerdende Flüssigkeit ersetzt teilweise die in den Stauraum entweichende Flüssigkeit, was den Abbremsvorgang etwas verzögert und die Spiegelabsenkung vermindert. Diese Änderung läuft als *Sunkwelle* mit der Wellengeschwindigkeit W_3 in m s^{-1} zum Eintrittsquerschnitt 1, wo sie nach der Zeit $\left(T_{L1} + T_{L2} + \dfrac{L}{W_3}\right)$ in s ankommt. Damit ist die 3. Phase beendet. In allen Querschnitten herrscht der gleiche Strömungszustand. Gegenüber dem ursprünglichen Beharrungszustand ist der Flüssigkeitsspiegel tiefer, der Füllungsgrad kleiner. Die Flüssigkeit befindet sich in Ruhe.

Die *4. Phase* beginnt mit dem Eintreffen der Sunkwelle im Eintrittsquerschnitt 1 und umfaßt den Zeitabschnitt $(T_{L1} + T_{L2} + T_{L3}) < T < (T_{L1} + T_{L2} + T_{L3} + T_{L4})$ in s, Abb. 6.8 e. Die Lage des Flüssigkeitsspiegels im Stauraum ist unverändert. Der Flüssigkeitsspiegel im Kanal steigt daher auf die ursprüngliche Beharrungshöhe wieder an, der Füllungsgrad nimmt seinen ursprünglichen Beharrungswert wieder an, das Speichervolumen der Leitung nimmt zu. Die Flüssigkeit fließt aus dem Stauraum in den Kanal und füllt das wiedergewonnene Speichervolumen auf. Diese Änderung läuft als *Hebungswelle* mit der Wellengeschwindigkeit W_4 in m s^{-1} zum Austrittsquerschnitt 2, wo sie nach der Zeit $\left(T_{L1} + T_{L2} + T_{L3} + \dfrac{L}{W_4}\right)$ in s ankommt.

Damit ist die 4. Phase beendet. In allen Querschnitten herrscht der ursprüngliche Beharrungszustand; der beschriebene, in vier Phasen sich abspielende Vorgang wiederholt sich.

Bei einer reibungsfreien, idealen Flüssigkeit würde die beschriebene Schwingung bestehen bleiben und die Flüssigkeit nie zur Ruhe kommen. Bei einer wirklichen, reibungsbehafteten Flüssigkeit klingt sie mehr oder weniger rasch ab.

6.1.3 Plötzliches Schließen oder Öffnen eines Absperrorgans

Ähnliche Strömungsvorgänge spielen sich ab

beim plötzlichen Öffnen einer Abflußabsperrung, Abb. 6.5 und 6.9,
beim plötzlichen Schließen einer Zuflußabsperrung, Abb. 6.6 und 6.10,
und
beim plötzlichen Öffnen einer Zuflußabsperrung, Abb. 6.7 und 6.11.

Es sei noch darauf hingewiesen, daß — wie später begründet wird — beim Öffnen eines Absperrorgans die Schwingungen auch bei einer reibungsfreien, idealen Flüssigkeit abklingen würden.

Eine Abschnittsabsperrung unterteilt die Leitung in zwei Abschnitte, Abb. 6.3, und zwar:

in die *Druckleitung* zwischen den Querschnitten 1 und d (oder d und 2)

in die *Saugleitung* zwischen den Querschnitten s und 2 (oder 1 und s).

Für die Druckleitung ist das Absperrorgan beim Turbinenbetrieb und beim Drosselbetrieb eine Abflußabsperrung (Strecke $1-d$ in Abb. 6.12a), beim Pumpenbetrieb eine Zuflußabsperrung (Strecke $d-2$, Abb. 6.12b).

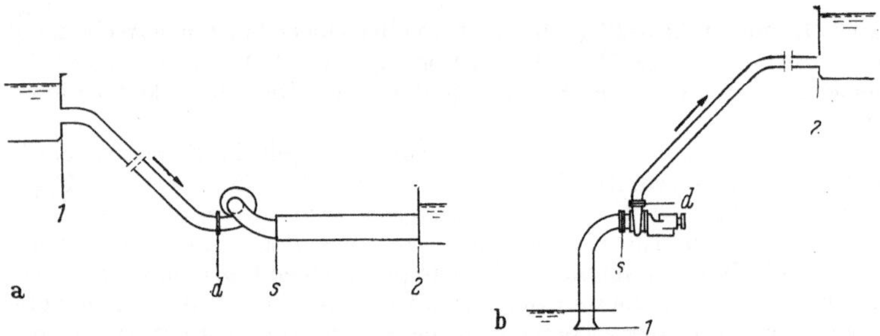

Abb. 6.12. Abschnittsabsperrung. a) als Turbine; b) als Pumpe.

Für die Saugleitung ist das Absperrorgan beim Turbinenbetrieb und beim Drosselbetrieb eine Zuflußabsperrung (Strecke $s-2$ in Abb. 6.12a), beim Pumpenbetrieb eine Abflußabsperrung (Strecke $1-s$ in Abb. 6.12b).

Die nichtstationären Strömungsvorgänge in den beiden Leitungsabschnitten entsprechen den in den Abb. 6.4 bis 6.11 dargestellten Vorgängen. Die Randbedingungen für die Querschnitte d und s lauten:

für das Schließen: $V_d = V_s = 0$ in m s^{-1};

für das Öffnen: $Q = Q(H_{d,s})$ in m^3 s^{-1}.

6.1.4 Nichtstationäre Strömung bei einem beliebigen Schließgesetz oder Öffnungsgesetz

Bei den beschriebenen nichtstationären Strömungsvorgängen wurde entweder ein idealisierter, plötzlicher Abschluß oder ein idealisiertes, plötzliches Öffnen des Absperrorgans angenommen. Die Druckwellen in Rohrleitungen und die Spiegelwellen in Kanälen haben dann eine in Wirklichkeit nicht vorkommende, eckige, scharf stufenförmige Gestalt, die sich durch das Hin- und Herpendeln zwischen den beiden Endquerschnitten der Leitung nicht ändert. Im Augenblick, in dem die Welle einen der beiden Endquerschnitte erreicht, herrscht in der ganzen Leitung der gleiche Strömungszustand. Wesentlich komplizierter sind die Vorgänge bei einem beliebigen Schließgesetz oder Öffnungsgesetz des Absperrorgans. Der Wellenkopf ist nicht mehr stufenförmig, sondern mehr oder weniger stark abgeflacht. Diese Abflachung kann sogar länger sein als die Leitung: die in einem Endquerschnitt reflektierte Welle beeinflußt dann auch die an der Störstelle entstehende neue Welle. Die Strömungsvorgänge müssen dann schrittweise ermittelt werden.

6.2 Wellengeschwindigkeit

Die relative Geschwindigkeit, mit der sich eine Zustandsänderung in der Flüssigkeit fortbewegt, soll *Wellengeschwindigkeit* genannt und mit W in m s^{-1} bezeichnet werden.

Die absolute Geschwindigkeit, mit der sich eine Zustandsänderung in der Leitung fortpflanzt, wird *absolute Wellengeschwindigkeit* genannt und mit W_{abs} in m s^{-1}, bezeichnet. Zwischen der Durchflußgeschwindigkeit V in m s^{-1}, der Wellengeschwindigkeit W in m s^{-1} und der absoluten Wellengeschwindigkeit W_{abs} in m s^{-1}, gilt die Beziehung:

$$W_{abs} = W + V \quad \text{m s}^{-1}, \qquad (6.1\,\text{a, b})$$

$$w_{abs} = w + v. \qquad (6.1\,\text{d})$$

Für die rechnerische Untersuchung der meisten in Leitungen technischer Anlagen vorkommenden nichtstationären Strömungen kann, mit ausreichender Genauigkeit, die Wellengeschwindigkeit konstant angenommen werden. Für Leitungen mit gleichbleibendem Querschnitt — für eine Rohrleitung mit konstantem Durchmesser und für einen rechteckigen Kanal bei kleinen relativen Wellenhöhen — und damit mit kleinen relativen Änderungen der Durchflußgeschwindigkeit läßt sie sich wie folgt ableiten:

Eine zu Beginn der Betrachtung im Querschnitt 1 entstehende oder ankommende Störung, z. B. eine Geschwindigkeitszunahme mit der

Beschleunigung $\dfrac{\partial V}{\partial T}$ in m s^{-2} pflanzt sich in der mit der ungestörten Geschwindigkeit V in m s^{-1} strömenden Flüssigkeit mit der Wellengeschwindigkeit W in m s^{-1} fort, Abb. 6.13a. Sie legt im angenommenen

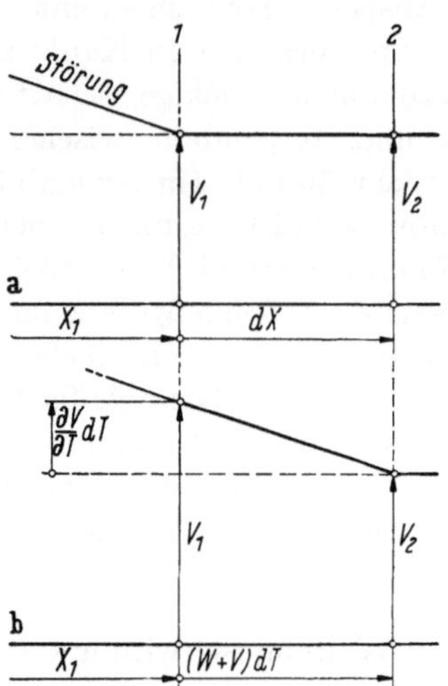

Abb. 6.13. Wellengeschwindigkeit. a) Strömungszustand im Zeitpunkt $T = 0$; b) Strömungszustand im Zeitpunkt $T = dT$.

Zeitintervall dT in s die Strecke $(W + V)\, dT$ in m zurück und erreicht den Querschnitt 2, Abb. 6.13b. In diesem Augenblick gilt:

a) für jeden zwischen 1 und 2 liegenden Querschnitt die Beziehung:

$$dV = \frac{\partial V}{\partial T}\, dT + \frac{\partial V}{\partial X}\, dX \quad \text{m s}^{-1}, \qquad (6.2\,\text{a, b})$$

$$dv = \frac{\partial v}{\partial t}\, dt + \frac{\partial v}{\partial x}\, dx. \qquad (6.2\,\text{d})$$

b) für den Querschnitt 2, in dem sich die Störung in diesem Zeitpunkt noch nicht bemerkbar macht, die Beziehung:

$$\frac{\partial V}{\partial T}\, dT + \frac{\partial V}{\partial X}\, (W + V)\, dT = 0 \quad \text{m s}^{-1}, \qquad (6.3\,\text{a, b})$$

$$\frac{\partial v}{\partial t}\, dt + \frac{\partial v}{\partial x}\, (w + v)\, dt = 0. \qquad (6.3\,\text{d})$$

Aus Gl. (6.3) folgt:

$$W + V = -\frac{\partial V/\partial T}{\partial V/\partial X} \quad \text{m s}^{-1}, \qquad (6.4\,\text{a, b})$$

$$w + v = -\frac{\partial v/\partial t}{\partial v/\partial x}. \qquad (6.4\,\text{d})$$

Die Wellengeschwindigkeit in Rohrleitungen beträgt oft das 200-fache der Durchflußgeschwindigkeit; für solche Fälle kann dann, mit ausreichender Genauigkeit, Gl. (6.4) vereinfacht werden:

$$W \approx -\frac{\partial V/\partial T}{\partial V/\partial X} \quad \text{m s}^{-1}, \qquad (6.5\,\text{a, b})$$

$$w \approx -\frac{\partial v/\partial t}{\partial v/\partial x}. \qquad (6.5\,\text{d})$$

Da sich in einer nichtstationären Strömung alle Größen gleichzeitig ändern und ihre Änderung sich mit der gleichen Geschwindigkeit in der Leitung fortpflanzt, gilt die für die Änderung der Durchflußgeschwindigkeit in Gl. (6.4) und (6.5) wiedergegebene Beziehung sinngemäß auch für die übrigen Größen. In Gl. (6.4) können somit an Stelle der Geschwindigkeit gesetzt werden:

im SI: ϱ in kg m^{-3}, A in m^2, P in kg m^{-1} s^{-2}, H in m^2 s^{-2},

im TS: γ in kp m^{-3}, A in m^2, P^* in kp m^{-2}, H^* in m,

bei dimensionsloser Darstellung: ε, a, p, h.

6.2.1 Wellengeschwindigkeit in Rohrleitungen

Die Wellengeschwindigkeit in Rohrleitungen hängt von der Kompressibilität der Flüssigkeit und von der Elastizität der Leitung ab; sie ändert sich nicht mit den Strömungsverhältnissen in der Leitung.

Die Wellengeschwindigkeit läßt sich am einfachsten ableiten

bei Vernachlässigung der Verluste

für eine horizontale, längsbewegliche Rohrleitung mit konstantem Querschnitt.

Mit diesen Annahmen und mit Gl. (6.4) für die Wellengeschwindigkeit lautet:

a) die Bewegungsgleichung

$$(W + V)\,\frac{\partial V}{\partial X} = \frac{\partial H}{\partial X} = V\,\frac{\partial V}{\partial X} + \frac{1}{\varrho}\,\frac{\partial P}{\partial X} \quad \text{m s}^{-2}, \qquad (6.6\,\text{a})$$

$$(W + V)\,\frac{\partial V}{\partial X} = g\,\frac{\partial H^*}{\partial X} = V\,\frac{\partial V}{\partial X} + \frac{g}{\gamma}\,\frac{\partial P^*}{\partial X} \quad \text{m s}^{-2}, \qquad (6.6\,\text{b})$$

$$(w + v)\,\frac{\partial v}{\partial x} = \frac{\partial h}{\partial x} = v\,\frac{\partial v}{\partial x} + \frac{1}{\varepsilon}\,\frac{\partial p}{\partial x}. \qquad (6.6\,\text{d})$$

b) die Kontinuitätsgleichung :

$$(W + V)\,\frac{\partial(\varrho A)}{\partial X} = \frac{\partial(\varrho A V)}{\partial X} = V\,\frac{\partial(\varrho A)}{\partial X} + \varrho A\,\frac{\partial V}{\partial X} \quad \text{kg m}^{-1}\,\text{s}^{-1},$$
$$(6.7\,\text{a})$$

$$(W + V)\,\frac{\partial(\gamma A)}{\partial X} = \frac{\partial(\gamma A V)}{\partial X} = V\,\frac{\partial(\gamma A)}{\partial X} + \gamma A\,\frac{\partial V}{\partial X} \quad \text{kp m}^{-1}\,\text{s}^{-1},$$
$$(6.7\,\text{b})$$

$$(w + v)\,\frac{\partial(\varepsilon a)}{\partial x} = \frac{\partial(\varepsilon a v)}{\partial x} = v\,\frac{\partial(\varepsilon a)}{\partial x} + \varepsilon a\,\frac{\partial v}{\partial x}. \qquad (6.7\,\text{d})$$

Aus dem Produkt der Gln. (6.6) und (6.7) ermittelt sich die Wellengeschwindigkeit zu:

$$W = \sqrt{\frac{1}{\varrho}\,\frac{\varrho A\,\dfrac{\partial P}{\partial X}}{\dfrac{\partial(\varrho A)}{\partial X}}} = \sqrt{\frac{1}{\varrho}\,\frac{1}{\dfrac{1}{\varrho}\,\dfrac{\partial\varrho}{\partial P} + \dfrac{1}{A}\,\dfrac{\partial A}{\partial P}}} = \sqrt{\frac{1}{\varrho\beta}} \quad \text{m s}^{-1},$$
$$(6.8\,\text{a})$$

$$W = \sqrt{\frac{g}{\gamma}\,\frac{\gamma A\,\dfrac{\partial P^*}{\partial X}}{\dfrac{\partial(\gamma A)}{\partial X}}} = \sqrt{\frac{g}{\gamma}\,\frac{1}{\dfrac{1}{\gamma}\,\dfrac{\partial\gamma}{\partial P^*} + \dfrac{1}{A}\,\dfrac{\partial A}{\partial P^*}}} = \sqrt{\frac{g}{\gamma\beta^*}} \quad \text{m s}^{-1},$$
$$(6.8\,\text{b})$$

$$w = \sqrt{\frac{1}{\varepsilon}\,\frac{\varepsilon a\,\dfrac{\partial p}{\partial x}}{\dfrac{\partial(\varepsilon a)}{\partial x}}} = \sqrt{\frac{1}{\varepsilon}\,\frac{1}{\dfrac{1}{\varepsilon}\,\dfrac{\partial\varepsilon}{\partial p} + \dfrac{1}{a}\,\dfrac{\partial a}{\partial p}}} = \sqrt{\frac{1}{\varepsilon\beta_b}}. \qquad (6.8\,\text{d})$$

β ist die relative Verkürzung der Flüssigkeitssäule für die Druckzunahme um eine Einheit; sie wird bezeichnet und angegeben:

im SI mit β in $\text{kg}^{-1}\,\text{m s}^2$,

im TS mit β^* in $\text{kp}^{-1}\,\text{m}^2$,

bei der dimensionslosen Darstellung mit β_b als dimensionslose Zahl.

Diese relative Änderung kann in zwei Schritten berechnet werden:

1. Schritt:

Das Volumen der kompressiblen Flüssigkeit in der starr angenommenen Rohrleitung wird verdichtet und die Flüssigkeitssäule dabei um

$$\frac{1}{E_W} \Delta P = \frac{1}{E_W^*} \Delta P^* = \frac{1}{e_W} \Delta p \quad \text{verkürzt.}$$

Aus dieser Beziehung folgt:

$$\text{im SI:} \quad \frac{1}{\varrho} \frac{\partial \varrho}{\partial P} = \frac{1}{E_W} \quad \text{kg}^{-1} \text{ m s}^2, \qquad (6.9\,\text{a})$$

$$\text{im TS:} \quad \frac{1}{\gamma} \frac{\partial \gamma}{\partial P^*} = \frac{1}{E_W^*} \quad \text{kp}^{-1} \text{ m}^2 \qquad (6.9\,\text{b})$$

$$\text{bei dimensionsloser Darstellung:} \quad \frac{1}{\varepsilon} \frac{\partial \varepsilon}{\partial p} = \frac{1}{e_W}. \qquad (6.9\,\text{d})$$

E_W ist der Elastizitätsmodul der Flüssigkeit.

2. Schritt:

Das Volumen der elastischen Rohrleitung bei einer inkompressibel angenommenen Flüssigkeit wird gedehnt und die Flüssigkeitssäule dabei um $\dfrac{D}{S} \dfrac{1}{E_{St}} \Delta P$ relativ verkürzt[1].

Aus dieser Beziehung folgt:

$$\text{im SI:} \quad \frac{1}{A} \frac{\partial A}{\partial P} = \frac{D}{S} \frac{1}{E_{St}} \quad \text{kg}^{-1} \text{ m s}^2, \qquad (6.10\,\text{a})$$

$$\text{im TS:} \quad \frac{1}{A} \frac{\partial A}{\partial P^*} = \frac{D}{S} \frac{1}{E_{St}^*} \quad \text{kp}^{-1} \text{ m}^2, \qquad (6.10\,\text{b})$$

$$\text{bei dimensionsloser Darstellung:} \quad \frac{1}{a} \frac{\partial a}{\partial p} = \frac{d}{s} \frac{1}{e_{St}}. \qquad (6.10\,\text{d})$$

E_{St} ist der Elastizitätsmodul des Rohrleitungs-Werkstoffes, $\dfrac{S}{D} = \dfrac{s}{d}$ ist die auf den Rohrdurchmesser bezogene Wandstärke.

---

[1] Die Durchflußfläche wird relativ um

$$\frac{(D + \Delta D)^2 - D^2}{D^2} \approx \frac{2\Delta D}{D} = \frac{2}{D} \left(\frac{1}{2 S E_{St}} D^2 \right) \Delta P = \frac{D}{S} \frac{1}{E_{St}} \Delta P$$

vergrößert, die Länge des betrachteten Flüssigkeitselementes um diesen Betrag verkürzt.

Mit den Gln. (6.9) und (6.10) folgt aus Gl. (6.8) die Wellengeschwindigkeit in einer frei verlegten Rohrleitung:

$$W = \sqrt{\dfrac{1}{\varrho}\dfrac{1}{\dfrac{1}{E_W}+\dfrac{D}{S}\dfrac{1}{E_{\mathrm{St}}}}} \quad \mathrm{m\ s^{-1}}, \qquad (6.11\,\mathrm{a})$$

$$W = \sqrt{\dfrac{g}{\gamma}\dfrac{1}{\dfrac{1}{E_W^*}+\dfrac{D}{S}\dfrac{1}{E_{\mathrm{St}}^*}}} \quad \mathrm{m\ s^{-1}}, \qquad (6.11\,\mathrm{b})$$

$$w = \sqrt{\dfrac{1}{\varepsilon}\dfrac{1}{\dfrac{1}{e_W}+\dfrac{d}{s}\dfrac{1}{e_{\mathrm{St}}}}}. \qquad (6.11\,\mathrm{d})$$

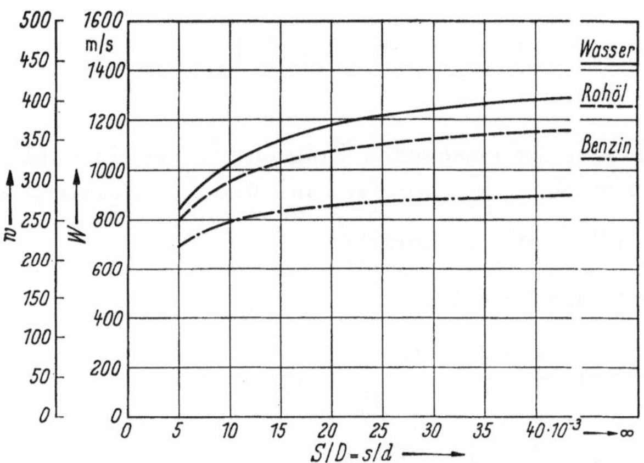

Abb. 6.14. Wellengeschwindigkeit in Stahlrohren.

In Abb. 6.14 sind die Wellengeschwindigkeit W in m s^{-1} und die bezogene Wellengeschwindigkeit w als Funktionen der relativen Wandstärke $\dfrac{S}{D}=\dfrac{s}{d}$ für frei verlegte Stahlrohre für drei verschiedene Flüssigkeiten — für Wasser, für Rohöl und für Benzin — dargestellt. Bei Druckstollen hängt die Wellengeschwindigkeit vom Elastizitätsmodul des Felsens, E_F, ab; sie wird oft als Funktion des Verhältnisses E_F/E_W angegeben, Abb. 6.15[1].

---

[1] Vgl. Tölke, F.: Über die konstruktive Gestaltung der druckstoßgefährdeten Teile von Wasserkraftanlagen. Veröffentlichung zur Erforschung der Druckstoßprobleme, Zweites Heft Berlin/Göttingen/Heidelberg: Springer 1956.

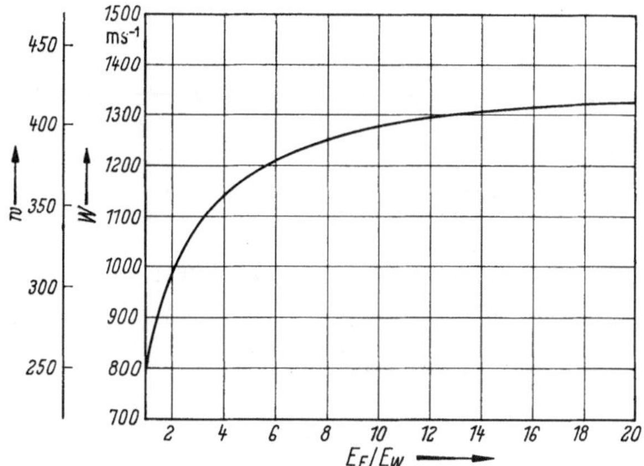

Abb. 6.15. Wellengeschwindigkeit in Stollen.

Aus beiden Bildern geht hervor, daß bei Wasser die Wellengeschwindigkeit zwischen 900 und 1300 m s⁻¹, die bezogene Wellengeschwindigkeit zwischen 300 und 400 liegt; sie beträgt oft das 200-fache der bei stark belasteten Rohrleitungen von Wasserkraftanlagen üblichen Durchflußgeschwindigkeiten. Bei der Ermittlung der absoluten Wellengeschwindigkeit kann daher die Durchflußgeschwindigkeit vernachlässigt werden, also $W_{\mathrm{abs}} \approx W$ in m s⁻¹ gesetzt werden.

6.2.2 Wellengeschwindigkeit in Kanälen

Die Wellengeschwindigkeit in Kanälen hängt von der Flüssigkeitstiefe ab; sie ändert sich somit mit den Strömungsverhältnissen im Kanal. Die Wellengeschwindigkeit läßt sich am einfachsten ableiten

bei Vernachlässigung der Verluste
für einen rechteckigen, geraden Kanal mit horizontaler Sohle.

Bei niedrigen Wellenhöhen ΔY in m und großen Tiefen Y in m und damit bei relativ kleinen Durchflußgeschwindigkeiten und Geschwindigkeitsänderungen lautet mit obigen Annahmen und mit Gl. (6.4)

a) die Bewegungsgleichung

$$(W + V) \frac{\partial V}{\partial X} = \frac{\partial H}{\partial X} = V \frac{\partial V}{\partial X} + g \frac{\partial Y}{\partial X} \quad \mathrm{m\,s^{-2}}, \qquad (6.12\,\mathrm{a})$$

$$(W + V) \frac{\partial V}{\partial X} = g \frac{\partial H^*}{\partial X} = V \frac{\partial V}{\partial X} + g \frac{\partial Y}{\partial X} \quad \mathrm{m\,s^{-2}}, \qquad (6.12\,\mathrm{b})$$

$$(w + v) \frac{\partial v}{\partial x} = \frac{\partial h}{\partial x} = v \frac{\partial v}{\partial x} + \frac{\partial y}{\partial x}. \qquad (6.12\,\mathrm{d})$$

b) die Kontinuitätsgleichung

$$(W + V)\,\frac{\partial Y}{\partial X} = \frac{\partial (Y V)}{\partial X} = V\,\frac{\partial Y}{\partial X} + Y\,\frac{\partial V}{\partial X} \quad \text{m s}^{-1}, \quad (6.13\,\text{a, b})$$

$$(w + v)\,\frac{\partial y}{\partial x} = \frac{\partial (y v)}{\partial x} = v\,\frac{\partial y}{\partial x} + y\,\frac{\partial v}{\partial x}. \quad (6.13\,\text{d})$$

Aus dem Produkt der beiden Gln. (6.12) und (6.13) ermittelt sich die Wellengeschwindigkeit zu:

$$W = \sqrt{g\,Y} \quad \text{m s}^{-1}, \quad (6.14\,\text{a, b})$$

$$w = \sqrt{y}. \quad (6.14\,\text{d})$$

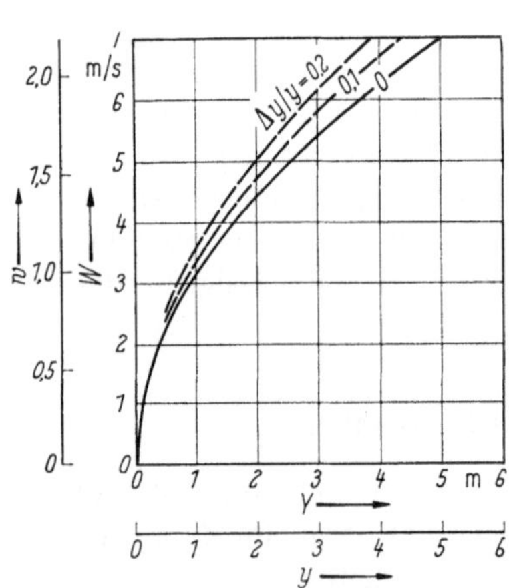

Abb. 6.16. Wellengeschwindigkeit in Kanälen.

Abb. 6.17. Wellengeschwindigkeit in Kanälen nach Saint-Venant.

In Abb. 6.16 sind die Wellengeschwindigkeit W in m s^{-1} und die bezogene Wellengeschwindigkeit w für eine mittlere Erdbeschleunigung $g = 9{,}81$ m s^{-2} als Funktionen der Tiefe dargestellt. Bei einer Tiefe $Y = 1$ m ist $W \approx 3{,}13$ m s^{-1} oder $w = 1$. Diese Werte sind wesentlich kleiner als die Wellengeschwindigkeiten in Rohrleitungen. Bei der Berechnung der absoluten Wellengeschwindigkeit darf die Durchflußgeschwindigkeit nicht mehr vernachlässigt werden.

Bei größeren relativen Wellenhöhen, $\dfrac{\Delta Y}{Y} = \dfrac{\Delta y}{y}$, kann die Wellengeschwindigkeit, näherungsweise, mit einer von *Saint-Venant* (1870) für ein *stufenförmiges Wellenprofil*, $\dfrac{\partial Y}{\partial X} = \dfrac{\partial y}{\partial x} = \infty$, mit Hilfe des Impulssatzes abgeleiteten Formel berechnet werden. Die Wellengeschwindigkeit läßt sich am einfachsten ableiten

bei Vernachlässigung der Verluste,

für einen rechteckigen, geraden Kanal mit horizontaler Sohle mit gleichbleibender Breite $B = B(X) = \text{const}$ in m.

Es soll eine durch eine sprunghafte Erhöhung des Durchflusses verursachte Störung betrachtet werden, die eine Vergrößerung der Geschwindigkeit der gleichförmigen Strömung um ΔV in m s^{-1} bewirkt. Aus den Strömungsverhältnissen in den beiden mit der ungestörten Geschwindigkeit V in m s^{-1} sich fortbewegenden Kontrollquerschnitten 1 und 2 folgt für den Zeitpunkt, in dem die Wellenfront den Kontrollquerschnitt 2 einholt:

a) die Kontinuitätsgleichung, Abb. 6.17 a,

$$B(Y + \Delta Y)\,\Delta V = B\Delta Y W \quad \text{m}^3\,\text{s}^{-1}, \qquad\qquad (6.15\,\text{a, b})$$

$$b(y + \Delta y)\,\Delta v = b\Delta y w, \qquad\qquad (6.15\,\text{d})$$

b) die Impulsgleichung aus Gl. (1.4), Abb. 6.17 b,

$$(\varrho\, B\, \Delta Y\, W)\, W - [\varrho\, B(Y + \Delta Y)\,\Delta V]\,\Delta V$$

$$= B Y (g\varrho\,\Delta Y) + B\Delta Y \left(g\varrho\,\frac{\Delta Y}{2}\right) \quad \text{kg m s}^{-2}, \qquad (6.16\,\text{a})$$

$$\left(\frac{\gamma}{g}\, B\, \Delta Y\, W\right) W - \left[\frac{\gamma}{g}\, B(Y + \Delta Y)\,\Delta V\right]\Delta V$$

$$= B Y (\gamma\,\Delta Y) + B\Delta Y \left(\gamma\,\frac{\Delta Y}{2}\right) \quad \text{kp}, \qquad (6.16\,\text{b})$$

$$(\varepsilon b\,\Delta y\, w)\, w - [\varepsilon b(y + \Delta y)\,\Delta v]\,\Delta v = by\,(\varepsilon\Delta y) + b\Delta y \left(\varepsilon\,\frac{\Delta y}{2}\right).$$

$$(6.16\,\text{d})$$

Die Wellengeschwindigkeit ergibt sich aus diesen beiden Gleichungen durch das Eliminieren von ΔV in m s^{-1} zu:

$$W = \sqrt{g Y \left[1 + \frac{3}{2}\,\frac{\Delta Y}{Y} + \frac{1}{2}\left(\frac{\Delta Y}{Y}\right)^2\right]} \quad \text{m s}^{-1}, \qquad (6.17\,\text{a, b})$$

$$w = \sqrt{y \left[1 + \frac{3}{2}\,\frac{\Delta y}{y} + \frac{1}{2}\left(\frac{\Delta y}{y}\right)^2\right]}. \qquad\qquad (6.17\,\text{d})$$

Bei kleinen relativen Wellenhöhen, $\dfrac{\Delta Y}{Y} = \dfrac{\Delta y}{y}$, geht Gl. (6.17) in Gl. (6.14) über.

Der Einfluß der relativen Wellenhöhe auf die Wellengeschwindigkeit kann Abb. 6.16 entnommen werden.

7. Nichtstationäre Strömungen in Rohrleitungen

Der Zusammenhang zwischen der Geschwindigkeit oder dem Durchfluß und dem Druck in einer Rohrleitung wird abgeleitet unter der Annahme:

a) eines konstanten Leitungsquerschnittes (mit gleichbleibendem Durchmesser und gleichbleibender Rohrwandstärke),

b) einer gleichförmigen Geschwindigkeitsverteilung in jedem Querschnitt und

c) vernachlässigbar kleiner Verluste.

7.1 Grundgleichungen für die nichtstationäre Strömung in Rohrleitungen mit konstantem Querschnitt

Die Bewegungsgleichung (1.13) und die Kontinuitätsgleichung (1.20) können mit den oben gemachten Annahmen auf den ganzen Leitungsquerschnitt angewendet werden. Gl. (1.13) kann geschrieben werden[1]:

$$\frac{\partial V}{\partial T} = -\frac{\partial H}{\partial X} \quad \text{m s}^{-2}, \tag{7.1a}$$

$$\frac{\partial V}{\partial T} = -g\frac{\partial H^*}{\partial X} \quad \text{m s}^{-2}, \tag{7.1b}$$

$$\frac{\partial v}{\partial t} = -\frac{\partial h}{\partial x}. \tag{7.1d}$$

Sie läßt sich mit Hilfe der Formel für die Wellengeschwindigkeit, Gl. (6.3), wie folgt umformen:

$$\frac{\partial V}{\partial X} = -\frac{1}{W^2}\frac{\partial H}{\partial T} \quad \text{s}^{-1}, \tag{7.2a}$$

$$\frac{\partial V}{\partial X} = -\frac{g}{W^2}\frac{\partial H^*}{\partial T} \quad \text{s}^{-1}, \tag{7.2b}$$

$$\frac{\partial v}{\partial x} = -\frac{1}{w^2}\frac{\partial h}{\partial t}. \tag{7.2d}$$

Die Lösung dieser Differentialgleichungen hängt von den Randbedingungen in den beiden Endquerschnitten ab, die sich bei der nichtstatio-

---

[1] Aus der Annahme a) folgt:

$$\frac{\partial H}{\partial X} \approx \frac{\partial H_{\text{St}}}{\partial X}, \quad \frac{\partial H^*}{\partial X} \approx \frac{\partial H^*_{\text{St}}}{\partial X}, \quad \frac{\partial h}{\partial x} \approx \frac{\partial h_{\text{St}}}{\partial x}.$$

nären Strömung mit der Zeit ändern. Sie beschreibt die Strömungszustände in einer Rohrleitung mit konstantem Querschnitt, sie gibt also die Geschwindigkeit, oder den Durchfluß, und die Energie der Flüssigkeit als Funktion des Ortes und der Zeit wieder. Am einfachsten läßt sich dieser Zusammenhang für einen *gedachten, mit der Wellengeschwindigkeit zwischen den beiden Endquerschnitten hin und her pendelnden Gleitquerschnitt* ermitteln.

7.2 Strömungszustände in einem Gleitquerschnitt

Für die Ermittlung der Strömungszustände in einem zwischen den beiden Endquerschnitten mit der Wellengeschwindigkeit hin und her pendelnden Gleitquerschnitt werden nachstehend nur die dimensionslosen Differentialgleichungen (7.1 d) und (7.2 d) benutzt.

Die beiden Gl. (7.1 d) und (7.2 d) werden einmal nach x und einmal nach t differenziert:

$$\frac{\partial^2 v}{\partial x\,\partial t} = -\frac{\partial^2 h}{\partial x^2}, \tag{7.3 d}$$

$$\frac{\partial^2 v}{\partial x^2} = -\frac{1}{w^2}\frac{\partial^2 h}{\partial x\,\partial t}, \tag{7.4 d}$$

$$\frac{\partial^2 v}{\partial t^2} = -\frac{\partial^2 h}{\partial x\,\partial t}, \tag{7.5 d}$$

$$\frac{\partial^2 v}{\partial x\,\partial t} = -\frac{1}{w^2}\frac{\partial^2 h}{\partial t^2}. \tag{7.6 d}$$

Werden aus diesen vier neuen Differentialgleichungen die Glieder $\dfrac{\partial^2 v}{\partial x\,\partial t}$ und $\dfrac{\partial^2 h}{\partial x\,\partial t}$ eliminiert, so ergeben sich 2 Differentialgleichungen zweiter Ordnung:

$$\frac{\partial^2 h}{\partial x^2} = \frac{1}{w^2}\frac{\partial^2 h}{\partial t^2} \tag{7.7 d}$$

$$\frac{\partial^2 v}{\partial x^2} = \frac{1}{w^2}\frac{\partial^2 v}{\partial t^2}. \tag{7.8 d}$$

Die *d'Alembertsche Lösung* dieser Differentialgleichungen lautet:

$$h(x, t) = C_h + \Phi\left(t - \frac{x}{w}\right) + \Psi\left(t + \frac{x}{w}\right), \tag{7.9 d}$$

$$wv(x, t) = C_v + \Phi\left(t - \frac{x}{w}\right) - \Psi\left(t + \frac{x}{w}\right). \tag{7.10 d}$$

Darin sind:

C_h und C_v Integrationskonstanten, die aus den Randbedingungen bestimmt werden,

$\Phi\left(t - \dfrac{x}{w}\right)$ und $\Psi\left(t + \dfrac{x}{w}\right)$ Funktionen von x und t, die für einen zwischen den Endquerschnitten mit der Wellengeschwindigkeit w hin und her gleitenden Querschnitt zu Konstanten werden;

für einen mit der Geschwindigkeit $+w$ in der $+x$-Richtung gleitenden Querschnitt ist $x = w(t - t_0)$ und $\Phi\left(t - \dfrac{x}{w}\right) = \Phi(t_0)$,

für einen mit der Geschwindigkeit $-w$ in der $-x$-Richtung gleitenden Querschnitt ist $x = -w(t - t_0)$ und $\Psi\left(t + \dfrac{x}{w}\right) = \Psi(t_0)$.

Wird in die Gln. (7.9d) und (7.10d) $x = +w(t - t_0)$ eingeführt und werden die neuen Gleichungen addiert, so ergibt sich für einen in der $+x$-Richtung gleitenden Querschnitt die Beziehung:

$$h(x, t) = -wv(x, t) + C_h + C_v + 2\Phi(t_0). \tag{7.11d}$$

Wird in die Gln. (7.9d) und (7.10d) $x = -w(t - t_0)$ eingeführt und wird Gl. (7.10d) von Gl. (7.9d) subtrahiert, so ergibt sich für einen in der $-x$-Richtung gleitenden Querschnitt die Beziehung:

$$h(x, t) = wv(x, t) + C_h - C_v + 2\Psi(t_0). \tag{7.12d}$$

Wie bereits erwähnt wurde, müssen die Konstanten C_h, C_v, $2\Phi(t_0)$ und $2\Psi(t_0)$ aus den Randbedingungen ermittelt werden. Sind für irgendeinen Querschnitt x_1 im Zeitpunkt t_1 die Werte $h(x_1, t_1)$ und $v(x_1, t_1)$ gegeben, so folgt aus (7.11d) und (7.12d):

$$C_h + C_v + 2\Phi(t_0) = h(x_1, t_1) + wv(x_1, t_1) \tag{7.13d}$$

$$C_h - C_v + 2\Psi(t_0) = h(x_1, t_1) - wv(x_1, t_1). \tag{7.14d}$$

Der Zusammenhang zwischen der bezogenen Geschwindigkeit v, oder dem bezogenen Durchfluß $q = av$, und der bezogenen spezifischen Energie h lautet somit

a) für einen in der $+x$-Richtung mit der Geschwindigkeit $+w$ gleitenden Querschnitt:

$$h(x, t) - h(x_1, t_1) = -w[v(x, t) - v(x_1, t_1)] \tag{7.15d}$$

$$= -\frac{w}{a}[q(x, t) - q(x_1, t_1)] \tag{7.16d}$$

b) für einen in der $-x$-Richtung mit der Geschwindigkeit $-w$ gleitenden Querschnitt:

$$h(x, t) - h(x_1, t_1) = +w[v(x, t) - v(x_1, t_1)] \qquad (7.17\,\mathrm{d})$$

$$= +\frac{w}{a}\,[q(x, t) - q(x_1, t_1)]. \qquad (7.18\,\mathrm{d})$$

Die Gleichungen (7.16 d) und (7.18 d) lauten:

im SI:

$$H(X, T) - H(X_1, T_1) = -\frac{W}{A}\,[Q(X, T) - Q(X_1, T_1)] \quad \mathrm{m^2\,s^{-2}},$$

$$(7.16\,\mathrm{a})$$

$$H(X, T) - H(X_1, T_1) = +\frac{W}{A}\,[Q(X, T) - Q(X_1, T_1)] \quad \mathrm{m^2\,s^{-2}},$$

$$(7.18\,\mathrm{a})$$

im TS:

$$H^*(X, T) - H^*(X_1, T_1) = -\frac{W}{gA}\,[Q(X, T) - Q(X_1, T_1)] \quad \mathrm{m}$$

$$(7.16\,\mathrm{b})$$

$$H^*(X, T) - H^*(X_1, T_1) = +\frac{W}{gA}\,[Q(X, T) - Q(X_1, T_1)] \quad \mathrm{m}.$$

$$(7.18\,\mathrm{d})$$

Im Durchfluß-Energie-Diagramm wird der Strömungszustand

in einem in der positiven Richtung gleitenden Querschnitt, der x_1 im Zeitpunkt t_1 passiert, durch eine Gerade mit negativer Neigung, durch die sogenannte *Stoßgerade*, dargestellt, Abb. 7.1,

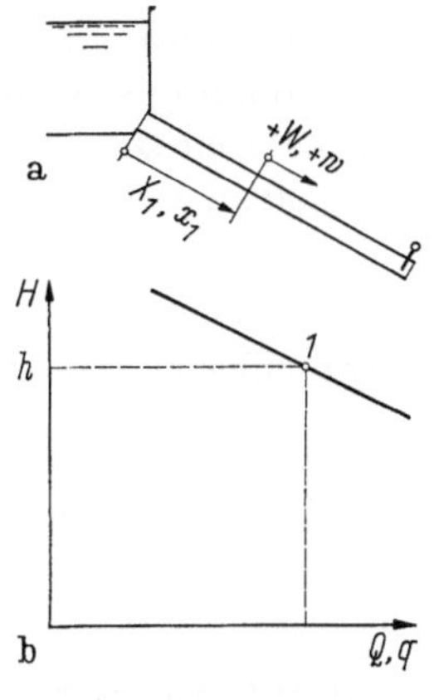

Abb. 7.1. Stoßgerade.

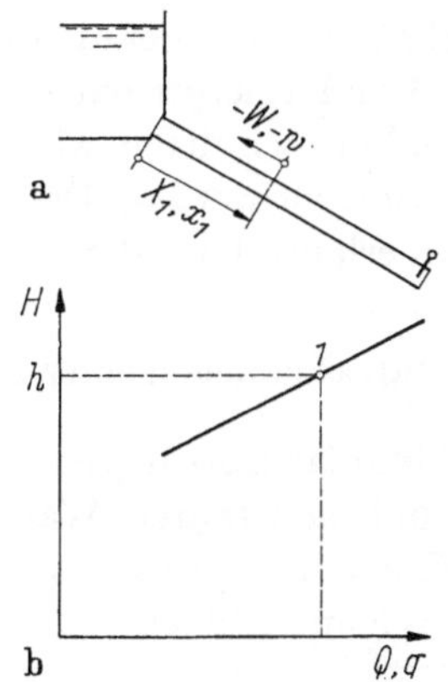

Abb. 7.2. Gespiegelte Stoßgerade.

10 Hutarew, Technische Hydraulik, 2. Aufl.

in einem in der negativen Richtung gleitenden Querschnitt, der x_1 im Zeitpunkt t_1 passiert, durch eine Gerade mit positiver Neigung, durch die *gespiegelte Stoßgerade*, dargestellt, Abb. 7.2 [1].

Die Neigung der Stoßgeraden ermittelt sich zu:

$$\frac{dH}{dQ} = \mp \frac{W}{A} \quad \mathrm{m^{-1}\,s^{-1}} \tag{7.19a}$$

$$\frac{dH^*}{dQ} = \mp \frac{W}{gA} \quad \mathrm{m^{-2}\,s}, \tag{7.19b}$$

$$\frac{dh}{dq} = \mp \frac{w}{a}. \tag{7.19d}$$

In Diagrammen mit auf den Nenndurchfluß und die Nennenergie bezogenen Werten ist die Neigung der Stoßgeraden eine dimensionslose Zahl:

$$h_{AN} = \frac{d(H/H_N)}{d(Q/Q_N)} = \frac{d(H^*/H_N^*)}{d(Q/Q_N)} = \frac{d(h/h_N)}{d(q/q_N)}$$

$$= \mp \frac{W}{A}\frac{Q_N}{H_N} = \mp \frac{W}{gA}\frac{Q_N}{H_N^*} = \mp \frac{w}{a}\frac{q_N}{h_N}. \tag{7.19}$$

Der Wert h_{AN} wird *relativer Allievi-Stoß* genannt.

Bei einer Rohrleitung mit gleichbleibendem Durchmesser und konstanter Wandstärke ist die Wellengeschwindigkeit und damit die Neigung der Stoßgeraden konstant.

7.3 Rechnen mit Stoßgeraden bei Leitungen mit konstantem Querschnitt

Mit Hilfe der Stoßgeraden und der gespiegelten Stoßgeraden können Durchfluß und Energie einer nichtstationären Strömung sowohl in den beiden Endquerschnitten wie auch in jedem beliebigen Querschnitt der Leitung ermittelt werden. Das Rechenverfahren soll an einigen typischen Beispielen erläutert werden.

7.3.1 Lineares Schließen einer Abflußabsperrung (Schließen einer Turbine)

Die Abflußabsperrung einer Rohrleitung mit gleichbleibendem Querschnitt und konstanter Wandstärke nach Abb. 7.3 soll in der Zeit $T_S = 4\,T_r$ s linear geschlossen werden, d. h. der auf einen gleichbleibenden Energieunterschied vor und nach dem Absperrorgan bezogene

---

[1] Dieses graphische Verfahren wurde von Schnyder (1929) und unabhängig von ihm von Bergeron (1933) angegeben.

Durchfluß wird in der Zeiteinheit stets um den gleichen Betrag vermindert, Abb. 7.4a. Es ist also $\dfrac{dQ}{dT} = \text{const}$ in $m^3\,s^{-2}$. Die Oberfläche des Stauraumes wird unendlich groß, sein Flüssigkeitsspiegel wird also auf einer gleichbleibenden Höhenkote angenommen. Durch die Leitung fließt im Beharrungszustand vor Beginn des Schließvorganges der Nenndurchfluß Q_N in $m^3\,s^{-1}$ und vor dem Absperrorgan herrscht die spezifische Nennenergie H_N in $m^2\,s^{-2}$; im Diagramm mit den bezogenen Größen, Abb. 7.4b, ist dieser Punkt mit „1" bezeichnet.

Die Randbedingung des unteren Leitungsendes bis zum Beginn des Schließens, die Ausflußparabel für volle Öffnung des Absperrorgans, ist

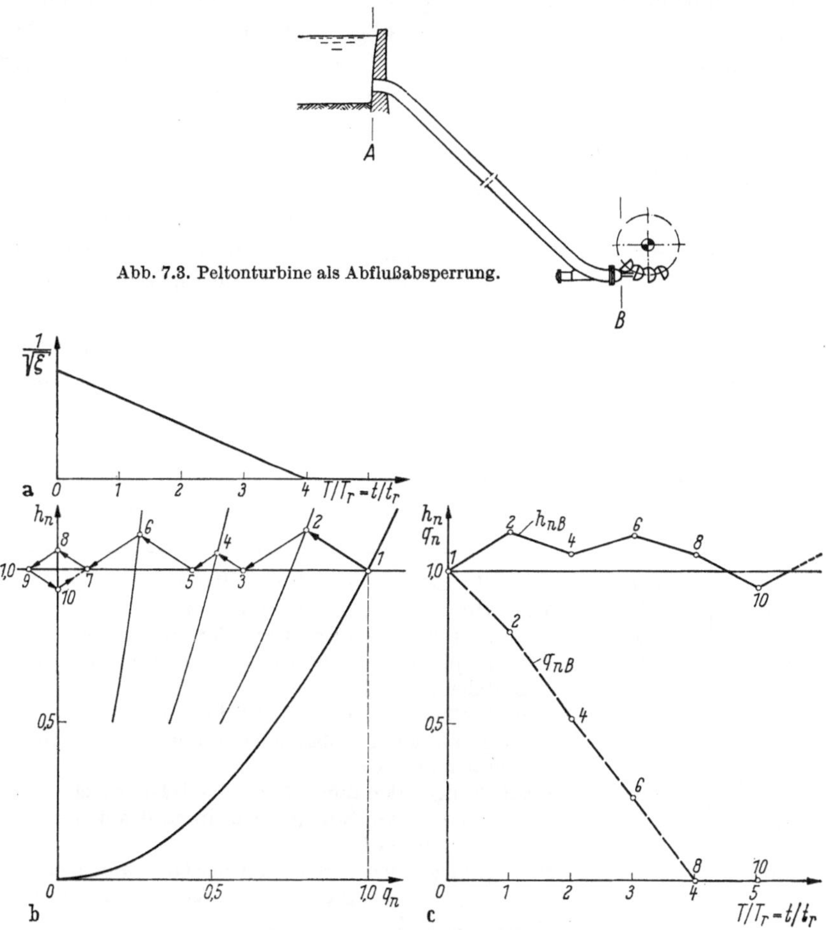

Abb. 7.3. Peltonturbine als Abflußabsperrung.

Abb. 7.4. Druckschwankungen beim linearen Schließen der Turbine von Abb. 7.3.
a) Schließgesetz; b) Rechengang mit Stoßgeraden; c) Energie (—) und Durchfluß (- - -) vor der Abflußabsperrung.

10*

durch diesen Punkt 1 und den Koordinatenursprung bestimmt. Da die
Verluste in der Leitung vernachlässigt wurden, beschreibt der Punkt 1
den Strömungszustand auch im oberen Leitungsende, und zwar bis zum
Zeitpunkt $0{,}5\ T_r$ in s (bis $0{,}5\ t_r$). Die Stoßgerade durch 1 stellt in diesem
Diagramm den Zusammenhang zwischen dem Durchfluß und der Energie
für jeden vom Eintritt zum Austritt gleitenden Querschnitt dar, der den
Eintrittsquerschnitt spätestens im Zeitpunkt $0{,}5\ T_r$ in s verläßt; der
genau in diesem Zeitpunkt startende Gleitquerschnitt erreicht den Austritt im Zeitpunkt $1\ T_r$ in s.

Der so gestartete Gleitquerschnitt findet hier das 3/4-offene Absperrorgan mit einer neuen Ausflußparabel vor. Der Strömungszustand im
Austrittsquerschnitt in diesem Zeitpunkt wird durch den Schnittpunkt 2
der neuen Ausflußparabel mit der Stoßgeraden durch 1 bestimmt. Der
Strömungszustand eines im Zeitpunkt T_r in s vom Austritt zum Eintritt
startenden Gleitquerschnitts wird durch die gespiegelte Stoßgerade
durch 2 beschrieben; dieser Gleitquerschnitt erreicht den Eintrittsquerschnitt im Zeitpunkt $1{,}5\ T_r$. Er findet hier, da der Flüssigkeitsspiegel im
Stauraum sich nicht ändert und die Verluste vernachlässigt wurden, die
Randbedingung $H/H_N = H^*/H_N^* = h/h_N = \text{const} = 1{,}0$ vor, die im
Diagramm durch eine Horizontale durch 1 dargestellt wird. Der Strömungszustand im Eintrittsquerschnitt in diesem Zeitpunkt wird durch
den Schnittpunkt 3 der gespiegelten Stoßgeraden durch 2 und der Horizontalen durch 1 bestimmt. Der Rechnungsgang wird sinngemäß fort-
gesetzt; er wurde zwecks besserer Übersicht in der nachstehenden Tabelle
zusammengestellt.

Zeitpunkt $T/T_r = t/t_r$	Quer-schnitt	Strömungszustand bestimmt durch den Schnittpunkt:
bis 0	alle	1 der Horizontalen mit der 4/4-Parabel
bis 0,5	A	1 der Horizontalen mit der 4/4-Parabel
1,0	B	2 der Stoßgeraden durch 1 mit der 3/4-Parabel
1,5	A	3 der gespiegelten Stoßgeraden durch 2 mit der Horizontalen durch 1
2,0	B	4 der Stoßgeraden durch 3 mit der 2/4-Parabel
2,5	A	5 der gespiegelten Stoßgeraden durch 4 mit der Horizontalen durch 1
3,0	B	6 der Stoßgeraden durch 5 mit der 1/4-Parabel
3,5	A	7 der gespiegelten Stoßgeraden durch 6 mit der Horizontalen durch 1
4,0	B	8 der Stoßgeraden durch 7 mit der Ordinatenachse
4,5	A	9 der gespiegelten Stoßgeraden durch 8 mit der Horizontalen durch 1
5,0	B	10 der Stoßgeraden durch 9 mit der Ordinatenachse
usw.		

Auf diese Weise wurden die Strömungszustände bestimmt:

im Austritt in den Zeitpunkten   0 1,0 2,0 3,0 4,0 5,0 usw.
im Eintritt in den Zeitpunkten   0,5 1,5 2,5 3,5 4,5 5,5 usw.

Sie sind in Abb. 7.4c eingetragen und zwecks besserer Übersicht die h-Punkte und die q-Punkte miteinander durch Geraden verbunden. Es sei noch bemerkt, daß die Druckschwankungen in der Rohrleitung bei einer idealen Flüssigkeit auch nach Abschluß des Absperrorgans bestehen bleiben, während sie bei einer wirklichen, reibungsbehafteten Flüssigkeit abklingen.

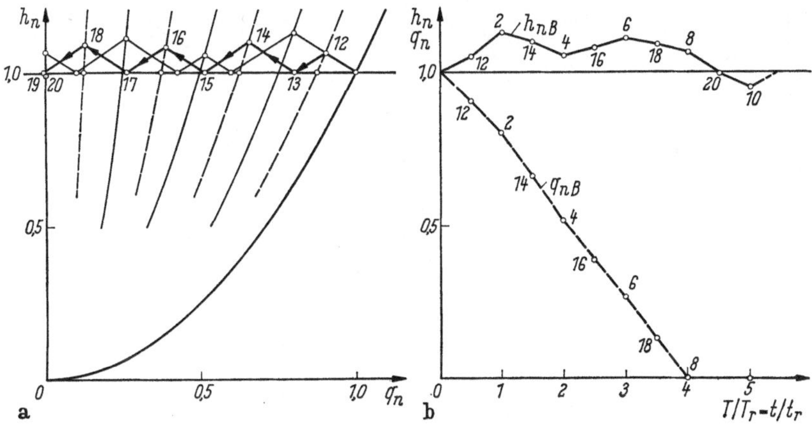

Abb. 7.5. Bestimmung des Strömungszustandes in Zwischenpunkten für das Beispiel Abb. 7.4. a) Rechengang mit Stoßgeraden; b) Energie (—) und Durchfluß (- - -) vor der Abflußabsperrung.

Der Strömungszustand in den Endquerschnitten kann auch für andere dazwischenliegende Zeitpunkte berechnet werden. Die Stoßgerade durch 1 gilt für alle vom Eintritt bis zum Zeitpunkt 0,5 T_r in s startenden Gleitquerschnitte. Der Abschnitt 1—2 auf der Stoßgeraden stellt daher die Änderung des Strömungszustandes im Austrittsquerschnitt während des Zeitabschnitts $(0\cdots 1,0)\ T_r$ in s dar. Für einen bestimmten Augenblick, z. B. für 0,5 T_r, ergibt sich der Strömungszustand aus dem Schnittpunkt der 7/8-Parabel mit der genannten Stoßgeraden durch 1, Abb. 7.5. Dieser Schnittpunkt ist der Ausgang für die Ermittlung der Zwischenwerte; der Schnittpunkt der gespiegelten Stoßgeraden durch diesen Ausgangspunkt mit der Horizontalen durch 1 beschreibt den Strömungszustand im Zeitpunkt 1,0 T_r in s. Der Schnittpunkt der Stoßgeraden durch diesen Punkt mit der 5/8-Parabel ergibt den Strömungszustand im Austritt im Zeitpunkt 1,5 T_r in s usw.

7.3.2 Lineares Öffnen einer Abflußabsperrung (Öffnen einer Turbine)

Die nichtstationären Vorgänge in der Rohrleitung der in Abb. 7.3 dargestellten Anlage bei einem linearen Öffnen der Abflußabsperrung z. B. in $4\ T_r$ in s, Abb. 7.6a, lassen sich in gleicher Weise wie beim Schließen

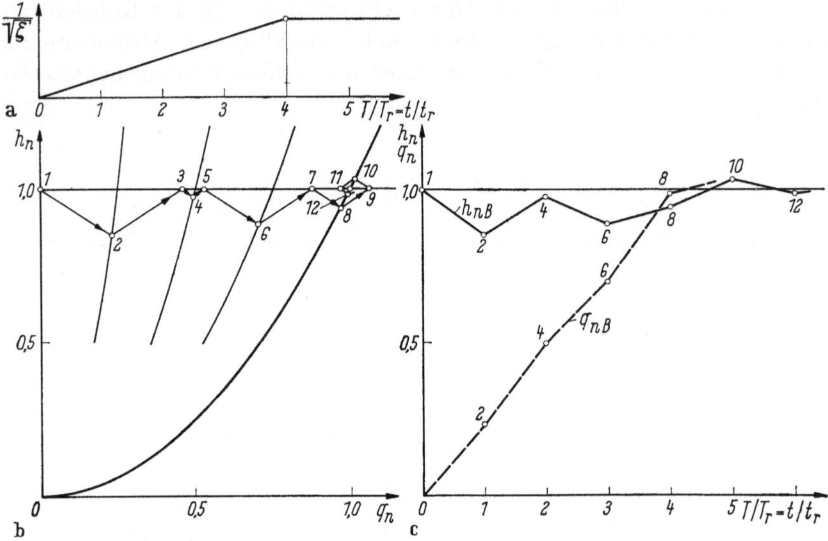

Abb. 7.6. Druckschwankungen beim linearen Öffnen der Turbine von Abb. 7.3.
a) Öffnungsgesetz; b) Rechengang mit Stoßgeraden; c) Energie (—) und Durchfluß (- - -) vor der Abflußabsperrung.

Zeitpunkt $T/T_r = t/t_r$	Quer-schnitt	Strömungszustand bestimmt durch den Schnittpunkt:
bis 0	alle	1 der Horizontalen mit der Ordinatenachse
bis 0,5	A	1 der Horizontalen mit der Ordinatenachse
1,0	B	2 der Stoßgeraden durch 1 mit der 1/4-Parabel
1,5	A	3 der gespiegelten Stoßgeraden durch 2 mit der Horizontalen durch 1
2,0	B	4 der Stoßgeraden durch 3 mit der 2/4-Parabel
2,5	A	5 der gespiegelten Stoßgeraden durch 4 mit der Horizontalen durch 1
3,0	B	6 der Stoßgeraden durch 5 mit der 3/4-Parabel
3,5	A	7 der gespiegelten Stoßgeraden durch 6 mit der Horizontalen durch 1
4,0	B	8 der Stoßgeraden durch 7 mit der 4/4-Parabel
4,5	A	9 der gespiegelten Stoßgeraden durch 8 mit der Horizontalen durch 1
5,0 usw.	B	10 der Stoßgeraden durch 9 mit der 4/4-Parabel

der Abflußabsperrung berechnen. Der Ausgangspunkt 1 der Rechnung ist der Schnittpunkt 1 der Horizontalen $H/H_N = H^*/H_N^* = h/h_N = 1{,}0$ mit der Ordinatenachse, Abb. 7.6b. Der Rechengang ist in der nebenstehenden Tabelle zusammengestellt. Die Strömungszustände in den beiden Endquerschnitten der Leitung für die in der Tabelle angegebenen Zeitpunkte sind in Abb. 7.6c eingetragen. Es sei noch bemerkt, daß beim Öffnen einer Abflußabsperrung die Druckschwankungen in der Leitung nach Beendigung eines Öffnungsvorganges auch bei einer idealen, reibungslosen Flüssigkeit abklingen würden.

Die größte Druckschwankung bei einem linearen Öffnen einer Abflußabsperrung tritt immer am Ende der ersten Reflexionsperiode auf.

7.3.3 Lineares Schließen und lineares Öffnen einer Zuflußabsperrung

Diese Vorgänge sollen für eine Kreiselpumpenanlage nach Abb. 7.7 untersucht werden. Beim Abstellen der Pumpenanlage wird zuerst der druckseitige Pumpenschieber geschlossen und erst dann der Antriebsmotor abgeschaltet. Beim Anfahren der Pumpenanlage wird zuerst der

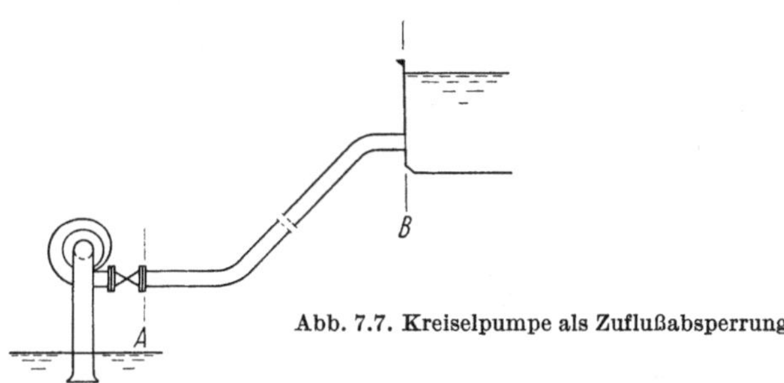

Abb. 7.7. Kreiselpumpe als Zuflußabsperrung.

Pumpenmotor eingeschaltet und der druckseitige Pumpenschieber erst nach Erreichen der Nenndrehzahl geöffnet. Die Randbedingungen des unteren Endquerschnittes, des *Eintrittsquerschnittes*, ermitteln sich aus der Pumpendrosselkurve vermindert um die jeweilige Drosselkurve des druckseitigen Pumpenschiebers; die in der Pumpe an die Flüssigkeit übertragene mechanische Energie wird um die im Schieber in Wärme umgewandelte Energie verkleinert. Die Randbedingungen des oberen Querschnittes, des *Austrittsquerschnittes*, werden, bei Vernachlässigung der Verluste in der Rohrleitung, durch die horizontale Gerade $H/H_N = H^*/H_N^* = h/h_N = 1{,}0$ dargestellt.

Die Berechnung der Vorgänge bei einem linearen Schließen in $T_S = 3\,T_r$ in s ist in Abb. 7.8, die Berechnung der Vorgänge bei einem linearen Öffnen in $T_{\ddot{o}} = 3\,T_r$ in s ist in Abb. 7.9 wiedergegeben. Aus diesen Untersuchungen folgt, daß bei einer idealen, reibungslosen Flüssigkeit die Druckschwankungen nach Abschluß der Rohrleitung weiter bestehen

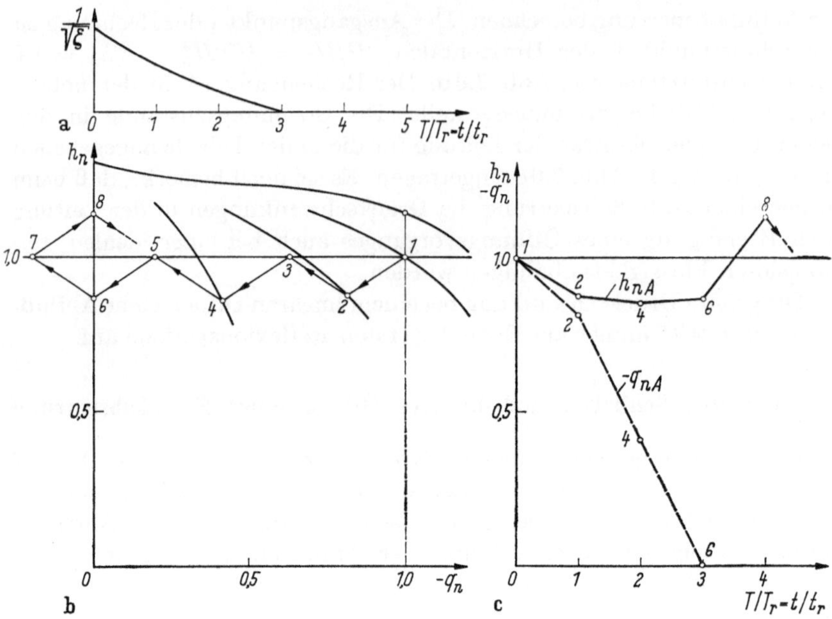

Abb. 7.8. Druckschwankungen beim linearen Schließen des druckseitigen Pumpenschiebers.
a) Schließgesetz des druckseitigen Pumpenschiebers; b) Rechengang mit Stoßgeraden; c) Energie
($-$) und Durchfluß (- - -) hinter der Zuflußabsperrung.

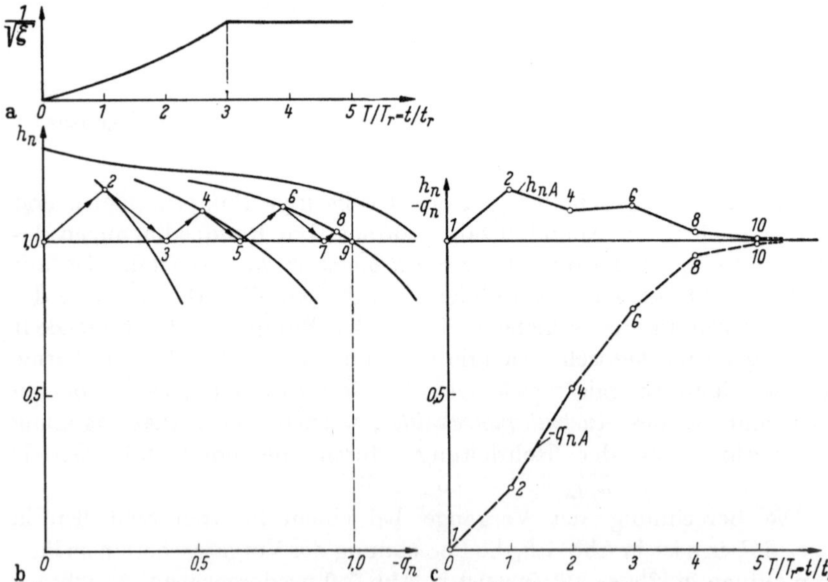

Abb. 7.9. Druckschwankungen beim linearen Öffnen des druckseitigen Schiebers.
a) Öffnungsgesetz des Schiebers; b) Rechengang mit Stoßgeraden; c) Energie ($-$) und Durchfluß
(- - -) hinter der Zuflußabsperrung.

bleiben, während sie nach dem Öffnen des Absperrorgans, nach dem Hochfahren der Pumpe, mehr oder weniger rasch abklingen.

Es sei noch darauf hingewiesen, daß die von der Pumpe geförderte Flüssigkeit in der $-x$-Richtung fließt; der Pumpenförderstrom ist daher in die Rechnung mit einem negativen Vorzeichen einzuführen.

7.3.4 Ermittlung der größten Druckschwankung bei einem linearen Schließen oder einem linearen Öffnen

Bei vielen Aufgaben genügt es, die größte Drucksteigerung oder die größte Druckabsenkung in der gegebenen Leitung bei einer linearen Betätigung ihrer Abflußabsperrung, Abb. 7.10a, oder ihrer Zuflußabsperrung, Abb. 7.10b, festzustellen.

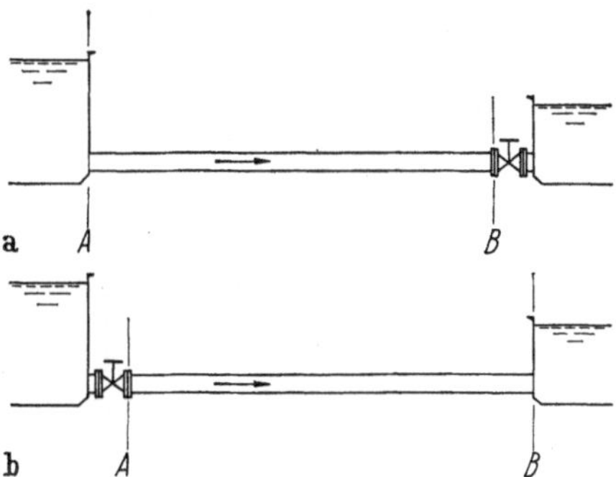

Abb. 7.10. Idealisierte Anordnung. a) einer Abflußabsperrung; b) einer Zuflußabsperrung.

Bei einem linearen Schließen oder einem linearen Öffnen hängt diese Druckschwankung $(h_{UN})_{\max} = \left(\dfrac{H - H_N}{H_N}\right)_{\max} = \left(\dfrac{H^* - H_N^*}{H_N^*}\right)_{\max} = \left(\dfrac{h - h_N}{h_N}\right)_{\max}$ ab:

von der Neigung der Druckstoßgeraden, also vom größten relativen Allievi-Druckstoß h_{AN} und

von der relativen Schließzeit $T_S/T_r = t_S/t_r$ bzw. von der relativen Öffnungszeit $T_Ö/T_r = t_Ö/t_r$.

Es können grundsätzlich zwei Fälle unterschieden werden:

1) lineares Schließen oder lineares Öffnen eines Absperrorgans, das nur in seinen Endlagen und niemals in einer Zwischenstellung stehen bleiben kann;

2) lineares Schließen oder lineares Öffnen eines Regelorgans aus jeder beliebigen Stellung.

7.3.4.1 Lineares Schließen oder lineares Öffnen eines Absperrorgans

Die größte Druckschwankung beim linearen Öffnen tritt am Ende der ersten Reflexionsperiode auf. Sie ermittelt sich mit den aus Abb. 7.11 abgeleiteten Beziehungen:

$$(h_{UN})_{\max} = h_{AN}\, q_{n1} \tag{7.20}$$

und

$$(h_{UN})_{\max} = 1 - \frac{q_{n1}^2}{q_{nr}^2}. \tag{7.21}$$

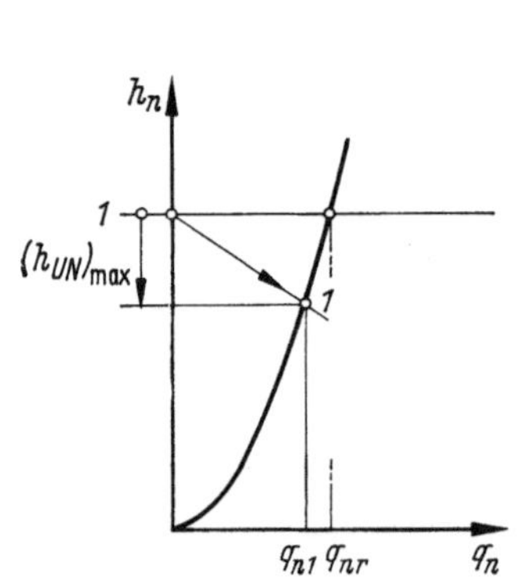

Abb. 7.11. Die größte Druckschwankung beim linearen Öffnen.

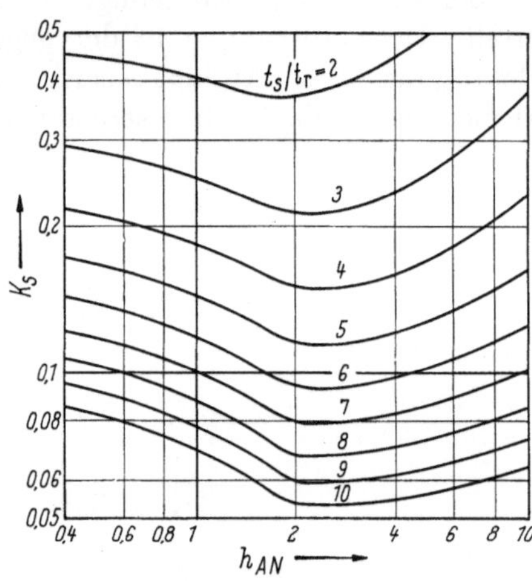

Abb. 7.12. Druckstoßbeiwert K_S für ein lineares Schließen.

Durch Eliminieren von q_{n1} folgt mit $\dfrac{1}{q_{nr}} = \dfrac{T_{\ddot o}}{T_r} = \dfrac{t_{\ddot o}}{t_r}$:

$$(h_{UN})_{\max} = \frac{-1 \mp \sqrt{1 + 4\left(\dfrac{1}{h_{AN}}\right)^2 \left(\dfrac{T_{\ddot o}}{T_r}\right)^2}}{2\left(\dfrac{1}{h_{AN}}\right)^2 \left(\dfrac{T_{\ddot o}}{T_r}\right)^2}. \tag{7.22}$$

Das obere Vorzeichen gilt für eine Abschlußabsperrung, das untere Vorzeichen gilt für eine Zuflußabsperrung.

Die größte Druckschwankung beim linearen Schließen eines Absperrorgans ermittelt sich aus:

$$(h_{UN})_{\max} = \pm\, K_S(h_{AN},\, t_S/t_r). \tag{7.23}$$

Der Wert $K_S(h_{AN},\, t_S/t_r)$ kann dem Diagramm Abb. 7.12 entnommen werden. Wie bereits erwähnt wurde, tritt die größte Druckschwankung beim linearen Öffnen eines Absperrorgans immer am Ende der ersten Reflexionsperiode auf, Abb. 7.13a; die größte Druckschwankung beim linearen Schließen kann auch zu einem späteren Zeitpunkt auftreten, Abb. 7.13b.

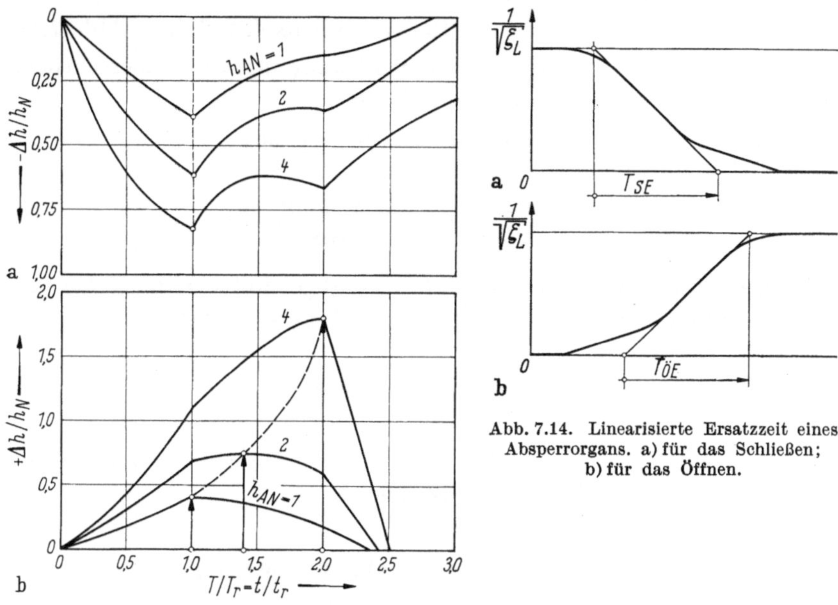

Abb. 7.14. Linearisierte Ersatzzeit eines Absperrorgans. a) für das Schließen; b) für das Öffnen.

Abb. 7.13. Größte Druckschwankung.
a) während eines linearen Öffnens; b) während eines linearen Schließens.

Die geschilderte überschlägige Rechnung kann oft mit ausreichender Genauigkeit auch dann angewendet werden, wenn das Absperrorgan nicht linear betätigt wird. In einem solchen Fall kann das Betätigungsgesetz linearisiert und die größte Druckschwankung mit einer *relativen Ersatzschließzeit* $T_{SE}/T_r = t_{SE}/t_r$, Abb. 7.14a, oder mit einer *relativen Ersatzöffnungszeit* $T_{\ddot{O}E}/T_r = t_{\ddot{O}E}/t_r$, Abb. 7.14b, berechnet werden. Der in diesen Abbildungen erscheinende Widerstandsbeiwert ζ_L ist der *Verlustbeiwert der gesamten Anlage*; er setzt sich zusammen aus den auf einen gemeinsamen Durchmesser, z. B. auf den Nenndurchmesser der Rohrleitung, umgerechneten Verlustbeiwerten der einzelnen Verluste. Es ist also:

$$\zeta_L = \zeta_{\text{Eintritt}} + \zeta_{\text{Rohr}} + \zeta_{\text{Absperr}} + \zeta_{\text{Austritt}}. \qquad (7.24)$$

7.3.4.2 Lineares Schließen oder lineares Öffnen eines Regelorgans

Ein Regelorgan kann aus jeder beliebigen Stellung zwischen den beiden Endstellungen: „*auf*" und „*zu*" betätigt werden. Da die Durchflußparabeln mit kleiner werdendem Durchfluß immer steiler werden, bis sie bei geschlossenem Regelorgan in die Ordinatenachse übergehen, tritt die größte Druckschwankung $(h_{UN})_{\max}$ auf:

beim vollständigen Schließen des Regelorgans aus einer Zwischenstellung in 1 T_r in s, Abb. 7.15;

beim Öffnen des geschlossenen Regelorgans nach 1 T_r in s, Abb. 7.11. Soll $(h_{UN})_{\max}$, die größte zulässige Druckschwankung, nicht überschritten werden, so ergibt sich die kürzeste Zeit für:

a) lineares Schließen aus Abb. 7.15 mit $q_N = 1$ zu:

$$T_{S\min} = \frac{q_N}{q_{nr}} T_r = \frac{h_{AN}}{(h_{UN})_{\max}} T_r \quad \text{s}, \tag{7.25}$$

b) lineares Öffnen mit den aus Abb. 7.11 abgeleiteten Gln. (7.21) und (7.22), durch Eliminieren von q_{n1} und mit $q_N = 1$ zu:

$$T_{\ddot{O}\min} = \frac{q_N}{q_{nr}} T_r = \frac{h_{AN}}{(h_{UN})_{\max}} \sqrt{1 - (h_{UN})_{\max}} \; T_r \quad \text{s}. \tag{7.26}$$

Diese kürzeste Öffnungszeit, $T_{\ddot{O}\min}$ in s, ist identisch mit der kürzesten Öffnungszeit eines Absperrorgans (Ziffer 7.3.4.1).

7.3.5 Schwingen einer Abflußabsperrung

Wird eine Abflußabsperrung in der Weise abwechselnd um einen freigewählten, gleichbleibenden Betrag geschlossen und geöffnet, daß die Überdruckwelle der 1. Phase (vgl. Ziffer 6.1.1) auf das weniger geöffnete Absperrorgan, die Druckminderungswelle der 3. Phase auf das mehr geöffnete Absperrorgan trifft, so kann es — falls die Schwingungsfrequenz der Absperrung mit der Schwingungsfrequenz $\dfrac{1}{2T_r}$ in s^{-1} der Rohrleitung übereinstimmt — zu einer Resonanzschwingung kommen. Die Amplituden der aufgezwungenen Druckschwingung erreichen nach dem Einschwingvorgang, Abb. 7.16a, einen bestimmten Grenzwert, die *Amplitude der Resonanzschwingung*, $(h_{UN})_{\max}$, Abb. 7.16b.

In diesem Schwingungszustand liegt der Schnittpunkt 1 der Stoßgeraden mit der Ausflußparabel B des weniger geöffneten Absperrorgans auf der gleichen Abszisse wie der Schnittpunkt 3 der Stoßgeraden mit der Ausflußparabel A des mehr geöffneten Absperrorgans; beide Stoßgeraden und beide gespiegelte Stoßgeraden bilden ein gleichseitiges Parallelogramm; es ist $q_{n1} = q_{n3}$. Aus den Beziehungen:

$$(h_{UN})_{\max} = h_{3,M} = 1 - \frac{q_{n1}^2}{q_{nA}^2}, \tag{7.27}$$

und

$$(h_{UN})_{max} = h_{M,1} = \frac{q_{n1}^2}{q_{nB}^2} - 1 \qquad (7.28)$$

folgt:

$$q_{n1} = q_{nA}\,q_{nB}\,\sqrt{\frac{2}{q_{nA}^2 + q_{nB}^2}}\,. \qquad (7.29)$$

Mit diesem Wert von q_{n1} ergibt sich aus Gl. (7.27) — oder aus Gl. (7.28) — die Amplitude der Druckschwingung zu:

$$(h_{UN})_{max} = \frac{q_{nA}^2 - q_{nB}^2}{q_{nA}^2 + q_{nB}^2}\,. \qquad (7.30)$$

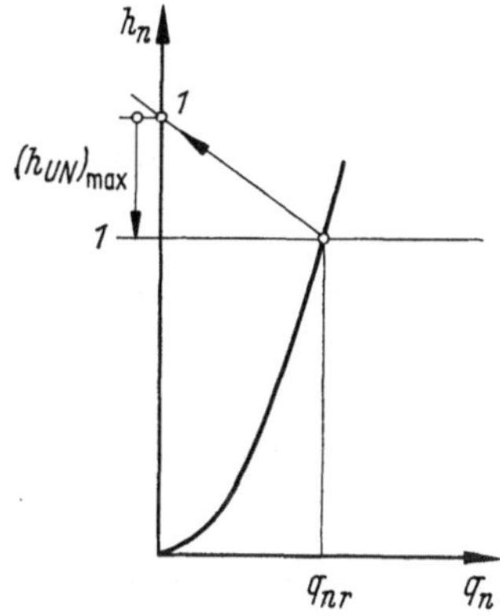

Abb. 7.15. Größte Druckschwankung beim Schließen eines Absperrorgans in 1 T_r s.

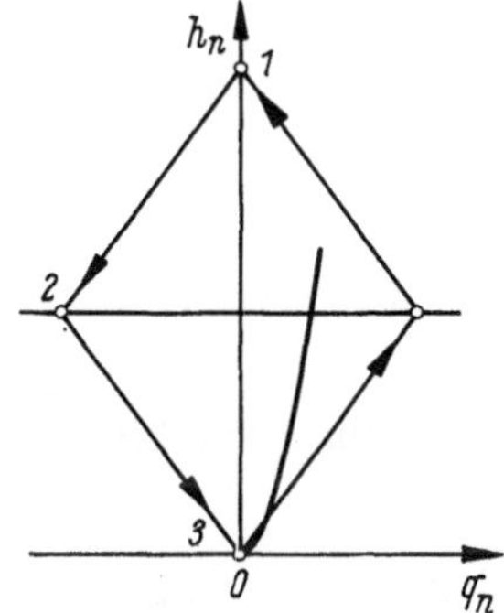

Abb. 7.17. Größte Druckschwankung bei einer Resonanzschwingung zwischen q_{nA} und $q_{nB} = 0$.

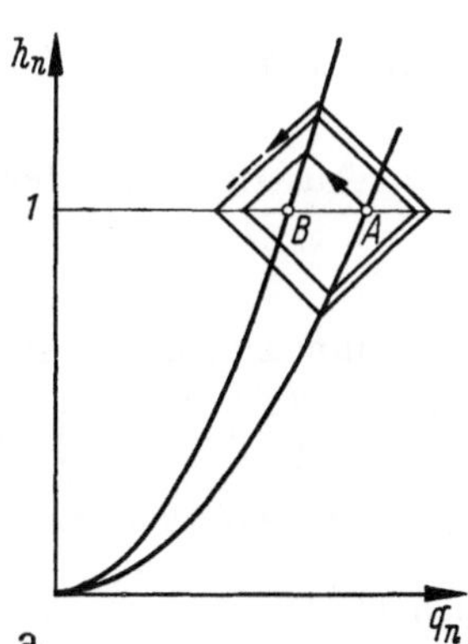

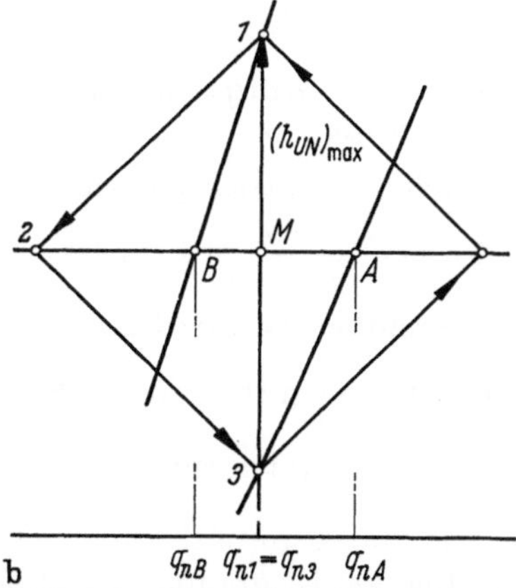

Abb. 7.16. Schwingungen einer Abflußabsperrung. a) Einschwingvorgang; b) Resonanzschwingung.

Die größte Druckschwankung tritt bei einer Schwingung mit $q_{nB} = 0$ auf, wenn also in einem von den beiden Schwingungsausschlägen das Absperrorgan ganz geschlossen wird. Es ist dann $(h_{UN})_{\max} = 1{,}0$, Abb. 7.17, der Druck in der Rohrleitung steigt auf den *doppelten* Wert an. Aus diesem Grund können pulsierende Leckströme die Druckrohrleitung einer stillstehenden Anlage besonders gefährden.

Aus Gl. (7.30) folgt, daß die *Amplitude der Druckschwingung von der Neigung der Stoßgeraden*, also von den Abmessungen der Rohrleitung *unabhängig ist*; sie hängt nur vom Verhältnis der doppelten Amplitude $q_{A,B}$ der *Durchflußschwingung* zum kleinsten Durchfluß q_{nB} ab, was aus der mit $q_{nB} = (q_{nA} - q_{A,B})$ umgeformten Gl. (7.30), bei Vernachlässigung des Gliedes mit $q_{A,B}^2$ leicht zu erkennen ist. Gl. (7.30) lautet dann:

$$(h_{UN})_{\max} \approx \frac{q_{A,B}}{q_{nB}}. \tag{7.31}$$

Eine Durchflußamplitude $\dfrac{q_{A,B}}{q_{nB}}$ erzeugt um so größere Druckamplituden h_{UN}, je kleiner der kleinste Durchfluß $q_{nB} > 0$ ist.

Es sei noch darauf hingewiesen, daß die vorstehenden Beziehungen unter Vernachlässigung der Reibungsverluste abgeleitet wurden.

7.3.6 Ermittlung der Strömungszustände in einem beliebigen Punkt der Rohrleitung

Mit Hilfe der Stoßgeraden können auch Strömungszustände in jedem Punkt der Rohrleitung berechnet werden. Der Zusammenhang zwischen dem Durchfluß und der Energie in einem Querschnitt C im Zeitpunkt T_C in s, Abb. 7.18a, wird definiert durch zwei Gleitquerschnitte, die in diesem Zeitpunkt in C zusammentreffen, und zwar:

1. durch den Gleitquerschnitt, der vom Eintritt im Zeitpunkt $T_C - \dfrac{X_C}{W}$ in s startet.

2. durch den Gleitquerschnitt, der vom Austritt im Zeitpunkt $T_C - \dfrac{L - X_C}{W}$ in s startet.

Im Durchfluß-Energie-Diagramm ist der Strömungszustand beschrieben durch den Schnittpunkt der Stoßgeraden durch $\left(0,\, t_C - \dfrac{x_C}{w}\right)$ mit der gespiegelten Stoßgeraden durch $\left(l,\, t_C - \dfrac{l - x_C}{w}\right)$, Abb. 7.18b.

Die Startpunkte für die beiden Gleitquerschnitte müssen im Durchfluß-Energie-Diagramm mit Hilfe der Stoßgeraden aus ihren Anfangspunkten in der ersten Reflexionsperiode ermittelt werden. Für den vom

Eintritt ankommenden Gleitquerschnitt ist dieser Anfangspunkt $\left[l,\, t_C - \dfrac{(2i-1)\,l + x_C}{w}\right]$, für den vom Austritt ankommenden Gleit-

querschnitt ist dieser Anfangspunkt $\left[l,\, t_C - \dfrac{(2i-1)\,l - x_C}{w}\right]$.

„i" ist die Ordnungszahl der betrachteten Reflexionsperiode.

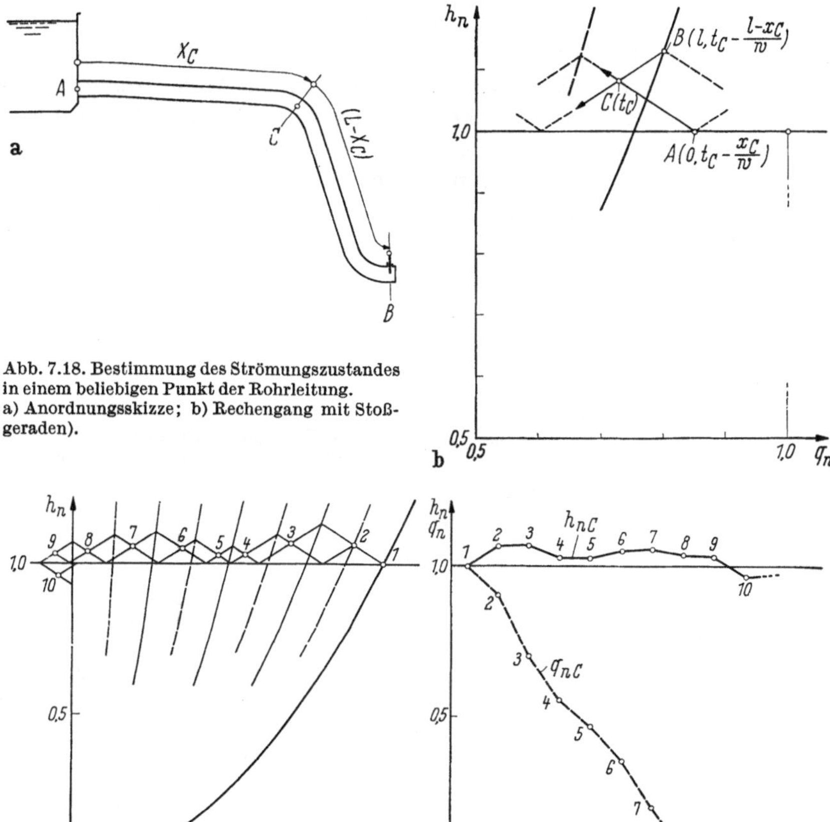

Abb. 7.18. Bestimmung des Strömungszustandes in einem beliebigen Punkt der Rohrleitung.
a) Anordnungsskizze; b) Rechengang mit Stoßgeraden).

Abb. 7.19. Druckschwankungen beim linearen Schließen einer Abflußabsperrung nach Abb. 7.18 a
a) Rechengang mit Stoßgeraden; b) Energie (—) und Durchfluß (- - -) im Zwischenpunkt C.

Besonders einfach ist die Rechnung für $\dfrac{x_C}{l} = \dfrac{1}{2}$, also für den in der

Mitte der Rohrleitung liegenden Querschnitt. Die Strömungszustände in diesem Leitungsquerschnitt werden mit nur zwei Stoßgeraden-Zügen gefunden: der eine Zug geht vom Punkt $(l, 0)$, der andere Zug vom

Punkt $(l, 0,5)$ aus. Die Strömungszustände werden für die Zeitpunkte $T/T_r = t/t_r = 0; = 0,25; = 0,75; = 1,25; = 1,75$ usw. gefunden. In Abb. 7.19 ist eine solche Rechnung für das lineare Schließen einer Abflußabsperrung nach Abb. 7.18a in $T_S/T_r = t_S/t_r = 4$ durchgeführt.

7.3.7 Schließen oder Öffnen einer Abschnittsabsperrung

Wie bereits in Ziffer 6.1 erwähnt wurde, wird durch eine Abschnittsabsperrung eine Rohrleitung in zwei Teile mit verschiedenen Energiewerten unterteilt. Der Energieunterschied wird im Absperrquerschnitt konzentriert gedacht, also als Energiesprung angenommen. Er wird bei einem Regelorgan in Wärmeenergie umgewandelt, bei einer Wasserturbine dem Wasser entzogen und durch die rotierende Welle weitergeleitet, bei einer Pumpe an die Förderflüssigkeit übertragen. Der

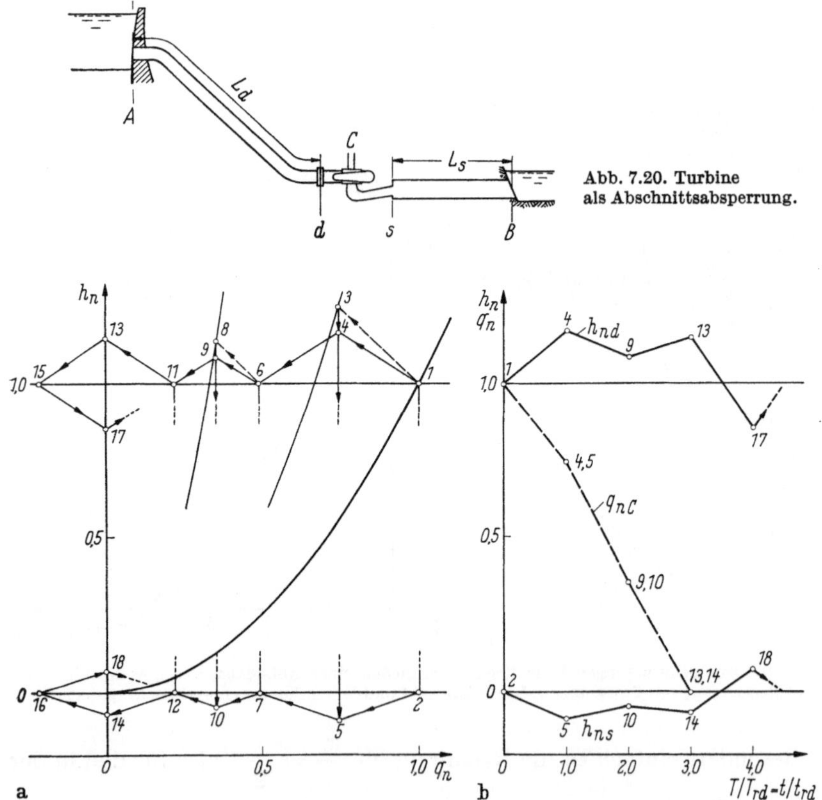

Abb. 7.20. Turbine als Abschnittsabsperrung.

Abb. 7.21. Druckschwankungen beim linearen Schließen der Turbinenanlage nach Abb. 7.20 bei $t_{rd} = t_{rs}$. a) Rechengang mit Stoßgeraden; b) Energie ($-$) vor und hinter der Turbine und Durchfluß ($\cdots$) der Turbine.

Zusammenhang zwischen diesem Energieunterschied und dem Durchfluß wird durch die *Durchflußkurve* beschrieben.

Wird bei einer Anordnung nach Abb. 7.20 die Abschnittsabsperrung z. B. linear geschlossen, so entsteht in der Druckleitung vor dem Absperrorgan eine Energieerhöhung, in der Saugleitung hinter dem Absperrorgan eine Energieerniedrigung. Beide Erscheinungen vergrößern den Durchfluß. Sie werden mit den *überlagerten Stoßgeraden* ermittelt, die durch *Addition der Ordinaten* der Stoßgeraden der Druckleitung und der gespiegelten Stoßgeraden der Saugleitung gefunden werden.

Die Strömungszustände beim linearen Schließen in $T_S/T_{rd} = t_S/t_{rd} = 3$ einer in der Mitte der Rohrleitung angeordneten Wasserturbine sind in Abb. 7.21 dargestellt; um die Rechnung möglichst übersichtlich zu gestalten, wurden die Verluste in der Rohrleitung vernachlässigt und die Reflexionszeit der Druckleitung gleich der Reflexionszeit der Saugleitung angenommen, also mit $T_{rd} = T_{rs} = T_r/2$ in s gerechnet. Der Rechnungsgang ist in der nachstehenden Tabelle zusammengestellt.

Zeitpunkt $T/T_{rd} = t/t_{rd}$	Querschnitt	Strömungszustand bestimmt durch den Schnittpunkt
bis 0	alle in der Druckleitung	1 der Horizontalen h_{nA} = const mit der 3/3-Parabel
	alle in der Saugleitung	2 der Horizontalen h_{nB} = const mit der q_n =1-Ordinate
bis 0,5	A	1 der Horizontalen h_{nA} = const mit der 3/3-Parabel
	B	2 der Horizontalen h_{nB} = const mit der q_n =1-Ordinate
1,0	C	3 der überlagerten Stoßgeraden $(h_{ANd} + h_{ANs})$ durch 1 mit der 2/3-Parabel
	d	4 der Stoßgeraden h_{ANd} durch 1 mit der Ordinate von 3
	s	5 der gespiegelten Stoßgeraden h_{ANs} durch 2 mit der Ordinate von 3
1,5	A	6 der gespiegelten Stoßgeraden h_{ANd} durch 4 mit der Horizontalen durch 1
	B	7 der Stoßgeraden h_{ANs} durch 5 mit der Horizontalen durch 2
2,0	C	8 der überlagerten Stoßgeraden $(h_{ANd} + h_{ANs})$ durch 6 mit der 1/3 Parabel
	d	9 der Stoßgeraden h_{ANd} durch 6 mit der Ordinate von 8
	s	10 der gespiegelten Stoßgeraden h_{ANs} durch 7 mit der Ordinate von 8
2,5	A	11 der gespiegelten Stoßgeraden h_{ANd} durch 9 mit der Horizontalen durch 1
	B	12 der Stoßgeraden h_{ANs} durch 10 mit der Horizontalen durch 2
usw.		

Die Rechnung wird umfangreicher, wenn die beiden Reflexionszeiten nicht gleich sind. Im Punkt C der Leitung müssen die Gleitquerschnitte beider Leitungsteile immer gleichzeitig eintreffen, eine Forderung, die nur durch Wahl verschiedener Startzeiten in der ersten Reflexionsperiode erfüllt werden kann. Das bedeutet aber, daß mehrere Züge für die Stoßgerade eines Leitungsteiles (zweckmäßigerweise des Leitungsteiles mit der kürzeren Reflexionszeit) gezeichnet werden müssen. In Abb. 7.22 ist ein Beispiel für das Schließen der Abschnittsabsperrung in $T_S = 2T_{rd} = 4T_{rs}$ in s wiedergegeben.

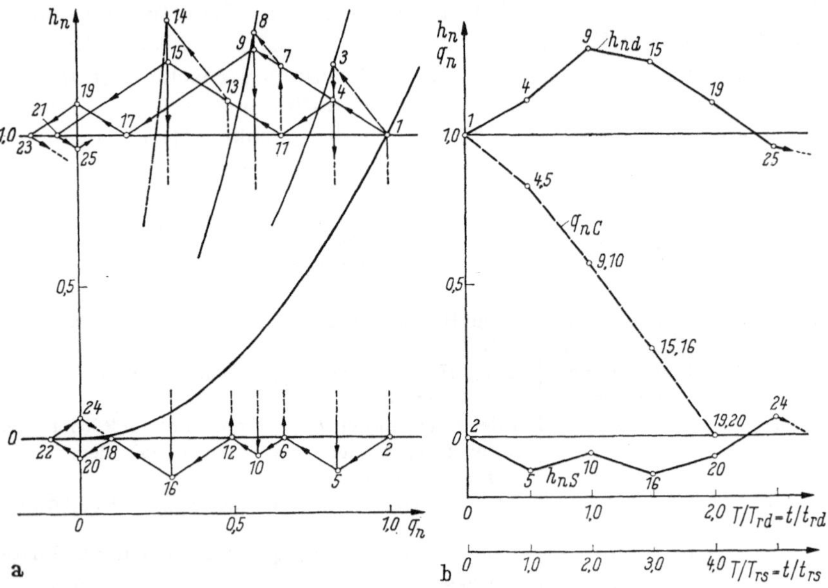

Abb. 7.22. Druckschwankungen beim linearen Schließen der Turbine nach Abb. 7.20 bei $t_{rd} = 2t_{rs}$. a) Rechengang mit Stoßgeraden; b) Energie ($-$) vor und hinter der Turbine und Durchfluß ($- - -$) der Turbine.

7.3.8 Berücksichtigung der Verluste in der Rohrleitung

Die Verluste einer Rohrleitung können näherungsweise berücksichtigt werden:

a) durch Herabsetzung der Energie im Eintrittsquerschnitt um den vollen Betrag, z. B. durch Annahme eines mit dem Durchfluß nach einer Parabel sinkenden Flüssigkeitsspiegels, Abb. 7.23a;

b) durch Erhöhung der Verluste im Austrittsquerschnitt um den vollen Betrag, z. B. durch Annahme einer steileren Abflußkurve der Abflußabsperrung, Abb. 7.23b;

c) durch Herabsetzung der Energie im Eintrittsquerschnitt um einen Teilbetrag und durch Erhöhung der Verluste im Austrittsquerschnitt um den restlichen Betrag, Abb. 7.23c.

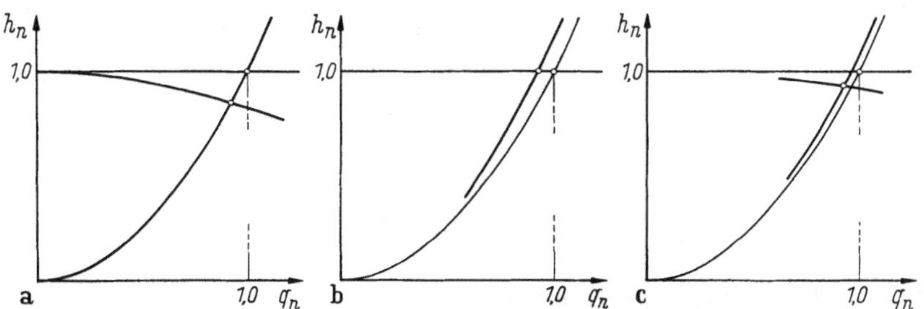

Abb. 7.23. Näherungsweise Berücksichtigung der Verluste in der Rohrleitung.
a) im Eintrittsquerschnitt; b) im Austrittsquerschnitt; c) teilweise im Eintrittsquerschnitt und teilweise im Austrittsquerschnitt.

7.4 Rechnen mit Stoßgeraden bei Rohrleitungen mit verschiedenen Durchmessern und abgestuften Wandstärken

Rohrleitungen mit konstantem Durchmesser und gleichbleibender Wandstärke kommen bei technischen Anlagen nur selten vor. Bei Wasserkraftanlagen zum Beispiel wird, um die Anlagekosten niedrig zu halten, der untere, für den höheren Druck bemessene Teil der Rohrleitung mit einem kleineren Durchmesser und mit einer stärkeren Wand ausgeführt.

Die Druckstoßrechnung kann ausgeführt werden:

entweder mit einer mittleren Wellengeschwindigkeit und mit einem mittleren Durchmesser, in gleicher Weise wie in Ziffer 7.3 beschrieben wurde,

oder unter Berücksichtigung der Durchmesserabstufungen.

7.4.1 Ermittlung des mittleren Durchmessers und der mittleren Wellengeschwindigkeit

Die Mittelwerte, mit denen die Druckstoßrechnung durchgeführt wird, ergeben sich:

für den Leitungsquerschnitt aus:

$$A_m = L \left(\sum \frac{L_i}{A_i} \right)^{-1} \quad \mathrm{m^2}, \qquad (7.32\,\mathrm{a,\,b})$$

$$a_m = l \left(\sum \frac{l_i}{a_i} \right)^{-1}. \qquad (7.32\,\mathrm{d})$$

11*

für die Wellengeschwindigkeit, unter Beibehaltung der Reflexionszeit für die gesamte Leitung, aus:

$$W_m = L \left(\sum \frac{L_i}{W_i} \right)^{-1} \quad \text{m s}^{-1}, \qquad (7.33\,\text{a, b})$$

$$w_m = l \left(\sum \frac{l_i}{w_i} \right)^{-1}. \qquad (7.33\,\text{d})$$

Es bedeuten:

A_i die Querschnitte der einzelnen Leitungsabschnitte in m²,

L_i ihre Längen in m,

W_i ihre Wellengeschwindigkeit in m s⁻¹.

7.4.2 Druckstoßrechnung bei Leitungen mit abgestuftem Durchmesser

Der Rechengang soll am Schließen der Abflußabsperrung einer Anlage nach Abb. 7.24 erläutert werden; zwecks besserer Übersichtlichkeit der Rechnung wird die Übergangsstelle C vom oberen, weiteren Rohr in das untere, engere Rohr so angenommen, daß die beiden Reflexionszeiten gleich sind: $T_{ra} = T_{rb} = \dfrac{T_r}{2}$ in s $\left(t_{ra} = t_{rb} = \dfrac{t_r}{2} \right)$. Das Absperrorgan soll in $T_S = 2T_r = 4T_{ra}$ in s (in $t_S = 2t_r = 4t_{ra}$) schließen.

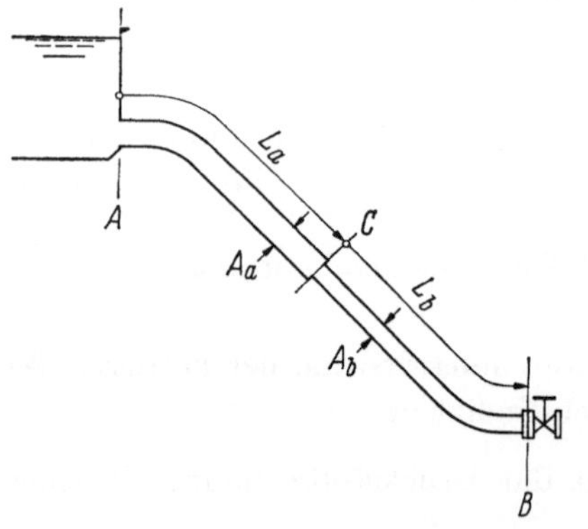

Abb. 7.24. Zweifach abgestufte Rohrleitung mit Abflußabsperrung.

Der Strömungszustand an der Übergangsstelle C wird durch den Schnittpunkt der Stoßgeraden der Rohrstrecke a und der gespiegelten Stoßgeraden der Strecke b der beiden Gleitquerschnitte, die gleichzeitig in C eintreffen, definiert. Da $T_{ra} = T_{rb}$ in s ($t_{ra} = t_{rb}$) angenommen wurde, können die beiden Gleitquerschnitte von ihren Leitungsenden gleichzeitig starten. Diese Annahme vereinfacht ganz wesentlich die

Rechnung, da für die Untersuchung nur zwei Stoßgeraden-Züge erforderlich sind. Der Rechengang ist aus Abb. 7.25a und aus der nachstehenden Tabelle ersichtlich, das Ergebnis ist in Abb. 7.25b wiedergegeben.

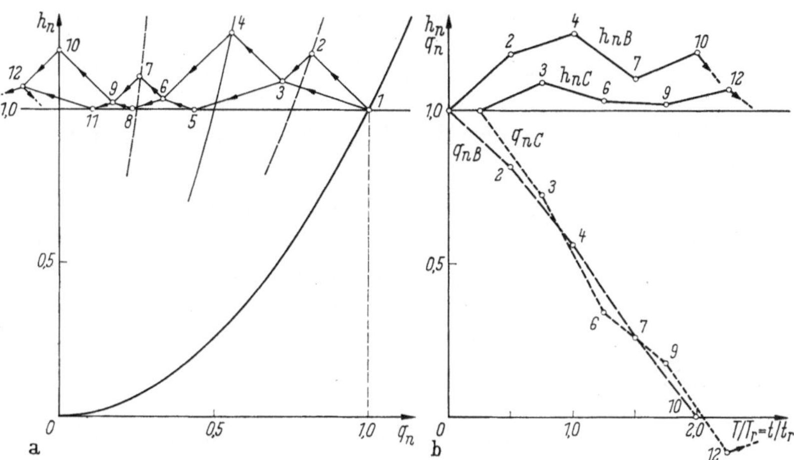

Abb. 7.25. Druckschwankungen beim linearen Schließen der Abflußabsperrung einer Anlage nach Abb. 7.24 bei $t_{ra} = t_{rb}$. a) Rechengang mit Stoßgeraden; b) Energie (—) und Durchfluß (- - -) vor der Abflußabsperrung B und im Übergangspunkt C.

Zeitpunkt $T/T_r = t/t_r$	Querschnitt	Strömungszustand bestimmt durch den Schnittpunkt
bis 0	alle	1 der Horizontalen mit der 4/4-Parabel
bis 0,25	C	1 der Horizontalen mit der 4/4-Parabel
bis 0,50	A	1 der Horizontalen mit der 4/4-Parabel
0,50	B	2 der Stoßgeraden h_{ANb} durch 1 mit der 3/4-Parabel
0,75	C	3 der gespiegelten Stoßgeraden h_{ANb} durch 2 mit der Stoßgeraden h_{ANa} durch 1
1,00	B	4 der Stoßgeraden h_{ANb} durch 3 mit der 2/4-Parabel
1,00	A	5 der gespiegelten Stoßgeraden h_{ANa} durch 3 mit der Horizontalen durch 1
1,25	C	6 der gespiegelten Stoßgeraden h_{ANb} durch 4 mit der Stoßgeraden h_{ANa} durch 5
1,50	B	7 der Stoßgeraden h_{ANb} durch 6 mit der 1/4-Parabel
1,50	A	8 der gespiegelten Stoßgeraden h_{ANa} durch 6 mit der Horizontalen durch 1
usw.		

Bei mehrfach abgestuften Rohrleitungen und verschiedenen Reflexionszeiten in den einzelnen Abschnitten wird die Rechnung sehr umfangreich. Aus diesem Grund wird in der Regel mit einem mittleren Rohrquerschnitt und mit einer mittleren Wellengeschwindigkeit gerechnet, eine Näherung, die bei den meisten in technischen Anlagen vorkommenden Rohrleitungen und den verlangten Rechengenauigkeiten zulässig sein dürfte.

7.4.3 Druckstoßrechnung bei einer Leitung mit Abzweigung

Der Rechengang soll für das gleichzeitige Schließen der beiden Abfluß-absperrungen einer Anlage nach Abb. 7.26 erläutert werden; zwecks besserer Übersichtlichkeit werden folgende vereinfachte Annahmen gemacht:

— die Energie der Flüssigkeit in den beiden Abflußbehältern ist gleich;
— die Teilreflexionszeiten in allen drei Leitungsabschnitten, in der Strecke a vom Eintritt bis zum Verzweigungspunkt C, in der Strecke b vom Punkt C bis zur Abflußabsperrung B_1 und in der Strecke c vom Punkt C bis zur Abflußabsperrung B_2 sind gleich, es ist also $T_{ra} = T_{rb}$

$$= T_{rc} = \frac{T_r}{2} \text{ in s;}$$

— beide Absperrorgane schließen linear, und zwar B_1 in $3\,T_{ra}$ in s, Abb. 7.27 a, B_2 in $2\,T_{ra}$ in s, Abb. 7.27 b.

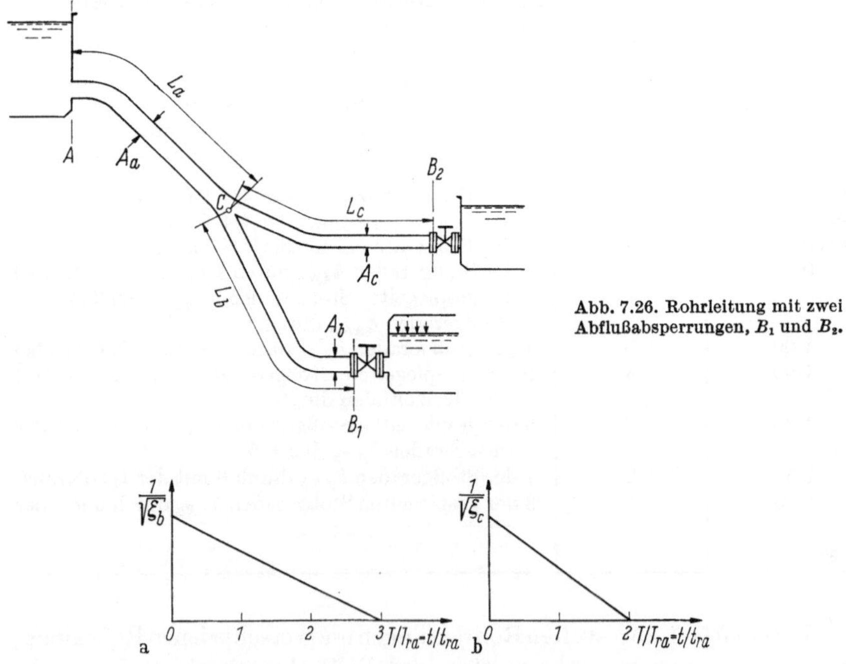

Abb. 7.26. Rohrleitung mit zwei Abflußabsperrungen, B_1 und B_2.

Abb. 7.27. Schließgesetz der Abflußabsperrung der Anlage nach Abb. 7.26. a) für die Abflußabsperrung B_1; b) für die Abflußabsperrung B_2.

Der Strömungszustand an der Übergangsstelle C wird durch die drei Gleitquerschnitte, die gleichzeitig in C eintreffen, definiert; er wird im Diagramm durch den Schnittpunkt der Stoßgeraden der Strecke a mit der *gespiegelten Summenstoßgeraden* der Strecken b und c beschrieben. Da die drei Teilreflexionszeiten untereinander gleich groß angenommen wurden, können alle Gleitquerschnitte von ihren Leitungsenden gleichzeitig starten.

Zum Unterschied zu den in Ziffer 7.3.7 beschriebenen *überlagerten Stoßgeraden*, bei denen die *Ordinaten* von zwei Geraden addiert wurden, werden bei der *Summenstoßgeraden* die *Abszissen* von zwei Geraden addiert.

Es sei noch bemerkt, daß die Werte h_{ANa}, h_{ANb} und h_{ANc} mit den gleichen Bezugswerten Q_N in m³ s⁻¹ und H_N in m² s⁻² zu bilden sind.

Gerechnet wird gleichzeitig in drei Diagrammen:

1. im Diagramm, Abb. 7.28a, mit der Strecke a und den beiden parallelgeschalteten Strecken $(b + c)$; die Abszissen der beiden Ausflußparabeln, der Parabel b und der Parabel c, werden addiert;

2. im Diagramm, Abb. 7.28b, mit der Strecke b;

3. im Diagramm, Abb. 7.28c, mit der Strecke c.

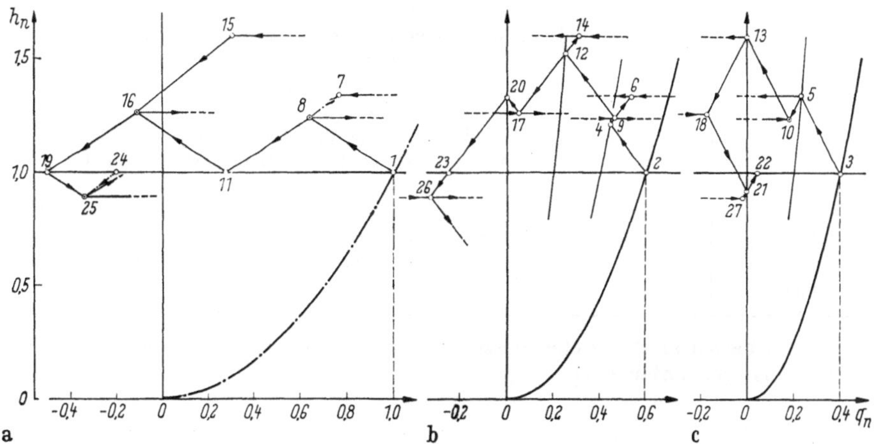

Abb. 7.28. Rechengang für das lineare Schließen nach Abb. 7.27 der Abflußabsperrungen nach Abb. 7.26.
a) für die Teilstrecke a und die Summenstrecke $(b + c)$; b) für die Teilstrecke b; c) für die Teilstrecke c.

Alle Diagramme müssen im gleichen Maßstab gezeichnet werden; die Geraden $h = $ const bilden dann mit den gemachten Annahmen in allen drei Diagrammen jeweils eine Horizontale.

Der Rechengang ist in der nachstehenden Tabelle zusammengestellt, das Rechenergebnis ist im Diagramm, Abb. 7.29 (S. 169) wiedergegeben.

Zeitpunkt $T/T_r = t/t_r$	Querschnitt	Strömungszustand bestimmt durch den Schnittpunkt
bis 0	alle	1 der Horizontalen $h_n = 1{,}0$ mit der Parabel $(b + c)$
	B_1	2 der Horizontalen durch 1 mit der 3/3 Parabel b
	B_2	3 der Horizontalen durch 1 mit der 2/2-Parabel c
bis 0,25	C	1 der Horizontalen $h_n = 1{,}0$ mit der Parabel $(b + c)$
bis 0,5	A	
	B_1	4 der Stoßgeraden b durch 2 mit der 2/3-Parabel b
	B_2	5 der Stoßgeraden c durch 3 mit der 1/2-Parabel c
		Konstruktion des Hilfspunktes 7:
		6 als Schnittpunkt der Horizontalen durch 5[1] mit der gespiegelten Stoßgeraden durch 4,
		7 durch Auftragen von $(q_{n5} + q_{n6})$ auf der Horizontalen durch 5
0,75	C	8 der Stoßgeraden a durch 1 mit der gespiegelten Summenstoßgeraden $(b + c)$ durch 7
		9 der gespiegelten Stoßgeraden b durch 4 mit der Horizontalen durch 8
		10 der gespiegelten Stoßgeraden c durch 5 mit der Horizontalen durch 8
1,00	A	11 der gespiegelten Stoßgeraden a durch 8 mit der Horizontalen durch 1
	B_1	12 der Stoßgeraden b durch 9 mit der 1/3-Parabel b
	B_2	13 der Stoßgeraden c durch 10 mit der Ordinatenachse
		Konstruktion des Hilfspunktes 15:
		14 als Schnittpunkt der Horizontalen durch 13 mit der gespiegelten Stoßgeraden b durch 12
		15 durch Auftragen von $(q_{n13} + q_{n14}) = q_{n14}$ auf der Horizontalen durch 13
1,25	C	16 der Stoßgeraden a durch 11 mit der gespiegelten Summenstoßgeraden $(b + c)$ durch 15
usw.		

Bei verschieden großen Reflexionszeiten in den einzelnen Teilstrecken wird die Rechnung sehr umfangreich.

7.5 Näherungsrechnung bei Rohrleitungen mit kleinen Laufzeiten

Bei Rohrleitungen mit kleinen Laufzeiten wird jede an einem ihrer Endquerschnitte z. B. durch teilweises Schließen oder Öffnen einer Abflußabsperrung verursachte Störung in sehr kurzer Zeit sich in der

---

[1] Statt des Punktes „5" könnte jeder beliebige Punkt auf der gespiegelten Druckstoßgeraden durch 4 gewählt werden.

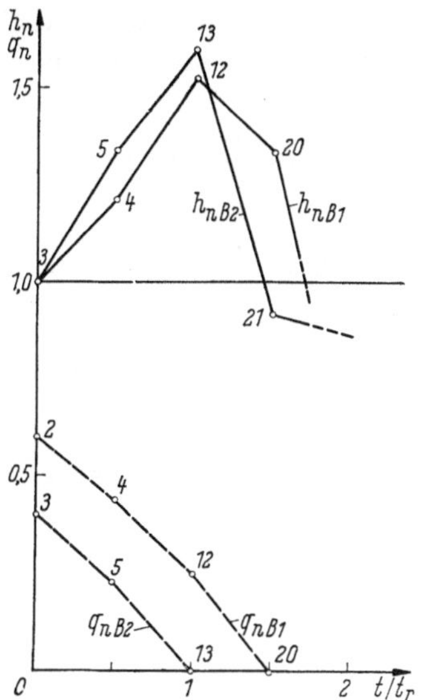

Abb. 7.29. Energie (—) und Durchfluß (---) vor den Abflußabsperrungen B_1 und B_2 des Beispieles der Abb. 7.26 bis 7.28.

ganzen Leitung ausbreiten und abklingen. Der Zusammenhang zwischen dem Durchfluß und der Energie in solchen Leitungen kann dann näherungsweise unter der Annahme berechnet werden, daß in allen Leitungsquerschnitten immer gleiche Strömungszustände herrschen; die Bewegungsgleichung (7.1) läßt sich dann auf die ganze Leitung anwenden. Mit Hilfe der Formel (6.3) kann sie, unter Berücksichtigung, daß nunmehr sowohl der Durchfluß wie auch die Energie nur mehr Funktionen der Zeit sind, wie folgt geschrieben werden:

$$\frac{dV}{dT} = \pm \frac{1}{W} \frac{dH}{dT} \quad \text{m s}^{-2}, \tag{7.34a}$$

$$\frac{dV}{dT} = \pm \frac{g}{W} \frac{dH^*}{dT} \quad \text{m s}^{-2}, \tag{7.34b}$$

$$\frac{dv}{dt} = \pm \frac{1}{w} \frac{dh}{dt}. \tag{7.34d}$$

Das positive Vorzeichen gilt für die Zuflußabsperrung, das negative Vorzeichen gilt für die Abflußabsperrung.

Wird in dieser Gleichung (7.34) die Geschwindigkeit durch den Durchfluß ausgedrückt, für die Wellengeschwindigkeit der Ausdruck:

$$W = \frac{L}{T_L} \quad \text{m s}^{-1} \tag{7.35a, b}$$

$$w = \frac{l}{t_L} \tag{7.35d}$$

eingeführt und der Grenzübergang: $T_L \to dT$ in s gebildet, so nimmt Gl. (7.34) die Form an:

$$dH = \pm \frac{L}{A}\frac{dQ}{dT} \quad \text{m}^2 \text{ s}^{-2}, \tag{7.36a}$$

$$dH^* = \pm \frac{L}{gA}\frac{dQ}{dT} \quad \text{m}, \tag{7.36b}$$

$$dh = \pm \frac{l}{a}\frac{dq}{dt}. \tag{7.36d}$$

Mit den auf den Nenndurchfluß und die Nennenergie bezogenen Größen, h_n und q_n, lautet diese Gleichung:

$$dh_n = \pm \frac{LQ_N}{AH_N}\frac{dq_n}{dT}, \tag{7.37a/c}$$

$$dh_n = \pm \frac{LQ_N}{gAH_N^*}\frac{dq_n}{dT} \tag{7.37b/c}$$

$$dh_n = \pm T_{WN}\frac{dq_n}{dT}. \tag{7.37c}$$

Darin ist T_{WN} die auf *die Nennwerte bezogene Anlaufzeit der Rohrleitung* in s.

Zwischen der Anlaufzeit der Rohrleitung, T_{WN} in s, und dem mit den gleichen Nennwerten berechneten relativen Allievi-Stoß h_{AN}, Gl. (7.19), besteht die Beziehung:

$$T_{WN} = \frac{1}{2} h_{AN} T_r \quad \text{s}. \tag{7.38}$$

Aus Gl. (7.36) folgt, daß in Rohrleitungen mit kurzen Laufzeiten die Energiezunahme bei einer nichtstationären Strömung, die Druckstoßwirkung, proportional der Änderung des Durchflusses angenommen werden kann. Dies kann auch mit der Annahme einer inkompressiblen Flüssigkeit in einer starren, unelastischen Leitung abgeleitet werden.

Gl. (7.36) läßt sich mit ausreichender Genauigkeit auch bei Anlagenuntersuchungen anwenden, wenn das Verhältnis *Laufzeit zur Schließ- (Öffnungs-)Zeit des Absperrorgans* klein ist.

Bei einem linearen Schließen oder einem linearen Öffnen ist $\dfrac{dq_n}{dT}$ in s^{-1} eine Konstante. Gl. (7.37c) kann dann geschrieben werden:

$$h_{n1,2} = -\frac{T_{WN}}{T_{1,2}}\, q_{n1,2}.\qquad(7.39\,\mathrm{c})$$

Dieser Ausdruck stellt den Zusammenhang zwischen der Änderung des Durchflusses $q_{n1,2}$ in einem angenommenen Zeitintervall $T_{1,2} = T_2 - T_1$ in s und der dadurch verursachten Änderung der Energie $h_{n1,2} = h_{n2} - h_{n1}$ dar. Im q_n, h_n-Diagramm erscheint dieser Zusammenhang als eine Gerade mit der Neigung $T_{WN}/T_{1,2}$.

8. Nichtstationäre Strömungen in einem Wasserschloß

Ein *Wasserschloß* ist ein in ein geschlossenes Leitungssystem zwischengeschalteter Behälter oder Raum mit freiem Flüssigkeitsspiegel, durch den die Leitung in zwei Teile unterteilt wird, Abb. 8.1. In diesem für beide Leitungsteile gemeinsamen Endquerschnitt stellt sich ein bestimmter, nur von der Höhe des Flüssigkeitsspiegels im Wasserschloß abhängiger Druck ein.

Die Anordnung eines Wasserschlosses bringt hauptsächlich folgende Vorteile:

1. jede aus einem Leitungsteil ankommende Störungswelle wird reflektiert und am Übergang in den anderen Leitungsteil vollkommen oder teilweise gehindert; dadurch kann z. B. ein vorgeschalteter Druckstollen vor allen in der Druckleitung auftretenden Drucksteigerungen geschützt werden;

2. die Reflexionszeiten der beiden Leitungsteile werden verkürzt und damit bei gleichen zulässigen Drucksteigerungen kürzere absolute Schließzeiten und Öffnungszeiten ermöglicht.

Wasserschlösser werden sowohl bei Wasserkraftanlagen wie auch bei Pumpenanlagen angeordnet. Sie werden ausgeführt
entweder als *offene Wasserschlösser*, als Standrohre, Abb. 8.1 a,
oder als *geschlossene Wasserschlösser*, als Druckwindkessel, Abb. 8.1 b.

Nachstehend wird die Spiegelbewegung in einem offenen Wasserschloß nach Abb. 8.1 a untersucht, also in einem Leitungssystem bestehend aus

einem Stausee mit gleichbleibendem Wasserspiegel,
einem Druckstollen,
einem Schachtwasserschloß und
einer Druckrohrleitung.

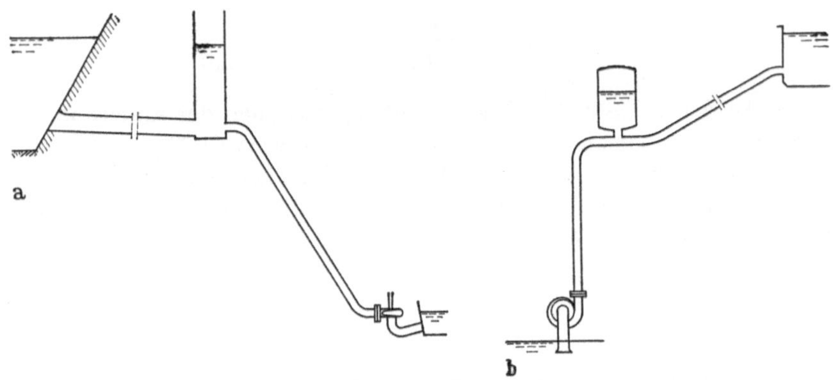

Abb. 8.1. Ausbildung des Wasserschlosses. a) als Standrohr; b) als Windkessel.

Dabei werden folgende Vereinfachungen angenommen:

a) ein Druckstollen mit konstantem Querschnitt $A_a(X) = $ const in m²;

b) eine gleichförmige Geschwindigkeitsverteilung in allen Stollenquerschnitten $V_a = \dfrac{Q_a}{A_a}$ in m s⁻¹;

c) vernachlässigbar kleine Laufzeiten im Druckstollen im Vergleich zur Schwingungszeit des Flüssigkeitsspiegels im Wasserschloß; die Flüssigkeitssäule im Stollen wird als starre Masse in einem unelastischen Rohr behandelt. Die Bewegungsgleichung (1.11) wird auf den ganzen Stollen angewendet;

d) vernachlässigbar kleine Geschwindigkeitsenergie des Wassers im Flüssigkeitsspiegel des Wasserschlosses;

e) gleichbleibende Lage des Flüssigkeitsspiegels im Stausee.

8.1 Grundgleichungen der Spiegelbewegung im Wasserschloß

Mit den oben erwähnten Vereinfachungen und mit den in Abb. 8.2 eingetragenen Bezeichnungen lautet:

a) die Bewegungsgleichung:

$$\frac{L_a}{A_a}\frac{dQ_a}{dT} = -(H_B - H_A) = -(g\,Y + H_{RA,B})\ \ \mathrm{m^2 s^{-2}},\qquad (8.1\,\mathrm{a})$$

$$\frac{L_a}{g\,A_a}\frac{dQ_a}{dT} = -(H_B^* - H_A^*) = -(Y + H_{RA,B}^*)\ \ \mathrm{m},\qquad (8.1\,\mathrm{b})$$

$$\frac{l_a}{a_a}\frac{dq_a}{dt} = -(h_B - h_A) = -(y + h_{RA,B}).\qquad (8.1\,\mathrm{d})$$

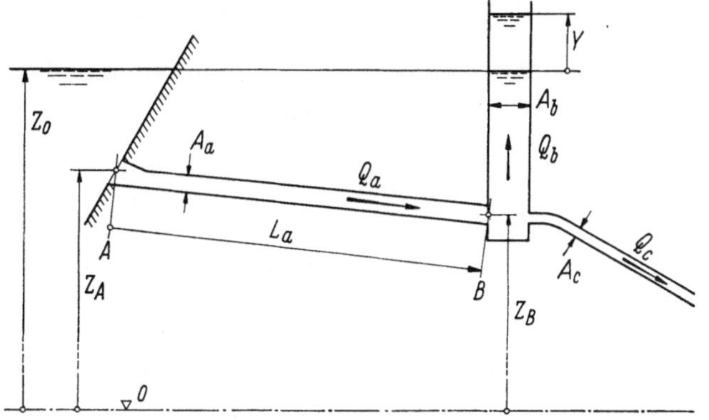

Abb. 8.2. Bewegungsgleichung des Flüssigkeitsspiegels im Schachtwasserschloß.

b) die Kontinuitätsgleichung:

$$Q_a = Q_b + Q_c = A_b\frac{dY}{dT} + Q_c\ \ \mathrm{m^3\,s^{-1}},\qquad (8.2\,\mathrm{a,\,b})$$

$$q_a = q_b + q_c = a_b\frac{dy}{dt} + q_c.\qquad (8.2\,\mathrm{d})$$

Der Zusammenhang zwischen dem Rohrleitungsdurchfluß Q_c in $\mathrm{m^3\,s^{-1}}$ und dem Flüssigkeitsspiegel im Wasserschloß Y in m, ergibt sich aus den Gln. (8.1) und (8.2) durch Eliminieren des Stollendurchflusses Q_a in $\mathrm{m^3\,s^{-1}}$ zu:

$$\frac{L_a A_b}{A_a}\frac{d^2 Y}{dT^2} + g\,Y + H_{RA,B} = -\frac{L_a}{A_a}\frac{dQ_c}{dT}\ \ \mathrm{m^2\,s^{-2}},\qquad (8.3\,\mathrm{a})$$

$$\frac{L_a A_b}{g\,A_a}\frac{d^2 Y}{dT^2} + Y + H_{RA,B}^* = -\frac{L_a}{g\,A_a}\frac{dQ_c}{dT}\ \ \mathrm{m},\qquad (8.3\,\mathrm{b})$$

$$\frac{l_a a_b}{a_a}\frac{d^2 y}{dt^2} + y + h_{RA,B} = -\frac{l_a}{a_a}\frac{dq_c}{dt}.\qquad (8.3\,\mathrm{d})$$

Mit den Abkürzungen:

$$T_{Wa} = \frac{L_a}{A_a}\frac{Q_N}{H_N} = \frac{L_a}{gA_a}\frac{Q_N}{H_N^*} \quad \text{Anlaufzeit des Stollens in s,}$$

$$t_{Wa} = \frac{l_a}{a_a} \quad \text{bezogene Anlaufzeit des Stollens,}$$

$$T_b = \frac{A_b H_N}{gQ_N} = \frac{A_b H_N^*}{Q_N} \quad \text{Zeitkonstante des Wasserschlosses in s,}$$

$$t_b = a_b \quad \text{bezogene Zeitkonstante des Wasserschlosses,}$$

lauten Gln. (8.3a) und (8.3b) mit auf den Nenndurchfluß und die Nennenergie bezogenen Werten q_n, h_n, y_n und h_{Rn}:

$$T_{Wa}\, T_b\, \frac{d^2 y_n}{dT^2} + y_n + h_{RnA,B} = -T_{Wa}\frac{dq_{nc}}{dT}, \qquad (8.4\,\text{e})$$

und lautet Gl. (8.3d) mit auf den Durchfluß $q_n = 1$ und die Energie
$h_n = 1$ bezogenen Werten, q und h:

$$t_{Wa}\, t_b\, \frac{d^2 y}{dt^2} + y + h_{RA,B} = -\, t_{Wa}\frac{dq_c}{dt}. \qquad (8.4\,\text{d})$$

Um Gl. (8.4) lösen zu können, müssen gegeben sein:

    die Eingangsfunktion $Q_c(T)$ in m³ s⁻¹ und

    das Gesetz, mit dem die Verluste in der Flüssigkeit, das 3. Glied auf
der linken Seite der Gleichung, ermittelt werden.

Nachstehend sollen einige Fälle der Spiegelbewegung in einem Schachtwasserschloß beim linearen Schließen oder beim linearen Öffnen einer am
unteren Ende der Leitung angenommenen Abflußabsperrung erläutert
werden. Es wird dabei die Differentialgleichung für bezogene Größen,
die Gl. (8.4d) benutzt.

8.2 Spiegelbewegung beim Vernachlässigen der Reibungsverluste

Werden die Verluste vernachlässigt, also eine reibungsfreie, ideale
Flüssigkeit angenommen, so vereinfacht sich Gl. (8.4d). Sie lautet dann,
wenn für die Ableitungen nach der Zeit die Schreibweise:

$$\frac{dy}{dt} = y', \quad \frac{dq}{dt} = q' \quad \text{und} \quad \frac{d^2 y}{dt^2} = y'' \quad \text{benutzt wird:}$$

$$t_{Wa}\, t_b\, y'' + y = -t_{Wa} q_c'. \qquad (8.5\,\text{d})$$

Bei einem linearen Schließen oder einem linearen Öffnen ist $q'_c = $ const; die Lösung von Gl. (8.5 d) stellt dann eine harmonische Schwingung mit gleichbleibender Amplitude dar.

Durch die Substitution

$$y = u - t_{Wa} q_c'$$ (8.6 d)

wird Gl. (8.5 d) auf eine verkürzte, homogene, lineare Differentialgleichung mit konstanten, reellen Koeffizienten zurückgeführt:

$$t_{Wa} t_b u'' + u = 0 .$$ (8.7 d)

Diese Gleichung kann mit dem Ansatz $u = e^{j\omega t}$ gelöst werden; er liefert die algebraische, charakteristische Gleichung 2. Grades, deren imaginäre Wurzeln die bezogene, dimensionslose Schwingungsfrequenz ω_0 darstellen:

$$\omega_0 = \sqrt{\frac{1}{t_{Wa} t_b}} .$$ (8.8 d)

Das allgemeine Integral von Gl. (8.5 d) lautet dann mit diesen Wurzeln:

$$y(t) = -t_{Wa} q_c' + C_1 e^{+j\omega_0 t} + C_2 e^{-j\omega_0 t}$$ (8.9 d)

oder, ausgedrückt durch Kreisfunktionen:

$$y(t) = -t_{Wa} q_c' + r \cos(\omega_0 t + \varphi) .$$ (8.10 d)

Die Geschwindigkeit der Spiegelbewegung im Wasserschloß ergibt sich durch einmaliges Differenzieren von Gl. (8.10 d) nach t:

$$y'(t) = -\omega_0 r \sin(\omega_0 t + \varphi) .$$ (8.11 d)

Die Amplitude r und der Winkel φ dieser Schwingung ergeben sich aus den Randbedingungen, aus der Lage und der Geschwindigkeit des Flüssigkeitsspiegels im Wasserschloß zu Beginn der betrachteten Schließ-(Öffnungs-)Bewegung.

Die mit den Gln. (8.10 d) und (8.11 d) beschriebene Spiegelbewegung kann in einem rechtwinkligen Koordinatensystem mit der Abszisse $\dfrac{1}{\omega_0} y'$ und der Ordinate y durch einen Kreisbogen dargestellt werden, der vom rotierenden Radiusvektor r aufgezeichnet wird. Diese Darstellung der Spiegelbewegung aus einem Beharrungszustand, $y' = 0$, ist

für ein lineares Schließen mit $q_c' < 0$ im bezogenen Zeitabschnitt $t_{1,2} = t_2 - t_1$, in Abb. 8.3,

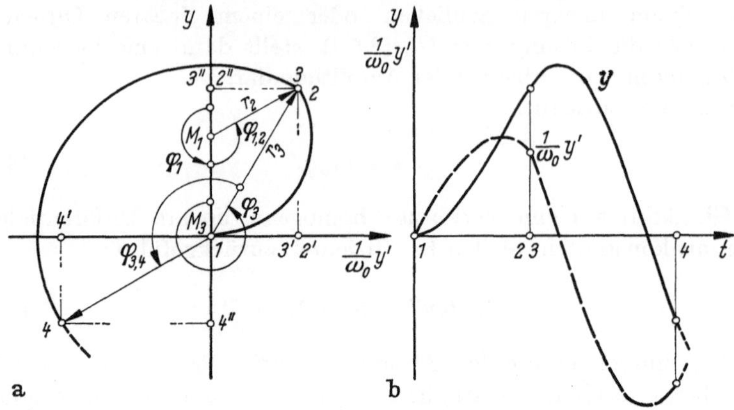

Abb. 8.3. Spiegelbewegung ohne Reibungsverluste während eines linearen Schließens aus einem Beharrungszustand. a) Rechengang mit dem Zeigervektor; b) Spiegelbewegung $y(t)$ und ihre Geschwindigkeit $y'(t)$.

für ein lineares Öffnen mit $q_c' > 0$ im bezogenen Zeitabschnitt $t_{1,2} = t_2 - t_1$, in Abb. 8.4

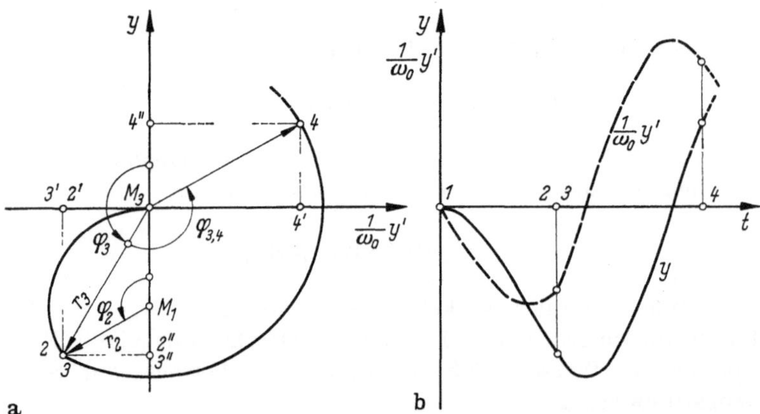

Abb. 8.4. Spiegelbewegung ohne Reibungsverluste während eines linearen Öffnens aus einem Beharrungszustand. a) Rechengang mit dem Zeigervektor; b) Spiegelbewegung $y(t)$ und ihre Geschwindigkeit $y'(t)$.

wiedergegeben; der Rechengang ist in der nachstehenden Tabelle zusammengestellt.

Bei einem abgesetzten Schließ-(Öffnungs-)Gesetz ist die Rechnung mit 2 oder mit mehreren verschiedenen q_c'-Werten durchzuführen. Der Endpunkt einer Periode ist der Anfangspunkt der nachfolgenden Periode.

Zeitpunkt	Vorgang	Spiegelbewegung beschrieben durch
	Schließen $q_c' < 0$	einen Kreis durch 1 mit dem Mittelpunkt M_1: $$y_{M1} = \text{Strecke } (M_1 \cdots 1) = -t_{Wa}q_c'$$ $$\frac{1}{\omega_0}\, y'_{M1} = 0$$ dem Radius $r_1 = \text{Strecke } (M_1 \cdots 1) = |t_{Wa}q_c'|$
t_1	Öffnen $q_c' > 0$	Ausgangspunkt 1 $$y_1 = 0,$$ $$\frac{1}{\omega_0}\, y_1' = 0,$$ $\varphi_1 = \text{Winkel zwischen der } y\text{-Achse und } r_1.$
t_2		Endpunkt 2 $$y_2 = \text{Strecke } (2 \cdots 2'),$$ $$\frac{1}{\omega_0}\, y_2' = \text{Strecke } (2 \ldots 2''),$$ $$\varphi_{1,2} = \omega_0\, t_{1,2}$$ $$\varphi_2 = \varphi_1 + \varphi_{1,2}$$
	Ausschwingen $q_c' = 0$	einen Kreis durch 2 mit dem Mittelpunkt M_3: $$y_{M3} = 0$$ $$\frac{1}{\omega_0}\, y'_{M3} = 0$$ dem Radius $r_3 = \text{Strecke } (M_3 \cdots 2)$
$t_3 = t_2$		Anfangspunkt 3 $$y_3 = y_2$$ $$\frac{1}{\omega_0}\, y_3' = \frac{1}{\omega_0}\, y_2'$$ $\varphi_3 = \text{Winkel zwischen der } y\text{-Achse und } r_3.$
t_4		Zwischenpunkt 4 $$y_4 = \text{Strecke } (4 \cdots 4')$$ $$\frac{1}{\omega_0}\, y_4' = \text{Strecke } (4 \cdots 4'')$$ $$\varphi_{3,4} = \omega_0 t_{3,4}$$ $$\varphi_4 = \varphi_3 + \varphi_{3,4}$$

8.3 Spiegelbewegung beim Berücksichtigen der Verluste

Die Verluste einer nichtstationären Strömung werden, in Ermangelung genauer Unterlagen, in gleicher Weise berechnet wie die Verluste einer stationären Strömung. Viele Verfasser empfehlen dabei, den Verlustbeiwert λ kleiner zu wählen, z. B. nur mit $1/4$ des λ-Wertes der stationären Strömung zu rechnen.

Die Verluste der stationären Strömung in Stollen mit rundem Querschnitt können in dimensionsloser Darstellung durch die Beziehung ausgedrückt werden:

$$h_{RA,B} = h_{Ra} = \lambda \, \frac{l_a}{d_a} \, \frac{1}{2} \, \frac{q_a^2}{a_a^2} = c_R q_a^2 \qquad (8.12\,\mathrm{d})$$

und bei Berücksichtigung der Kontinuitätsgleichung (8.2 d):

$$h_{Ra} = c_R (a_b^2 y'^2 + 2a_b q_c y' + q_c^2). \qquad (8.13\,\mathrm{d})$$

Mit dieser Beziehung lautet Gl. (8.4 d), die Differentialgleichung der Spiegelbewegung im Wasserschloß:

$$t_{Wa} t_b y'' + c_R a_b^2 y'^2 + 2c_R a_b q_c y' + y = -c_R q_c^2 - t_{Wa} q_c'. \qquad (8.14\,\mathrm{d})$$

Diese Gleichung kann auch bei Annahme eines linearen Schließ-(Öffnungs-) Gesetzes exakt nicht gelöst werden. Von den verschiedenen Näherungsverfahren soll im nachstehenden ein graphisches Verfahren erläutert werden[1], das als Erweiterung der in Ziffer 8.2 beschriebenen Methode aufgefaßt werden kann.

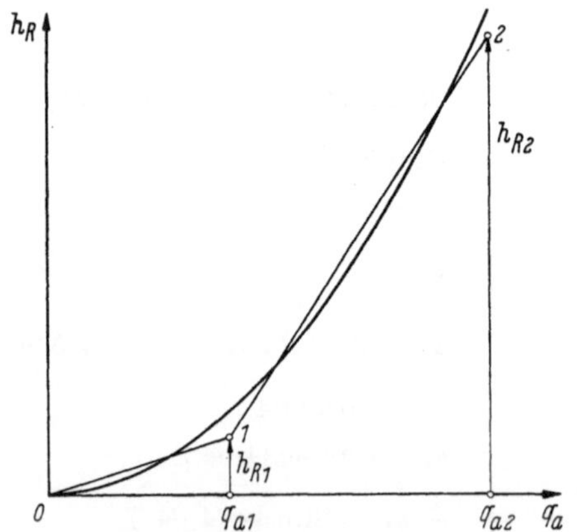

Abb. 8.5. Beispiel für das Linearisieren von $h_R(q_a)$.

---

[1] Vgl. Roth, H.: Ein Beitrag zur Untersuchung der Wasserspiegelbewegung in Wasserschlössern. Diss. T. H. Stuttgart, 1962.

8.3.1 Linearisierung der Verlustgleichung

Die Funktion $h_{RA,B}(q_a)$, im nachfolgenden kurz mit h_R bezeichnet, stellt im Durchfluß-Energie-Diagramm eine Parabel mit dem Scheitel im Koordinatenursprung dar. Wird eine solche Parabel durch einen Polygonzug angenähert, Abb. 8.5, so kann der Stollenverlust für jeden Durchfluß innerhalb des betrachteten linearisierten Abschnittes, z. B. innerhalb von q_{a1} und q_{a2} ermittelt werden aus:

$$h_R = h_{R1} + \left(\frac{dh_R}{dq_a}\right)(q_a - q_{a1}). \qquad (8.15\,\mathrm{d})$$

Mit der Kontinuitätsgleichung (8.2 d) nimmt Gl. (8.15 d) die Form an:

$$h_R = h_{R1} + \left(\frac{dh_R}{dq_a}\right)a_b y' + \left(\frac{dh_R}{dq_a}\right)(q_c - q_{a1}). \qquad (8.16\,\mathrm{d})$$

Für ein lineares Schließen (Öffnen) kann das letzte Glied von Gl. (8.16 d) mit der Abkürzung:

$$\left(\frac{dh_R}{dq_a}\right)\left(\frac{dq_c}{dt}\right) = h_R' \qquad (8.17\,\mathrm{d})$$

geschrieben werden:

$$\left(\frac{dh_R}{dq_a}\right)(q_c - q_{a1}) = \left(\frac{dh_R}{dq_a}\right)\left(\frac{dq_c}{dt}\right)(t - t_1) = h_R'\, t_{1,t}. \qquad (8.18\,\mathrm{d})$$

Mit den beiden Beziehungen (8.16 d) und (8.18 d) lautet Gl. (8.4 d) die Differentialgleichung für die Spiegelbewegung im Wasserschloß im betrachteten Abschnitt:

$$t_{Wa}t_b y'' + t_b \frac{dh_R}{dq_a} y' + y = -h_{R1} - h_R'\, t_{1,t} - t_{Wa}q_c'. \qquad (8.19\,\mathrm{d})$$

Die Lösung dieser Differentialgleichung ergibt:

eine *gedämpfte Schwingung*, wenn $t_b \left(\dfrac{dh_R}{dq_a}\right)^2 < 4\, t_{Wa}$ ist,

einen *aperiodischen Vorgang*, wenn $t_b \left(\dfrac{dh_R}{dq_a}\right)^2 \geqq 4\, t_{Wa}$ ist.

Durch die Substitution:

$$y = u - h_{R1} - h_R'\, t_{1,t} - t_{Wa}q_c' + t_b \left(\frac{dh_R}{dq_a}\right)^2 q_c', \qquad (8.20\,\mathrm{d})$$

12*

wird Gl. (8.19d) auf die verkürzte, homogene Differentialgleichung zurückgeführt:

$$t_{Wa}t_b u'' + t_b \left(\frac{dh_R}{dq_a}\right) u' + u = 0 \qquad (8.21\,\text{d})$$

Gl. (8.21d) kann z. B. mit dem Ansatz $u = e^{pt}$ gelöst werden.

8.3.1.1 Lösung der Differentialgleichung bei mäßiger Dämpfung

Ist

$$t_b \left(\frac{dh_R}{dq_a}\right)^2 < 4\,t_{Wa}, \qquad (8.22\,\text{d})$$

so sind beide Wurzeln p_1 und p_2 der charakteristischen Gleichung von (8.21d) konjugiert komplex.

Der reelle Teil ergibt die *bezogene Dämpfung* δ:

$$\delta = \frac{1}{2t_{Wa}} \left(\frac{dh_R}{dq_a}\right), \qquad (8.23\,\text{d})$$

der imaginäre Teil ergibt die *bezogene Kreisfrequenz* ω:

$$\omega = \sqrt{\frac{1}{t_{Wa}t_b} - \frac{1}{4\,t^2_{Wa}} \left(\frac{dh_R}{dq_a}\right)^2} = \sqrt{\omega_0{}^2 - \delta^2}. \qquad (8.24\,\text{d})$$

Mit diesen beiden Ausdrücken folgt aus Gl. (8.22d):

$$\frac{\delta}{\omega_0} < 1. \qquad (8.25\,\text{d})$$

Die Lösung der Differentialgleichung (8.19d) lautet, unter Berücksichtigung der Gl. (8.22d):

$$y = -h_{R1} - h_R'\,t_{1,t}$$
$$- t_{Wa}q_c' \left[1 - \left(\frac{2\delta}{\omega_0}\right)^2\right] + r_1\,e^{-\delta t}\cos(\omega t + \varphi_1). \qquad (8.26\,\text{d})$$

Die Gleichung für die Spiegelgeschwindigkeit im Wasserschloß ergibt sich durch einmaliges Differenzieren von Gl. (8.26d) nach t:

$$y' = -h'_R - \omega r_1 e^{-\delta t}\left[\sin(\omega t + \varphi_1) + \frac{\delta}{\omega}\cos(\omega t + \varphi_1)\right]. \qquad (8.27\,\text{d})$$

Die Wasserspiegelbewegung im Wasserschloß kann aus zwei Bewegungen zusammengesetzt gedacht werden:

1. aus einer linearen Bewegung $h_R(t)$, beschrieben durch die beiden ersten Glieder von Gl. (8.26d), und

2. aus einer gedämpften Schwingung $\bar{y}(t)$, beschrieben durch die beiden letzten Glieder von Gl. (8.26d).

In einem schiefwinkeligen Koordinatensystem mit der Abszisse $\dfrac{1}{\omega}\,\bar{y}'$,

der Ordinate $\dfrac{\omega_0}{\omega}\,\bar{y}$, dem senkrechten Abstand von der Abszissenachse $\bar{y}$ und dem Winkel zwischen der Ordinatenachse und der Ordinatenachse eines orthogonalen Koordinatensystems mit der gleichen Abszissenachse,

$\beta = \arctan\dfrac{\delta}{\omega}$, kann die letztgenannte Bewegung durch einen Abschnitt einer logarithmischen Spirale dargestellt werden, die vom Radiusvektor $r\,e^{-\delta t}$ aufgezeichnet wird.

Diese Darstellung der Spiegelbewegung aus einem Beharrungszustand, $y' = 0$, ist

für ein lineares Schließen mit $q_c' < 0$ im bezogenen Zeitabschnitt $t_{1,2} = t_2 - t_1$ in Abb. 8.6,

für ein lineares Öffnen mit $q_c' > 0$ im bezogenen Zeitabschnitt $t_{1,2} = t_2 - t_1$ in Abb. 8.7

wiedergegeben; der Rechengang ist in der auf Seite 182 stehenden Tabelle zusammengestellt.

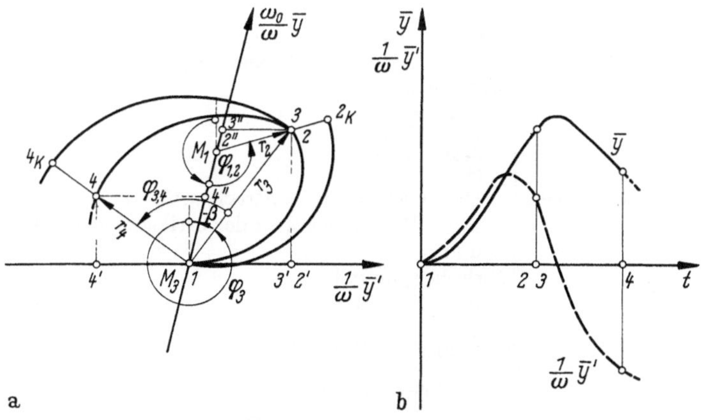

Abb. 8.6. Spiegelbewegung bei mäßiger Dämpfung während eines linearen Schließens aus einem Beharrungszustand. a) Rechengang mit dem Zeigervektor; b) Teilbewegung des Wasserspiegels, $\bar{y}(t)$ und ihre Geschwindigkeit $\bar{y}'(t)$.

Zeitpunkt	Vorgang	Teilbewegung des Spiegels beschrieben durch
t_1 t_2	Schließen $q_c' < 0$ Öffnen $q_c' > 0$	eine logarithmische Spirale, abgeleitet von einem Kreis durch 1 mit dem Mittelpunkt M_1 $$\frac{\omega_0}{\omega}\,\bar{y}_{M1} = \text{Strecke } (M_1\cdots 1)$$ $$= -t_{Wa}\,q_c'\left[1 - \left(\frac{2\delta}{\omega_0}\right)^2\right],$$ $$\frac{1}{\omega}\,\bar{y}'_{M1} = 0,$$ dem Radius $r_1 = \text{Strecke } (M_1\cdots 1)$ Ausgangspunkt 1 $\bar{y}_1 = 0$ $\frac{1}{\omega}\,\bar{y}_1' = 0$ Radiusvektor $r_1 = \text{Strecke } (M_1\cdots 1)$ $\varphi_1 = $ Winkel zwischen der orthogonalen $\bar{y}$-Achse und r_1, Endpunkt 2 $\bar{y}_2 = \text{Strecke } (2\cdots 2')$ $\frac{1}{\omega}\,\bar{y}_2' = \text{Strecke } (2\cdots 2'')$ Radiusvektor $r_2 = \text{Strecke } (M_1\cdots 2) = r_1 e^{-\delta t_{1,2}}$ $\varphi_{1,2} = \omega t_{1,2}$ $\varphi_2 = \varphi_1 + \varphi_{1,2}$
$t_3 = t_2$ t_4	Ausschwingen $q_c' = 0$	eine logarithmische Spirale, abgeleitet von einem Kreis durch 2 mit dem Mittelpunkt M_3: $\bar{y}_{M3} = 0$ $\frac{1}{\omega}\,\bar{y}'_{M3} = 0$ dem Radius $r_3 = \text{Strecke } (M_3\cdots 3)$ $= \text{Strecke } (M_3\cdots 2).$ Anfangspunkt 3 $\bar{y}_3 = \bar{y}_2$ $\frac{1}{\omega}\,\bar{y}_3' = \frac{1}{\omega}\,\bar{y}_2'$ Radiusvektor $r_3 = \text{Strecke } (M_3\cdots 2)$ $\varphi_3 = $ Winkel zwischen der orthogonalen $\bar{y}$-Achse und r_3 Zwischenpunkt 4 $\bar{y}_4 = \text{Strecke } (4\cdots 4')$ $\frac{1}{\omega}\,\bar{y}_4' = \text{Strecke } (4\cdots 4'')$ Radiusvektor $r_4 = \text{Strecke } (M_3\cdots 4)$ $= r_3 e^{-\delta t_{3,4}}$ $\varphi_{3,4} = \omega t_{3,4}$ $\varphi_4 = \varphi_3 + \varphi_{3,4}$

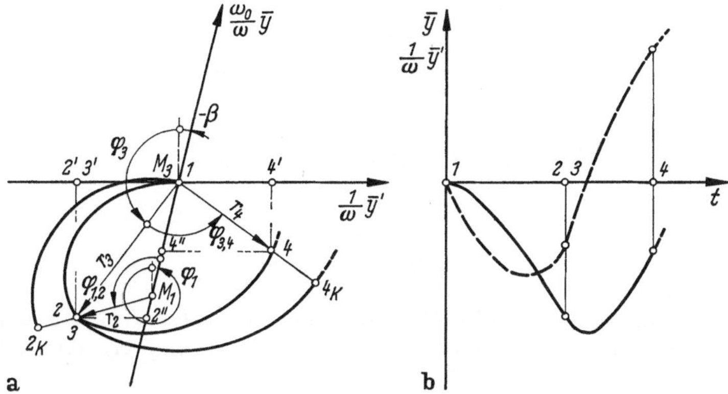

Abb. 8.7. Spiegelbewegung bei mäßiger Dämpfung während eines linearen Öffnens aus einem Beharrungszustand. a) Rechengang mit dem Zeigervektor; b) Teilbewegung des Wasserspiegels, $\bar{y}(t)$ und ihre Geschwindigkeit $\bar{y}'(t)$.

Bei einem abgesetzten Schließ- (Öffnungs-)Gesetz ist der Rechengang mit 2 oder mehreren verschiedenen q_c'-Werten durchzuführen. Der Endpunkt einer Periode ist der Anfangspunkt der nachfolgenden Periode. Die Koordinaten eines Mittelpunktes ergeben sich mit:

$$\bar{y}_M = -t_{Wa}q_c'\left[1 - \left(\frac{2\delta}{\omega_0}\right)^2\right] \quad \text{und} \quad \frac{1}{\omega}\,\bar{y}_M' = -\frac{1}{\omega}\,h_R'.$$

8.3.1.2 Lösung der Differentialgleichung bei starker Dämpfung

Ist

$$t_b\left(\frac{dh_R}{dq_a}\right)^2 > 4t_{Wa}, \tag{8.28d}$$

so sind beide Wurzeln, $p_1 = -\delta + \omega_h$ und $p_2 = -\delta - \omega_h$ der charakteristischen Gleichung von (8.21d) reell, die Spiegelbewegung im Wasserschloß somit *aperiodisch*. Dieser Fall tritt nur bei großen Werten von $\dfrac{t_b}{t_{Wa}}$ ein, also bei großen Oberflächen des Wasserschlosses. Ein solcher Vorgang kann z. B. bei Kammerwasserschlössern, Abb. 8.10b, vorkommen, bei denen der Wasserspiegel beim Ausschwingen in eine der beiden Kammern tritt.

Die beiden Wurzelkomponenten berechnen sich aus:

$$\delta = \frac{1}{2t_{Wa}}\left(\frac{dh_R}{dq_a}\right) \tag{8.23d}$$

und

$$\omega_h = \sqrt{\frac{1}{4 t^2{}_{Wa}} \left(\frac{d h_R}{d q_a}\right)^2 - \frac{1}{t_{Wa} t_b}} = \sqrt{\delta^2 - \omega_0{}^2} \qquad (8.29\,\text{d}).$$

Mit diesen beiden Ausdrücken folgt aus Gl. (8.28 d):

$$\frac{\delta}{\omega_0} > 1. \qquad (8.30\,\text{d})$$

Die Lösung der Differentialgleichung (8.19 d) für den Abklingvorgang mit $q_c' = 0$ und $h_R' = 0$, sowie unter Berücksichtigung von Gl. (8.23 d), lautet:

$$y = -h_{R5} + r_5 e^{-\delta t} \sinh (\omega_h t + \varphi_5). \qquad (8.31\,\text{d})$$

Die Gleichung für die Spiegelgeschwindigkeit im Wasserschloß ergibt sich durch ein einmaliges Differenzieren von Gl. (8.31 d) nach t:

$$y' = \omega_h\, r_5 e^{-\delta t} \left[\cosh(\omega_h t + \varphi_5) - \frac{\delta}{\omega_h} \sinh\,(\omega_h t + \varphi_5)\right]. \qquad (8.32\,\text{d})$$

Die Spiegelbewegung im Wasserschloß während dieses aperiodischen Abklingvorgangs kann aus zwei Bewegungen zusammengesetzt gedacht werden:

1. aus einer gleichbleibenden Absenkung $h_{R5} = h_{R4}$, bedingt durch die Verluste im Stollen und beschrieben durch das erste Glied von Gl. (8.31 d), und

2. aus einer aperiodischen Bewegung, $\bar{y}(t)$, beschrieben durch das letzte Glied von Gl. (8.31 d).

In einem schiefwinkligen Koordinatensystem mit der Abszisse $\frac{1}{\omega_h}\,\bar{y}'$, der Ordinate $\sqrt{1 + \left(\frac{\delta}{\omega_h}\right)^2}\,\bar{y}$, dem senkrechten Abstand von der Abszissenachse $\bar{y}$ und dem Winkel zwischen der Ordinatenachse und der Ordinatenachse eines orthogonalen Koordinatensystems mit der gleichen Abszissenachse, $\beta = \arctan \frac{\delta}{\omega_h} > 45°$, kann die letztgenannte Bewegung durch einen Kurvenabschnitt dargestellt werden, der von einem schwenkenden Radiusvektor $r_5 e^{-\delta t}$ aufgezeichnet wird. Der Radiusvektor $r(t)$ schwenkt um den Mittelpunkt M_5, seine Spitze gleitet entlang einer gleichseitigen Hyperbel.

Diese Darstellung der Spiegelbewegung in einem Zweikammer-Wasserschloß nach Abb. 8.10b, vom Zeitpunkt t_5

des Eintritts in die obere Kammer mit rechteckigem Querschnitt ist in Abb. 8.8,

des Eintritts in die untere Kammer mit rechteckigem Querschnitt ist in Abb. 8.9

wiedergegeben; der Rechengang ist in der nachfolgenden Tabelle zusammengestellt.

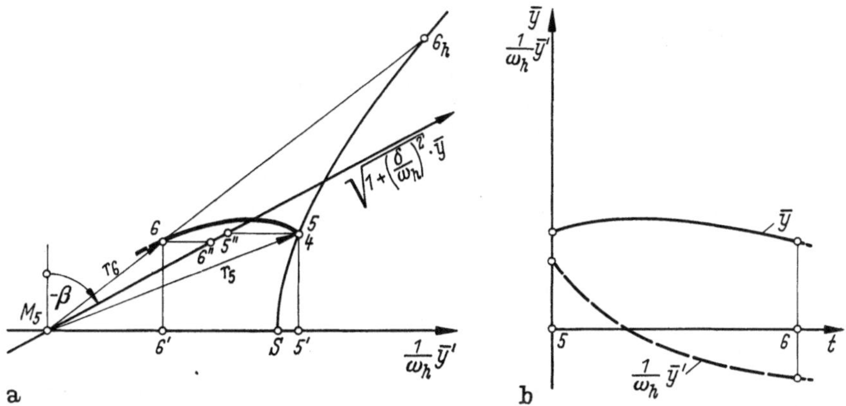

Abb. 8.8. Auslaufende Spiegelbewegung bei starker Dämpfung nach einem Schließen. a) Rechengang mit dem Zeigervektor; b) Teilbewegung des Wasserspiegels, $\bar{y}(t)$ und ihre Geschwindigkeit $\bar{y}'(t)$.

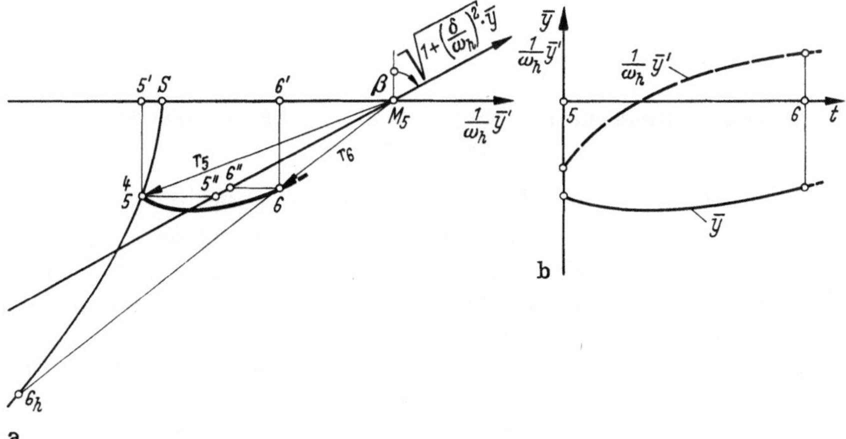

Abb. 8.9. Auslaufende Spiegelbewegung bei starker Dämpfung nach einem Öffnen. a) Rechengang mit dem Zeigervektor; b) Teilbewegung des Wasserspiegels, $\bar{y}(t)$ und ihre Geschwindigkeit $\bar{y}'(t)$.

Zeitpunkt	Vorgang	Teilbewegung des Spiegels beschrieben durch
$t_5 = t_4$	Ausklingvorgang $q_c' = 0$	eine Kurve abgeleitet von einer Hyperbel durch 4 mit dem Mittelpunkt M_5: $$\bar{y}_{M5} = 0$$ $$\frac{1}{\omega_h}\,\bar{y}'_{M5} = 0$$ Scheitelabstand $=$ Strecke $(M_5\cdots S)$
		Anfangspunkt 5 $$\bar{y}_5 = \text{Strecke } (5\cdots 5')$$ $$\frac{1}{\omega_h}\,\bar{y}_5' = \text{Strecke } (5\cdots 5'')$$ Radiusvektor $r_5 = \text{Strecke } (M_5\cdots 4)$ $$\varphi_5 = 2\,\frac{\text{Fläche}\,(M_5 - S - 5 - M_5)}{[\text{Strecke}\,(M_5\cdots S)]^2}$$
t_6		Zwischenpunkt 6 $$\bar{y}_6 = \text{Strecke } (6\cdots 6')$$ $$\frac{1}{\omega_h}\,\bar{y}_6' = \text{Strecke } (6\cdots 6'')$$ Radiusvektor $r_6 = \text{Strecke } (M_5\cdots 6)$ $= \text{Strecke } (M_5\cdots 6_h)\,e^{-\delta t_{5,6}}$ $$\varphi_{5,6} = \omega_h t_{5,6}$$ $$\varphi_6 = 2\,\frac{\text{Fläche}\,(M_5 - S - 6_h - M_5)}{[\text{Strecke}\,(M_5\cdots S)]^2} = \varphi_5 + \varphi_{5,6}$$

8.4 Anwendung der beschriebenen Näherungslösung auf allgemeine Fälle

Das in Ziffer 8.3 für das lineare Schließen (Öffnen) beschriebene graphische Näherungsverfahren zur Ermittlung der Spiegelbewegung in einem Schachtwasserschloß kann auch für ein allgemeines Schließ- (Öffnungs-) Gesetz und für Wasserschlösser mit verschiedenen Querschnitten angewendet werden, Abb. 8.10.

Ein nichtlineares Schließ-(Öffnungs-)Gesetz kann abschnittsweise linearisiert werden; die $q_c(t)$-Kurve kann durch einen Polygonzug ersetzt werden. Beim Übergang von einem linearisierten Abschnitt I zum anschließenden linearisierten Abschnitt II ändert sich die Lage des Drehpunktes M des Radiusvektors; die Lage und die Geschwindigkeit des

Flüssigkeitsspiegels im Wasserschloß bleiben im Übergangspunkt unverändert. Es ist also

$$M_\mathrm{I} \neq M_\mathrm{II}, \quad y_2 = y_3, \quad y_2{}' = y_3{}'.$$

Eine Änderung des Dämpfungsfaktors von δ_I in δ_II wirkt sich in einer Änderung des Winkels β_I in β_II aus, des Winkels, den die Ordinate des schiefwinkeligen Koordinatensystems mit der Ordinate eines orthogonalen

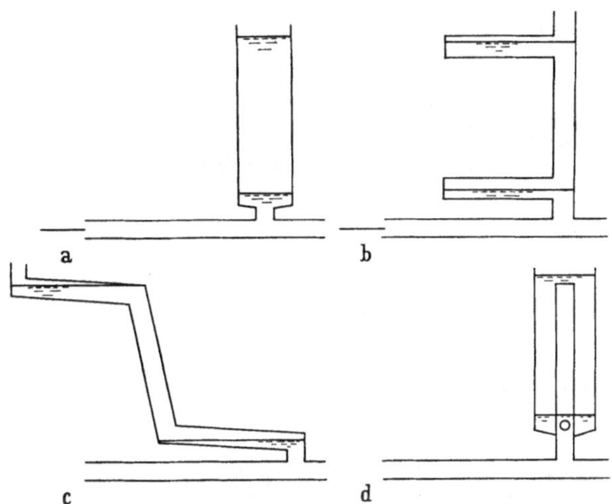

Abb. 8.10. Einige Bauarten von Wasserschlössern. a) Schachtwasserschloß; b) Zweikammer-Wasserschloß (parallelgeschaltete Kammern); c) Wasserschloß nach Lauffer (reihengeschaltete Kammern); d) Wasserschloß mit Überlaufrohr und einer Drossel nach Johnson.

Koordinatensystems mit der gleichen Abszissenachse einschließt. Da dabei $\bar{y}_2 = \bar{y}_3$ und $\bar{y}_2{}' = \bar{y}_3{}'$ ist, muß die neue Ordinatenachse des Abschnittes II durch den Punkt 2 auf der Ordinatenachse des Abschnittes I gezeichnet werden.

Bei einem schroffen Übergang von einem Wasserschloßquerschnitt $a_{b\mathrm{I}}$ in einen anderen Wasserschloßquerschnitt $a_{b\mathrm{II}}$ ändert sich (idealisiert) auch die Spiegelgeschwindigkeit sprunghaft von $\bar{y}'_{\mathrm{I}2}$ auf

$$\bar{y}'_{\mathrm{II}3} = \bar{y}'_{\mathrm{I}2} \frac{a_{b\mathrm{I}}}{a_{b\mathrm{II}}} = \frac{t_{b\mathrm{I}}}{t_{b\mathrm{II}}};$$ die Spiegellage im Wasserschloß bleibt dabei unverändert, $y_{\mathrm{I}2} = y_{\mathrm{II}3}$.

8.4.1 Wasserschloß mit Überfall

Kann ein Wasserschloß aus baulichen Gründen weder mit einem ausreichend hohen Schacht noch mit einer genügend großen oberen Kammer ausgeführt werden, so muß es mit einem Überfall versehen und der

Wasserverlust bei großen Spiegelbewegungen in Kauf genommen werden. Die Kontinuitätsgleichung (8.2) nimmt dann die Form an:

$$Q_a = A_b \frac{dY}{dT} + Q_{\ddot{u}} + Q_c \quad \text{m}^3\,\text{s}^{-1}, \qquad (8.33\,\text{a, b})$$

$$q_a = a_b \frac{dy}{dt} + q_{\ddot{u}} + q_c, \qquad (8.33\,\text{d})$$

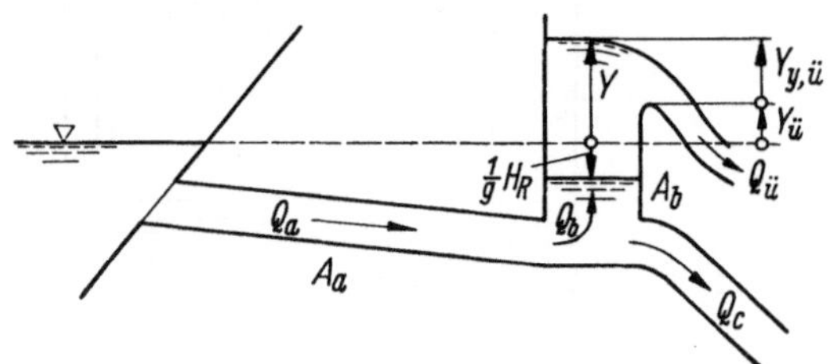

Bild 8.11. Schachtwasserschloß mit Überfall.

oder mit der Überfallgleichung (5.38) und mit den Bezeichnungen von Bild 8.11:

$$Q_a = A_b \frac{dY}{dT} + \frac{2}{3}\,\mu_S\,B\,\sqrt{2g}\ Y_{y,\ddot{u}}^{3/2} + Q_c \quad \text{m}^3\,\text{s}^{-1} \qquad (8.34\,\text{a, b})$$

$$q_a = a_b \frac{dy}{dt} + \frac{2}{3}\,\mu_S\,b\,\sqrt{2}\ y_{y,\ddot{u}}^{3/2} + q_c. \qquad (8.34\,\text{d})$$

Mit den Abkürzungen von S. 174 lautet die Differentialgleichung für die Wasserspiegelbewegung im Wasserschloß oberhalb der Überfallkrone in dimensionsloser Schreibweise mit Gl. (8.33):

$$t_{Wa}t_b\,y'' + y + h_{RA,B} = -\,t_{Wa}\,q_{\ddot{u}}' - t_{Wa}\,q_c', \qquad (8.35\,\text{d})$$

und mit Gl. (8.34):

$$t_{Wa}t_b\,y'' + \mu_S\,b\,\sqrt{2}\ y_{y,\ddot{u}}^{1/2}\,y' + y + h_{RA,B} = -\,t_{Wa}\,q_c'. \qquad (8.36\,\text{d})$$

Aus Gl. (8.36) geht hervor, daß durch den Überfall die Wasserspiegelbewegung oberhalb der Überfallkrone, auch bei Vernachlässigung der Reibungsverluste, eine gedämpfte Schwingung ist.

Wird die $q_{\ddot{u}}(y_{y,\ddot{u}})$-Kurve in Gl. (8.35d) durch eine treppenförmige Kurve angenähert, wird also die Überfallhöhe in einzelne Zonen zerlegt und in jeder Zone der Überfallstrom konstant angenommen, so kann die Wasserspiegelbewegung näherungsweise schrittweise berechnet werden.

9. Nichtstationäre Strömungen in Kanälen

Der Zusammenhang zwischen der Geschwindigkeit und der Tiefe in einem Kanal bei einer nichtstationären Strömung wird abgeleitet unter den Annahmen:

a) verhältnismäßig kleiner Wellenhöhen;
b) eines geraden, rechteckigen Kanals mit konstanter Kanalbreite;
c) einer gleichförmigen Geschwindigkeitsverteilung in jedem Querschnitt;
d) kleiner Verluste, die durch das Sohlengefälle kompensiert werden.

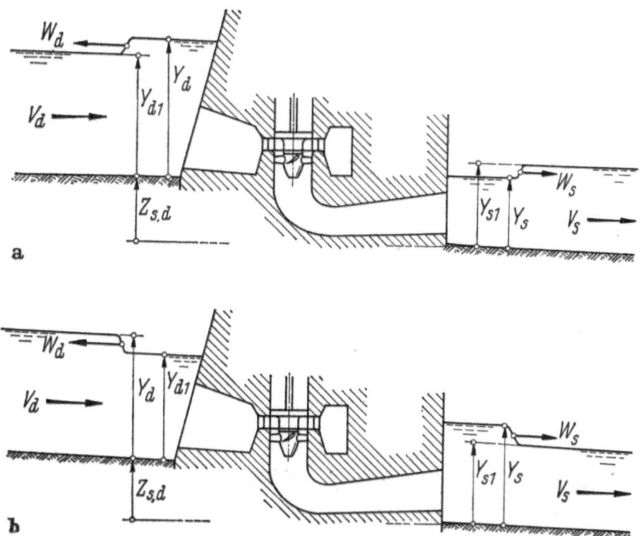

Abb. 9.1. Strömungsvorgänge in einer Wasserkraftanlage mit offener Zuleitung und offener Ableitung a) während eines Schließvorgangs; b) während eines Öffnungsvorgangs.

Dieser Zusammenhang soll für die nichtstationäre Strömung beim Schließen und beim Öffnen einer Abschnittsabsperrung untersucht werden, also für einen Vorgang, der z. B. bei Wasserkraftanlagen mit offener Wasserzuleitung und offener Wasserableitung nach Abb. 9.1 vorkommt.

Beim Schließen einer solchen Abschnittsabsperrung entstehen, Abb. 9.1 a:

im oberwasserseitigen (druckseitigen) Kanal ein *Stauschwall*, der mit der Geschwindigkeit $W_{abs,d} = V_d - W_d$ in m s^{-1} gegen die Strömung zum Eintrittsquerschnitt des Kanals läuft;

im unterwasserseitigen (saugseitigen) Kanal ein *Absperrsunk*, der mit der Geschwindigkeit $W_{\text{abs},s} = V_s + W_s$ in m s^{-1} mit der Strömung zum Austrittsquerschnitt des Kanals läuft.

Beim Öffnen einer solchen Abschnittsabsperrung entstehen, Abb. 9.1 b:

im oberwasserseitigen (druckseitigen) Kanal ein *Entnahmesunk*, der mit der Geschwindigkeit $W_{\text{abs},d} = V_d - W_d$ in m s^{-1} gegen die Strömung zum Eintrittsquerschnitt läuft;

im unterwasserseitigen (saugseitigen) Kanal ein *Füllschwall*, der mit der Geschwindigkeit $W_{\text{abs},s} = V_s + W_s$ in m s^{-1} zum Austrittsquerschnitt läuft.

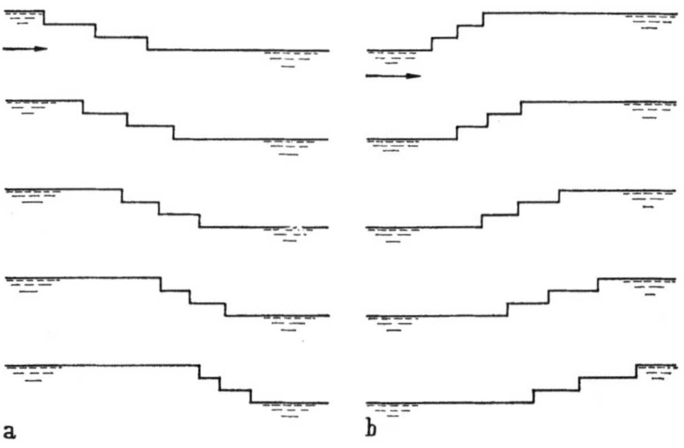

Abb. 9.2. Änderung der Gestalt des Wellenkopfes. a) bei einer Schwallwelle; b) bei einer Sunkwelle.

Bei einem Schwall nimmt die Wellengeschwindigkeit im Entstehungsquerschnitt ständig zu; später entstehende Wellen holen die früher entstandenen Wellen ein. Der Wellenkopf wird immer steiler, bis er sich überschlägt; es kommt zu einem *Wellenbrecher*, Abb. 9.2a.

Bei einem Sunk nimmt die Wellengeschwindigkeit im Entstehungsquerschnitt ständig ab; später entstehende Wellen bleiben gegenüber den früher entstandenen Wellen zurück. Der Wellenkopf wird immer flacher; es kommt zu einer *Wellenverflachung*, Abb. 9.2b.

Die absolute Wellengeschwindigkeit in Kanälen ist verhältnismäßig klein; die Reflexionszeiten sind verhältnismäßig lang. Bei den meisten Wasserkraftanlagen sind die Schließzeiten und die Öffnungszeiten kürzer als die Reflexionszeiten; der Schließ-(Öffnungs-)Vorgang spielt sich daher fast immer in der ersten Reflexionsperiode ab.

9.1 Differentialgleichung einer nichtstationären Strömung in einem rechteckigen Kanal

Mit den oben gemachten vereinfachten Annahmen können die Bewegungsgleichung und die Kontinuitätsgleichung auf den ganzen Durchflußquerschnitt angewendet werden. Unter Berücksichtigung des Ausdruckes für die Wellengeschwindigkeit, Gl. (6.4), lautet:

a) die umgeformte Bewegungsgleichung (6.12)

$$W \frac{\partial V}{\partial X} = g \frac{\partial Y}{\partial X} \quad \mathrm{m\ s^{-2}}, \qquad (9.1\,\mathrm{a, b})$$

$$w \frac{\partial v}{\partial x} = \frac{\partial y}{\partial x}; \qquad (9.1\,\mathrm{d})$$

b) die umgeformte Kontinuitätsgleichung (6.13)

$$W \frac{\partial Y}{\partial X} = Y \frac{\partial V}{\partial X} \quad \mathrm{m\ s^{-1}}, \qquad (9.2\,\mathrm{a, b})$$

$$w \frac{\partial y}{\partial x} = y \frac{\partial v}{\partial x}. \qquad (9.2\,\mathrm{d})$$

Wird Gl. (9.1) durch Gl. (9.2) dividiert, so ergibt sich die gesuchte Differentialgleichung:

$$\frac{\partial V/\partial X}{\partial Y/\partial X} = \frac{\partial V}{\partial Y} = \pm \sqrt{\cdot \frac{g}{Y}} \quad \mathrm{s^{-1}}, \qquad (9.3\,\mathrm{a, b})$$

$$\frac{\partial v/\partial x}{\partial y/\partial x} = \frac{\partial v}{\partial y} = \pm \sqrt{\frac{1}{y}}. \qquad (9.3\,\mathrm{d})$$

Gl. (9.3) stellt den Zusammenhang zwischen der Geschwindigkeit V in m s^{-1} und der Tiefe Y in m für jeden beliebigen Kanalquerschnitt und für jeden beliebigen Zeitpunkt während eines nichtstationären Vorgangs mit kleinen Wellen dar. Integriert lautet diese Beziehung, wenn mit V_1 in m s^{-1} und mit Y_1 in m der Strömungszustand im Ausgangsquerschnitt 1 im Zeitpunkt T_1 in s beschrieben wird

a) für eine sich *entgegengesetzt zur Fließrichtung* bewegende Welle:

$$V - V_1 = -\left[\sqrt{4g\,Y} - \sqrt{4g\,Y_1}\right] \approx -6{,}26\,(Y^{1/2} - Y_1^{1/2}) \quad \mathrm{m\ s^{-1}},$$
$$(9.4\,\mathrm{a, b})$$

$$v - v_1 = -\left[\sqrt{4y} - \sqrt{4y_1}\right] = -2\,(y^{1/2} - y_1^{1/2}), \qquad (9.4\,\mathrm{d})$$

b) für eine sich *in der Fließrichtung* bewegende Welle:

$$V - V_1 = + \left[\sqrt{4gY} - \sqrt{4gY_1} \right] \approx + 6{,}26 \left(Y^{1/2} - Y_1^{1/2} \right) \quad \mathrm{m\,s^{-1}}, \quad (9.5\,\mathrm{a,b})$$

$$v - v_1 = + \left[\sqrt{4y} - \sqrt{4y_1} \right] = + 2 \left(y^{1/2} - y_1^{1/2} \right). \quad (9.5\,\mathrm{d})$$

In einem rechtwinkligen Koordinatensystem mit V in m s^{-1} als Abszisse und mit $Y^{1/2}$ in m$^{1/2}$ als Ordinate, kann dargestellt werden:

Gl. (9.4) als *Stoßgerade* mit der negativen Neigung, Abb. 9.3a,

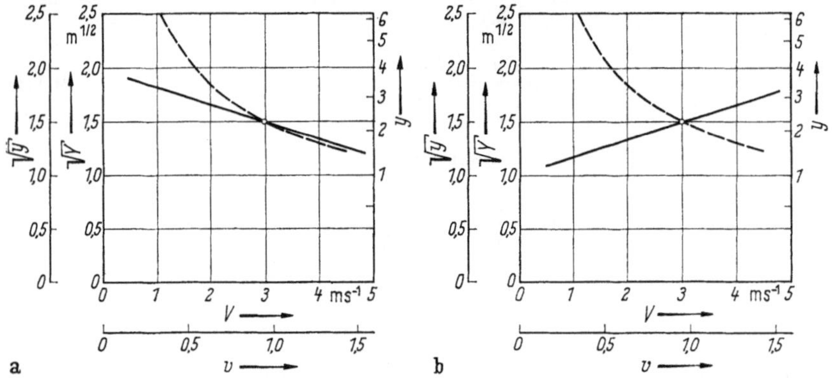

Abb. 9.3. Nichtstationäre Strömung in einer offenen Leitung. a) Stoßgerade; b) gespiegelte Stoßgerade.

$$\frac{d\left(\sqrt{Y}\right)}{dV} \approx -0{,}16 \quad \mathrm{m^{-1/2}\,s}, \quad (9.6\,\mathrm{a, b})$$

$$\frac{d\left(\sqrt{y}\right)}{dv} = -0{,}5 \quad (9.6\,\mathrm{d})$$

Gl. (9.5) als *gespiegelte Stoßgerade* mit positiver Neigung, Abb. 9.3b,

$$\frac{d\left(\sqrt{Y}\right)}{dV} \approx +0{,}16 \quad \mathrm{m^{-1/2}\,s}, \quad (9.7\,\mathrm{a, b})$$

$$\frac{d\left(\sqrt{y}\right)}{dv} = +0{,}5. \quad (9.7\,\mathrm{d})$$

Mit Hilfe der Stoßgeraden und der gespiegelten Stoßgeraden können Geschwindigkeit und Tiefe einer nichtstationären Strömung in einem Kanal in ähnlicher Weise wie in Ziffer 7.3 für geschlossene Leitungen beschrieben wurde, ermittelt werden, und zwar sowohl in den beiden Leitungs-Endquerschnitten wie auch in jedem beliebigen dazwischenliegenden Leitungsquerschnitt. Das Rechenverfahren soll an einigen typischen Beispielen erläutert werden.

Es sei darauf hingewiesen, daß die Fortpflanzungsgeschwindigkeit einer Störung, die Wellengeschwindigkeit, in einer offenen Leitung wesentlich kleiner ist als die Wellengeschwindigkeit in einer geschlossenen Leitung. Bei einer Wassertiefe von 10 m beträgt die relative Wellengeschwindigkeit nur $W \approx 10$ m s^{-1} (die bezogene relative Wellengeschwindigkeit $w \approx 3{,}2$). Fast alle Regelvorgänge hydraulischer Maschinen, einschließlich dem Abstellen und dem Anfahren der Maschine, spielen sich daher in der ersten Reflexionsperiode ab. Die Dauer der Schließ-(Öffnungs-)Bewegung hat somit auf die Größe der Spiegelschwankung an der Störstelle praktisch keinen Einfluß. In den nachstehenden Beispielen wird ein plötzliches Schließen und ein plötzliches Öffnen betrachtet und ein *stufenförmiger Wellenkopf* angenommen.

9.1.1 Plötzlicher Abschluß einer Abschnittsabsperrung

Ein rechteckiger Kanal mit konstanter Breite B in m und horizontaler Sohle wird durch eine Abschnittsabsperrung — in Abb. 9.4 durch ein Wasserkraftwerk angedeutet — in zwei Abschnitte mit gleichen Tiefen,

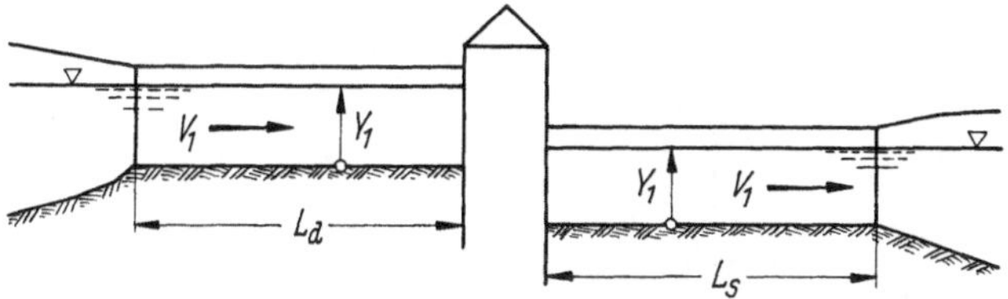

Abb. 9.4. Wasserkraftanlage mit einem rechteckigen Oberwasserkanal und einem rechteckigen Unterwasserkanal.

in den Oberwasserkanal und in den Unterwasserkanal, unterteilt. Die Reibungsverluste werden vernachlässigt, die Wassertiefen unmittelbar im Anfangsquerschnitt und unmittelbar im Endquerschnitt des Kanals werden mit $Y_1 = $ const in m angenommen, d. h. die Oberfläche des Zuflußraumes, aus dem der Kanal gespeist wird, und die Oberfläche des Abflußraumes, in den der Kanal mündet, werden unendlich groß vorausgesetzt. Es sollen die nichtstationären Strömungsvorgänge nach einem plötzlichen, vollkommenen Abschluß untersucht werden. Für den betrachteten stationären Durchfluß $Q_1 = $ const in m^3 s^{-1} ergibt sich, bei einer gleichförmigen Geschwindigkeitsverteilung in jedem Querschnitt, der Zusammenhang zwischen der mittleren Geschwindigkeit und der dazugehörigen Tiefe aus der Kontinuitätsgleichung. Für einen rechteckigen Kanal ist

$$Y = \left(\sqrt{Y}\right)^2 = \frac{Q}{BV} \quad \text{m}, \qquad (9.8\,\text{a, b})$$

$$y = \left(\sqrt{y}\right)^2 = \frac{q}{bv}. \qquad (9.8\,\text{d})$$

In einem V, $\sqrt{Y}$-Diagramm (im v, $\sqrt{y}$-Diagramm), Abb. 9.5, stellt Gl. (9.8) eine Schar von hyperbelähnlichen Kurven mit dem Parameter $Q\dfrac{1}{B} = \dfrac{Q}{b} = \text{const}$ in m³ s⁻¹ $\left(\text{mit } \dfrac{q}{b} = \text{const}\right)$ dar; die Kurve für $\dfrac{Q}{b} = 0$ fällt mit der Ordinatenachse zusammen. In Abb. 9.5 ist auch die Gerade: $\sqrt{gY} - V = 0$ eingetragen, die das Gebiet des Fließens vom Gebiet des Schießens trennt. Unterhalb dieser Geraden ist die Wellen-

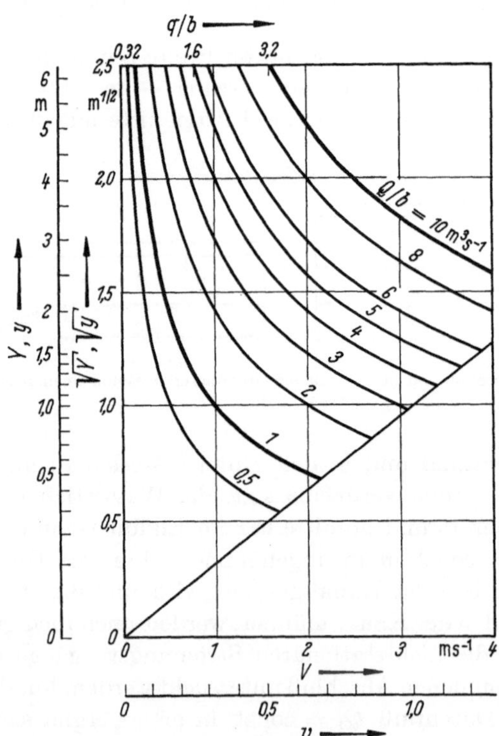

Abb. 9.5. Zusammenhang zwischen Geschwindigkeit und Tiefe in einem rechteckigen Kanal bei konstantem Durchfluß.

geschwindigkeit kleiner als die Strömungsgeschwindigkeit; in einem solchen Fall könnte sich die Welle gegen die Fließrichtung nicht fortbewegen.

Für den Oberwasserkanal ergibt der Schnittpunkt 2 der Stoßgeraden durch den Punkt 1 mit der Ordinatenachse den Zustand vor dem Kraftwerk nach der Absperrung, den neuen, auf Y_2 in m angestiegenen Wasserspiegel, Abb. 9.6. Der entstandene Absperrschwall läuft mit der absoluten Wellengeschwindigkeit $W_{abs,d1} = \sqrt{g\,Y_1} - V_1$ in m s^{-1} kanalaufwärts.

Für den Unterwasserkanal ergibt der Schnittpunkt 3 der gespiegelten Stoßgeraden durch den Punkt 1 mit der Ordinatenachse den Zustand hinter dem Kraftwerk nach der Absperrung, den neuen, auf Y_3 in m gesunkenen Wasserspiegel, Abb. 9.6. Der entstandene Absperrsunk läuft mit der absoluten Wellengeschwindigkeit $W_{abs,s1} = \sqrt{g\,Y_1} + V_1$ in m s^{-1}

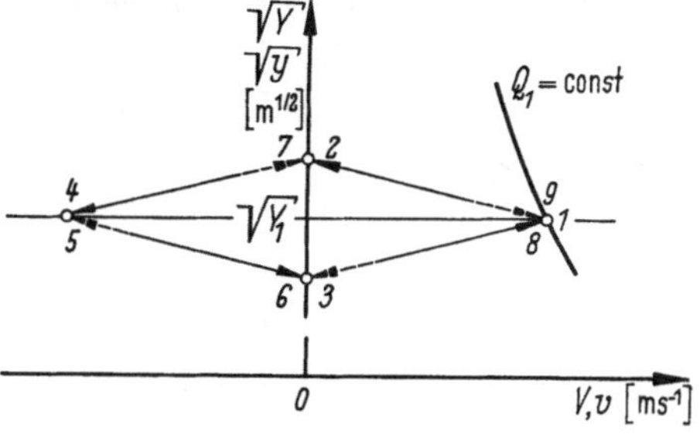

Abb. 9.6. Plötzlicher Abschluß einer Abschnittsabsperrung nach Abb. 9.4. Rechengang mit den Stoßgeraden.

Bemerkung: Das druckseitige und das saugseitige Diagramm wurden übereinander gezeichnet.

kanalabwärts. Wie bereits in Ziffer 6.1 beschrieben wurde, geht jede Störung, eine Schwallwelle oder eine Sunkwelle in einem Endquerschnitt des Kanals auf die ursprüngliche Tiefe des stationären Zustandes, auf Y_1 in m zurück.

Im Oberwasserkanal läuft die im Endquerschnitt entstandene Spiegelabsenkung, gegeben durch den Schnittpunkt 4 der gespiegelten Stoßgeraden durch 2 mit der $\sqrt{Y_1}$=const-Geraden zur Störstelle zurück. Das Wasser fließt nunmehr mit der negativen Geschwindigkeit $- V_4$ in m s^{-1} aus dem Kanal in den Zuflußraum.

Im Unterwasserkanal läuft der im Endquerschnitt entstandene Spiegelanstieg, gegeben durch den Schnittpunkt 5 der Stoßgeraden durch 3 mit der $\sqrt{Y_1}$=const-Geraden zur Störstelle zurück. Das Wasser fließt nunmehr mit der negativen Geschwindigkeit $- V_5$ in m s^{-1} aus dem Abflußraum in den Kanal. Bei dem gewählten Beispiel fallen die beiden Punkte 4 und 5 zusammen. Erreicht der wieder hergestellte Wasserspiegel die Störstelle, so entsteht

— im Oberwasserkanal vor dem Kraftwerk eine weitere Spiegelabsenkung auf Y_6 in m, die sich aus dem Schnittpunkt 6 der Stoßgeraden durch 4 mit der Ordinatenachse ermittelt. Dieser Sunk läuft kanalaufwärts zum Zuflußraum;

13*

— im Unterwasserkanal hinter dem Kraftwerk ein weiterer Spiegelanstieg auf Y_7 in m, der sich aus dem Schnittpunkt 7 der gespiegelten Stoßgeraden durch 5 mit der Ordinatenachse ermittelt. Dieser Schwall läuft kanalabwärts zum Abflußraum.

Im Anfangsquerschnitt des Oberwasserkanals wird der Sunk aufgefüllt, die ursprüngliche Tiefe des stationären Zustandes wieder hergestellt; das Wasser fließt aus dem Zuflußraum in den Kanal mit der Geschwindigkeit V_8 in m s^{-1}, die sich aus dem Schnittpunkt 8 der gespiegelten Stoßgeraden durch 6 mit der $\sqrt{Y_1}=$const-Geraden ermittelt.

Im Endquerschnitt des Unterwasserkanals wird der Schwall abgebaut, die ursprüngliche Tiefe des stationären Strömungszustands wieder hergestellt; das Wasser fließt aus dem Kanal in den Abflußraum mit der Geschwindigkeit V_9 in m s^{-1}, die sich aus dem Schnittpunkt 9 der Stoßgeraden durch 7 mit der $\sqrt{Y_1}=$const-Geraden ermittelt.

Im gewählten Beispiel fallen die beiden Punkte 8 und 9 mit dem Anfangspunkt 1 zusammen; beim Fehlen der Reibungsverluste wiederholt sich der beschriebene Vorgang immer wieder.

9.1.2 Plötzliches Öffnen einer Abschnittsabsperrung

Die Ermittlung der Spiegelschwankungen bei einem plötzlichen Öffnen einer Abschnittsabsperrung nach Abb. 9.4 erfolgt in ähnlicher Weise wie bei einem plötzlichen Abschluß. Der Anfangszustand ist dies-

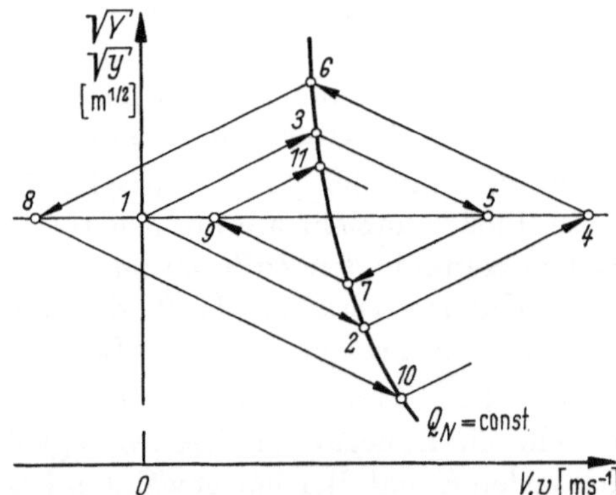

Abb. 9.7. Plötzliches Öffnen einer Abschnittsabsperrung nach Abb. 9.4. Rechengang mit den Stoßgeraden.

(Siehe Bemerkung bei Abb. 9.6).

mal durch den Punkt 1 auf der Ordinatenachse gegeben, Abb. 9.7. Durch das plötzliche Öffnen auf den Durchfluß Q_N in m^3 s^{-1} entsteht

— im Oberwasserkanal vor dem Kraftwerk eine Spiegelabsenkung auf die Tiefe Y_2 in m, die sich aus dem Schnittpunkt 2 der Stoßgeraden durch 1 mit der $Q_N=$const-Kurve ermittelt, Abb. 9.7. Dieser Abflußsunk läuft mit der absoluten Wellengeschwindigkeit $W_{abs,d1} = \sqrt{g\,Y_1} - V_1$ in m s^{-1} kanalaufwärts;

— im Unterwasserkanal hinter dem Kraftwerk ein Spiegelanstieg auf die Tiefe Y_3 in m, der sich aus dem Schnittpunkt 3 der gespiegelten Stoßgeraden durch 1 mit der Q_N=const-Kurve ermittelt, Abb. 9.7. Dieser Füllschwall läuft mit der absoluten Wellengeschwindigkeit $W_{abs,s1} = \sqrt{g\,Y_1} + V_1$ in m s^{-1} kanalabwärts.

In den Endquerschnitten des Kanals, im Anfangsquerschnitt am Zuflußraum und im Endquerschnitt am Abflußraum, gehen die beiden Störungen — der Sunk und der Schwall — auf die ursprüngliche Tiefe des stationären Strömungszustandes zurück.

Im Oberwasserkanal läuft der entstandene Spiegelanstieg, gegeben durch den Schnittpunkt 4 der gespiegelten Stoßgeraden durch 2 mit der $\sqrt{Y_1}$=const-Geraden zur Störstelle zurück; das Wasser fließt mit erhöhter Geschwindigkeit V_4 in m s^{-1} aus dem Zuflußraum in den Kanal.

Im Unterwasserkanal läuft die entstandene Spiegelabsenkung, gegeben durch den Schnittpunkt 5 der Stoßgeraden durch 3 mit der $\sqrt{Y_1}$ = const-Geraden zur Störstelle zurück; das Wasser fließt mit erhöhter Geschwindigkeit V_5 in m s^{-1} aus dem Kanal in den Abflußraum. Wie aus Abb. 9.7 zu entnehmen ist, ist die Geschwindigkeit im Oberwasserkanal größer als die Geschwindigkeit im Unterwasserkanal.

Erreicht der wiederhergestellte Wasserspiegel die Störstelle, so entsteht

— im Oberwasserkanal vor dem Kraftwerk ein weiterer Spiegelanstieg auf Y_6 in m, der sich aus dem Schnittpunkt 6 der Stoßgeraden durch 4 mit der Q_N=const-Kurve ermittelt. Der Schwall läuft kanalaufwärts zum Zuflußraum;

— im Unterwasserkanal hinter dem Kraftwerk eine weitere Spiegelabsenkung auf Y_7 in m, die sich aus dem Schnittpunkt 7 der gespiegelten Stoßgeraden durch 5 mit der Q_N=const-Kurve ermittelt. Der Sunk läuft kanalabwärts zum Abflußraum.

Im Anfangsquerschnitt des Oberwasserkanals wird der Schwall abgebaut, die ursprüngliche Tiefe des stationären Strömungszustands wiederhergestellt; das Wasser fließt aus dem Kanal in den Zuflußraum mit der Geschwindigkeit V_8 in m s^{-1}, die sich aus dem Schnittpunkt 8 der gespiegelten Stoßgeraden durch 6 mit der $\sqrt{Y_1}$=const-Geraden ermittelt.

Im Endquerschnitt des Unterwasserkanals wird der Sunk aufgefüllt, die ursprüngliche Tiefe des stationären Strömungszustands wieder hergestellt; das Wasser fließt weiter aus dem Kanal in den Abflußraum mit der Geschwindigkeit V_9 in m s^{-1}, die sich aus dem Schnittpunkt 9 der Stoßgeraden durch 7 mit der $\sqrt{Y_1}$=const-Geraden ermittelt.

Die beiden Punkte 8 und 9 fallen mit dem Anfangspunkt 1 nicht mehr zusammen. Wie aus Abb. 9.7 hervorgeht, nimmt die Spiegelschwankung im Oberwasserkanal immer mehr zu, im Unterwasserkanal dagegen immer mehr ab. In Wirklichkeit wird dieses Aufschaukeln des Oberwasserspiegels durch die Reibungsverluste mehr oder weniger stark gemildert. Außerdem wird bei Anlagen mit kleinen Fallenergien die Spiegelschwankung durch die Änderung des Durchflusses während eines nichtstationären Strömungsvorganges gedämpft. Die $\sqrt{Y(V)}$-Kurve für eine gleichbleibende Turbinenöffnung verläuft im $V, \sqrt{Y}$-Diagramm steiler als die entsprechende Kurve für den konstanten Durchfluß.

9.2 Berücksichtigung der Reibungsverluste

Auch bei nichtstationären Strömungen in offenen Leitungen können Reibungsverluste in ähnlicher Weise wie bei nichtstationären Strömungen in geschlossenen Leitungen (Ziffer 7.3.8) in einem Leitungsquerschnitt konzentriert gedacht werden.

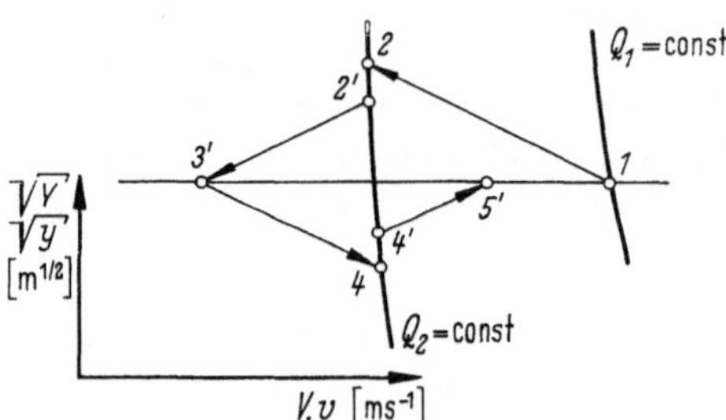

Abb. 9.8. Berücksichtigung der Reibungsverluste beim Rechnen mit Stoßgeraden.

So kann z. B. bei einem in Abb. 9.8 dargestellten Teilabschluß einer Abflußabsperrung vom Durchfluß Q_1 auf den Durchfluß Q_2 in m³ s⁻¹ der Schnittpunkt 2 der Stoßgeraden durch 1 mit der neuen Durchflußkurve, auf dieser um den Betrag $\sqrt{Y_{2,2'}}$ nach unten verschoben werden. Es ist dabei:

$$Y_{2,2'} = \frac{1}{g}\left[H_{RL}(Q_1) + H_{RL}(Q_2)\right] \quad \text{m}, \tag{9.9a}$$

$$Y_{2,2'} = H_{RL}^*(Q_1) + H_{RL}^*(Q_2) \quad \text{m}, \tag{9.9b}$$

$$y_{2,2'} = h_{RL}(q_1) + h_{RL}(q_2). \tag{9.9d}$$

Die gespiegelte Stoßgerade durch den so erhaltenen, *korrigierten* Punkt 2' mit der $\sqrt{Y_1}$= const-Geraden liefert den Schnittpunkt 3'. Der Schnittpunkt 4 der Stoßgeraden durch 3′ mit der Q_2=const-Kurve wird wiederum auf dieser Kurve um den Betrag $\sqrt{Y_{3,3'}}$, diesmal nach oben verschoben. Es ist:

$$Y_{3,\,3'} = \frac{1}{g}\,[H_{RL}(Q_1) + H_{RL}(Q_2)]\quad \mathrm{m}, \qquad (9.10\,\mathrm{a})$$

$$Y_{3,\,3'} = H^*_{RL}(Q_1) + H^*_{RL}(Q_2)\quad \mathrm{m}, \qquad (9.10\,\mathrm{b})$$

$$y_{3,\,3'} = h_{RL}(q_1) + h_{RL}(q_2). \qquad (9.10\,\mathrm{d})$$

Aus dem Schnittpunkt 5′ der gespiegelten Stoßgeraden durch den so erhaltenen, *korrigierten* Punkt 4′ mit der $\sqrt{Y_1}$=const-Geraden ermittelt sich der Strömungszustand vor der Abflußabsperrung am Ende der ersten Schwingungsperiode. Wie aus Abb. 9.8 zu erkennen ist, werden die Spiegelschwankungen durch die Reibungsverluste mehr oder weniger stark gedämpft.

9.3 Spiegelschwankungen in einem Kanal mit Absperrorganen an beiden Endquerschnitten

Werden bei einem Kanal mit Absperrorganen an beiden Endquerschnitten nach Abb. 9.9a — solche Anlagen kommen bei Kraftwerksketten vor — der Zufluß und der Abfluß gleichzeitig um den gleichen Betrag geändert, z. B. herabgesetzt, so entsteht

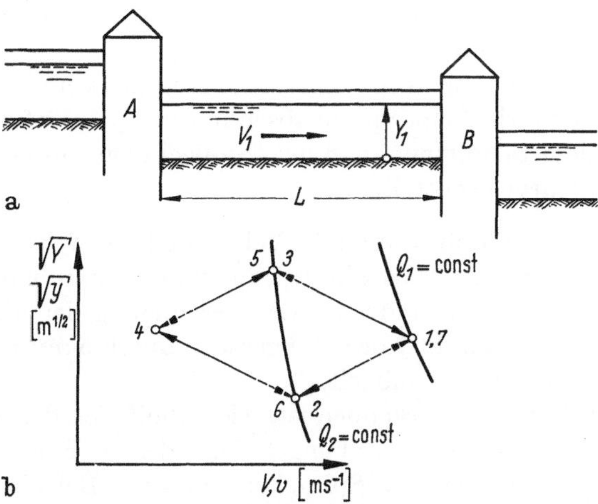

Abb. 9.9. Spiegelschwankungen in einem Kanal mit Absperrungen an beiden Endquerschnitten. a) Anordnungsskizze; b) Rechengang mit Stoßgeraden.

— hinter dem oberen Kraftwerk A ein Absperrsunk, der aus dem Schnittpunkt 2 der gespiegelten Stoßgeraden durch 1 mit der neuen Q_2=const-Kurve ermittelt wird. Diese Spiegelabsenkung läuft mit der absoluten Geschwindigkeit $W_{abs,s1} = \sqrt{g\,Y_1} + V_1$ in m s^{-1} kanalabwärts;

— vor dem unteren Kraftwerk B ein Absperrschwall, der aus dem Schnittpunkt 3 der Stoßgeraden durch 1 mit der neuen Q_2=const-Kurve ermittelt wird. Dieser Spiegelanstieg läuft mit der absoluten Geschwindigkeit $W_{abs,d1} = \sqrt{g\,Y_1} - V_1$ in m s^{-1} kanalaufwärts.

Beide Wellen treffen aufeinander im Querschnitt 4, dessen Entfernung vom Kraftwerk A sich berechnen läßt aus:

$$X_{A,4} = L\,\frac{W_{abs,s}}{W_{abs,s} + W_{abs,d}}\quad \text{m}, \qquad\qquad (9.11\,\text{a, b})$$

$$x_{A,4} = l\,\frac{w_{abs,s}}{w_{abs,s} + w_{abs,d}} \qquad\qquad (9.11\,\text{d})$$

Der Strömungszustand nach der Vereinigung der beiden Wellen zu einer einzigen, sich nach beiden Seiten des Querschnittes 4 ausbreitenden Welle ermittelt sich aus dem Schnittpunkt 4 der Stoßgeraden durch 2 mit der gespiegelten Stoßgeraden durch 3, Abb. 9.9 b.

Die vom Querschnitt 4 ausgehende

— kanalaufwärts laufende Welle erfährt im Anfangsquerschnitt des Kanals, hinter dem Kraftwerk A, einen Spiegelanstieg auf die Tiefe Y_5 in m, der sich aus dem Schnittpunkt 5 der gespiegelten Stoßgeraden durch 4 mit der Q_2=const-Kurve ermittelt;

— kanalabwärts laufende Welle erfährt im Endquerschnitt des Kanals, vor dem Kraftwerk B, eine Spiegelabsenkung auf die Tiefe Y_6 in m, die sich aus dem Schnittpunkt 6 der Stoßgeraden durch 4 mit der $Q_2 = $ const-Kurve ermittelt.

Die von A kanalabwärts laufende Welle und die von B kanalaufwärts laufende Welle treffen im Querschnitt 7 aufeinander und bilden eine neue Welle. Der Strömungszustand nach der Vereinigung der beiden Wellen wird aus dem Schnittpunkt 7 der Stoßgeraden durch 5 mit der gespiegelten Stoßgeraden durch 6 ermittelt.

Wie aus Abb. 9.9 b zu erkennen ist, wiederholt sich der beschriebene Vorgang bei Annahme einer reibungsfreien, idealen Flüssigkeit immer wieder mit gleichbleibenden Spiegelausschlägen. Bei einer reibungsbehafteten Flüssigkeit klingen die Spiegelschwankungen mehr oder weniger rasch ab.

9.4 Spiegelschwankungen in einem Kanal bei endlichen Schließ-(Öffnungs-)Zeiten

Die idealisierte, stufenförmige Wellenkopfform setzt ein plötzliches, schlagartiges Verstellen des Absperrorgans voraus. In Wirklichkeit ist die Schließ-(Öffnungs-)Zeit eines Absperrorgans endlich, wenn auch im Verhältnis zur Reflexionszeit einer offenen Leitung sehr kurz.

Der Wellenkopf bei einer endlichen Schließ-(Öffnungs-)Zeit hat die Form einer schiefen Ebene, die gegen die Horizontalebene um so stärker geneigt ist, je kürzer die Schließ-(Öffnungs-)Zeit ist. Für die Berechnung der Spiegelschwankungen wird die Schließ-(Öffnungs-)Kurve des Absperrorgans gewöhnlich durch eine treppenförmige Kurve ersetzt, seine Bewegung durch mehrere, in gleichen Zeitabständen folgende, ruckartige Bewegungen angenähert und die Rechnung für jede einzelne Stufe dieser Treppenkurve durchgeführt.

Literaturverzeichnis

Abnahmeversuche an Kreiselpumpen — DIN 1944, 4. Ausg. Oktober 1968. Berlin/Köln: Beuth-Vertrieb 1968.

Bergeron, L.: Water Hammer in Hydraulics and Wave Surges in Electricity. New York/London: J. Wiley & Sons 1961.

Betz, A.: Einführung in die Theorie der Strömungsmaschinen. Karlsruhe: G. Braun 1959.

Dubbel's Taschenbuch für Maschinenbau, 13. Aufl. Berlin/Heidelberg/New York: Springer 1970.

Eck, B.: Technische Strömungslehre, 7. Aufl. Berlin/Heidelberg/New York: Springer 1966.

Dziallas, R.: Untersuchungen an einer Kreiselpumpe mit labiler Kennlinie. Berlin: VDI-Verlag 1940.

Feifel, E.: Über die veränderliche, nicht stationäre Strömung in offenen Gerinnen, insbesondere über Schwingungen in Turbinen-Treibkanälen. Forschungsarbeiten, Heft 205. Berlin: VDI-Verlag 1918.

Forchheimer, Ph.: Hydraulik, 3. Aufl. Leipzig: Teubner 1930.

Frank, J.: Nichtstationäre Vorgänge in den Zuleitungs- und Ableitungskanälen von Wasserkraftwerken, 2. Aufl. Berlin/Göttingen/Heidelberg: Springer 1957.

Fuchslocher/Schulz: Die Pumpen, 12. Aufl. Berlin/Göttingen/Heidelberg/New York: Springer 1967.

Hutarew, G.: Regelungstechnik. Kurze Einführung am Beispiel der Drehzahlregelung von Wasserturbinen, 3. Aufl. Berlin/Heidelberg/New York: Springer 1969.

International code for the field acceptance tests of hydraulic turbines. IEC-Publication 41, 2. Aufl. Genf: IEC-Verlag 1963.

International code for the field acceptance tests of storage pumps. IEC-Publication 198. Genf: 1968.

Jaeger, Ch.: Technische Hydraulik. Basel: Birkhäuser Verlag 1949.

Karassik, I., Carter, R.: Centrifugal pumps. New York: Dodge Corporation 1960.

Kaufmann, W.: Technische Hydro- und Aeromechanik. Berlin/Göttingen/Heidelberg: Springer 1954.

Kirchbach, H.: Taschenbuch — Hydraulik in Industriebetrieben. Stuttgart: Franckh'sche Verlagshandlung 1961.

Kozeny, J.: Hydraulik. Wien: Springer 1953.

Parmakian, J.: Water Hammer Analysis. New York: Prentice-Hall Inc. 1955.

Pfleiderer, C.: Die Kreiselpumpen, 5. Aufl. Berlin/Göttingen/Heidelberg: Springer 1961.

Pfleiderer/Petermann: Strömungsmaschinen, 3. Aufl. Berlin/Göttingen/Heidelberg/New York: Springer 1964.

Prandtl/Oswatitsch/Wieghardt: Führer durch die Strömungslehre, 7. Aufl. Braunschweig: Vieweg & Sohn 1969.

Quantz/Meerwarth: Wasserkraftmaschinen, 11. Aufl. Berlin/Göttingen/Heidelberg: Springer 1963.

Raabe, J.: Hydraulische Maschinen und Anlagen, Bd. 1 bis 4. Düsseldorf: VDI-Verlag 1970.

Richter, H.: Rohrhydraulik, 5. Aufl. Berlin/Heidelberg/New York: Springer 1971.

Roth, H.: Ein Beitrag zur Untersuchung der Wasserspiegelbewegung in Wasserschlössern. Diss. T. H. Stuttgart 1962.

Stepanoff, A. J.: Radial- und Axialpumpen. Berlin/Göttingen/Heidelberg: Springer 1959.

Szabó, I.: Einführung in die Technische Mechanik, 7. Aufl. Berlin/Heidelberg/New York: Springer 1966.

Tölke, F.: Veröffentlichungen zur Erforschung der Druckstoßprobleme 1. und 2. Heft. Berlin/Göttingen/Heidelberg: Springer 1956.